超构材料及新颖电磁辐射

段兆云　著

科学出版社

北京

内 容 简 介

　　超构材料是一类具有自然材料不能或难以实现的新颖物理特性的人工构造材料，应用于电子学领域，能够实现优异的性能。本书系统介绍了超构材料的发展历程、基本理论、电磁表征和实现方法，提出了适合工作在高真空环境的两种全金属超构材料单元，采用真实的带电粒子从实验上验证了新奇的反向切伦科夫辐射机理，从而发展出新颖的小型化、高效率反向切伦科夫辐射源，包括振荡器和放大器。此外，本书研究了超构材料中增强相干渡越辐射机理，发展出基于超构材料的小型化、高效率、大功率扩展互作用器件和速调管放大器。这些研究成果为微波/太赫兹电子学的发展开辟了一条新的途径。

　　本书适合电子科学与技术、物理电子学、电磁场与微波技术、无线电物理、等离子体物理、加速器物理、光学工程等专业的高年级本科生和研究生以及相关科技工作者阅读参考。

图书在版编目（CIP）数据

超构材料及新颖电磁辐射 / 段兆云著. —北京：科学出版社，2023.11
　ISBN 978-7-03-076561-1

　Ⅰ．①超… Ⅱ．①段… Ⅲ．①结构材料－研究②电磁辐射－研究
Ⅳ．①TB383②O441.4

中国国家版本馆 CIP 数据核字 (2023) 第 189534 号

责任编辑：任　静 / 责任校对：胡小洁
责任印制：赵　博 / 封面设计：蓝正设计

科 学 出 版 社 出版
北京东黄城根北街 16 号
邮政编码：100717
http://www.sciencep.com

涿州市殷润文化传播有限公司印刷
科学出版社发行　各地新华书店经销
*

2023 年 11 月第 一 版　开本：720×1 000　1/16
2024 年 3 月第二次印刷　印张：13 3/4
字数：277 000

定价：128.00 元
(如有印装质量问题，我社负责调换)

Foreword 1

Aristotle (384 BC—322 BC) ascribed a difference between natural and artificial things. He attributed the difference to motion and change. Natural things have a source of motion or change within them. Artificial things don't have any source of change in them, so they need an external cause. In this monograph authored by Professor Zhaoyun Duan, the changes in artificial materials caused by high-power electromagnetic waves are explored to identify new physical phenomena and new classes of vacuum electron devices (VEDs).

In 1967, Veselago [1] theoretically investigated the hypothetical exotic electromagnetic properties of an assumed homogeneous isotropic electromagnetic material in which the real parts of the complex permittivity (ε) and permeability (μ) are both negative. Examples of exotic electromagnetic properties include negative refractive index, the reversed Doppler effect, and reversed Cherenkov radiation (RCR). Veselago referred to this type of material as a "left-handed material (LHM)" which has subwavelength features that are engineered to have unique properties not typically found in nature. It took more than 30 years for such materials to receive renewed attention. Pendry et al. [2][3] theoretically analyzed the negative ε of a regular array of conducting wires and the negative μ of a split-ring resonator (SRR) array; they also anticipated the possibility of realizing an LHM in practice. Smith et al. [4] followed the work of Pendry et al. and constructed and tested the first LHM in the microwave part of the electromagnetic spectrum.

Professor Duan and his group have been actively exploring the use of metamaterials in VEDs since 2008. He and his group were the first to directly observe RCR, where the

[1] V. G. Veselago, "The electrodynamics of substances with simultaneously negative values of ε and μ", Sov. Phys. Uspekhi, vol. 47, pp. 509–514, 1968, doi: 10.1070/PU1968v010n04ABEH003699.

[2] J. B. Pendry, A. J. Holden, D. J. Robbins, and W. J. Stewart, "Low frequency plasmons in thin-wire structures", J. Phys., Condens. Matter, vol. 10, pp. 4785–4809, 1998, doi: 10.1088/0953-8984/28/48/481002.

[3] J. B. Pendry, A. J. Holden, D. J. Robbins, and W. J. Stewart, "Magnetism from conductors and enhanced nonlinear phenomena", IEEE Trans. Microw. Theory Techn., vol. 47, pp. 2075–2084, 1999, doi: 10.1109/22.798002.

[4] D. R. Smith, W. J. Padilla, D. C. Vier, S. C. Nemat-Nasser, and S. Schultz, "Composite medium with simultaneously negative permeability and permittivity", Phys. Rev. Lett., vol. 84, pp. 4184–4187, 2000, doi: 10.1103/PhysRevLett.84. 4184.

Cherenkov radiation emitted predominantly in the opposite direction to the movement of a single sheet electron beam bunch in the experiment in a square waveguide loaded with a layer of complementary electric SRRs (CeSRRs). In addition, he and his group have been exploring new classes of VEDs exploiting the RCR effect.

In this monograph, Professor Duan describes the historical development of metamaterials as they are used in the microwave and millimeter-wave range of the electromagnetic spectrum. He then reviews how the theoretical concepts of Veselago were put into practice by Pendry, Smith, and others. He then focuses on theoretical research into RCR, followed by its experimental observations. He then describes a new class of VEDs based on the RCR effect. Finally, he concludes by discussing theoretical, simulation, and experimental studies of coherent and enhanced transition radiation inspired by metamaterials.

This monograph by Professor Duan, a leader in the field, is a tremendous resource to researchers, both young and established alike.

Edl Schamiloglu

Distinguished Professor of Electrical and Computer Engineering

IEEE Fellow; American Physical Society Fellow

Associate Dean for Research and Innovation, School of Engineering

University of New Mexico

October 2022

序一（中文版）

亚里士多德(公元前 384 年—前 322 年)认为自然存在的事物和人工构造的事物之间存在着差异，并将其归因于运动和变化。自然存在的事物本身拥有运动或变化的力量，但是人工构造的事物难以依靠自身的力量发生改变。因此，它们需要外部力量的驱使才能有所变动。在此专著中，段兆云教授探讨了由高功率电磁波引起的人工构造材料的变化，验证了新颖的物理现象，提出了一系列新型的真空电子器件。

1967 年，Veselago[①]从理论上研究了一种假设的均匀各向同性电磁材料中可能会存在的新奇电磁特性，这种电磁材料的复介电常数(ε)和复磁导率(μ)的实部均为负数。新奇的电磁特性包括负折射率、反向多普勒效应和反向切伦科夫辐射(RCR)等。Veselago 将这种经过精心设计、具有亚波长特性和一些自然界中难以找到的独特性质的材料称为"左手材料(LHM)"。30 多年之后，左手材料才重新受到学术界的重视。Pendry 等人[②③]从理论上分析了规则金属细线阵列的负介电常数 ε 和开口谐振环阵列的负磁导率 μ。同时，他们还提出了实现左手材料的可能方法。Smith 等人[④]根据 Pendry 等人的理论，首次实现并证实了微波频段的左手材料。

2008 年以来，段兆云教授及其课题组积极探索超构材料在真空电子学中的应用。他们首次在加载了互补电口谐振环(CeSRRs)的方波导中直接观测到了 RCR 现象，反向切伦科夫辐射的方向与带电粒子的运动方向大致相反。同时，段教授及其课题组同样致力于探索基于 RCR 机理的新型真空电子器件。

在这部专著中，段教授介绍了超构材料的发展历程以及在微波和毫米波频段的应用。随后，他回顾了 Pendry、Smith 等人是如何将 Veselago 的理论付诸实践的。他着重对 RCR 机理进行了理论研究，紧随其后开展了实验验证。同时，他也介绍了基于 RCR 机理的一类新型真空电子器件。在本书的最后，他阐述了在超构材料中激发相干增强渡越辐射的理论、模拟和实验研究。

---

① V. G. Veselago, "The electrodynamics of substances with simultaneously negative values of ε and μ," Sov. Phys. Uspekhi, vol. 47, pp. 509–514, 1968, doi: 10.1070/PU1968v010n04ABEH003699.

② J. B. Pendry, A. J. Holden, D. J. Robbins, and W. J. Stewart, "Low frequency plasmons in thin-wire structures," J. Phys., Condens. Matter, vol. 10, pp. 4785–4809, 1998, doi: 10.1088/0953-8984/28/48/481002.

③ J. B. Pendry, A. J. Holden, D. J. Robbins, and W. J. Stewart, "Magnetism from conductors and enhanced nonlinear phenomena," IEEE Trans. Microw. Theory Techn., vol. 47, pp. 2075–2084, 1999, doi: 10.1109/22.798002.

④ D. R. Smith, W. J. Padilla, D. C. Vier, S. C. Nemat-Nasser, and S. Schultz, "Composite medium with simultaneously negative permeability and permittivity," Phys. Rev. Lett., vol. 84, pp. 4184–4187, 2000, doi: 10.1103/PhysRevLett. 84.4184.

　　段兆云教授是真空电子学领域的领军人物，这部专著不论对青年科研工作者还是对资深研究人员，都具有巨大的阅读价值。

Edl Schamiloglu

新墨西哥大学电子与计算机工程系讲席教授

IEEE 会士，美国物理学会会士

新墨西哥大学工程学院研究与创新副院长

2022 年 10 月

序　二

为天地立心，为生民立命，为往圣继绝学，为万世开太平，这本是北宋思想家张载未曾实现的理想，千百年来这个理想依然是历代学者内心向往的目标。

感恩节前，我收到兆云的学术专著《超构材料及新颖电磁辐射》书稿，并欣闻这部学术著作即将由中国最优秀的出版社之一的科学出版社出版。欣喜之余，我认真拜读了书稿。读罢书稿，我忽然想到中国明代一部综合性的科技著作，名为《天工开物》。这本书详尽记载了明中期以前的中国古代的各项技术，描述了130多项生产技术和工具，并详尽介绍了生产技术的操作方法、生产工具的形状、制造工序。让我尤为难忘的是盛行于江浙一带的蚕浴法。

蚕浴是一种优胜劣汰的方法，古时候生活在江浙一带的蚕农，他们用蚕浴的方法对蚕进行育种，这样培育出来的蚕既可多产丝，又节省桑叶。整个过程他们使用的完全是自然界中的天然材料。在科学技术还没有大规模进步的时代，天然材料虽数量多，但因技术的限制，缺乏许多适应技术进步所需的特性。为了克服这些限制，一代又一代的科学家们，通过设计人工材料和各种实验，开发出适合技术进步所需要的特性，使天然材料更能广泛应用。

就这一点而言，本书与《天工开物》有异曲同工之妙。本书详尽介绍了新兴超构材料的发展历程、超构材料的分类、超构材料的奇异性质、超构材料的实现和表征，等等。其中反向切伦科夫辐射的理论及实验研究、反向切伦科夫辐射振荡器和放大器、相干增强渡越辐射及其器件，几乎完全是兆云及其成员所发展出来的。

兆云也如同古时候的蚕农一样，利用天然材料，通过设计人工功能基元和构筑它们的空间序构，开发出多种超构材料，以展现出许多新奇、超常的电、磁等物理特性，创造出许多新的应用，而这也正是本书的重要性与出版的目的。

读罢此书，我为兆云骄傲的同时，不禁也想起这些年兆云在超构材料及电磁辐射方面所做的研究以及所做出的杰出贡献。认识兆云是十五年前的事了。那是2007年的感恩节，在我的同事——一位在电磁波理论、微波遥感、电磁波散射等领域有杰出贡献的孔金瓯教授的家里，我认识了前来参加感恩节团聚的兆云。

那时，孔教授正在研究左手材料中的反向切伦科夫辐射，我的研究方向是粒子物理，因此我与孔教授日常多有交流与合作。20世纪70年代初期，我设计了双臂垂直质谱，其中六个大型的切伦科夫探测器是能够将正负电子微弱的信号从亿万倍强子背景中分解出来的主要工具。这台探测器的工作原理就是基于正向切伦科夫辐射工作原理。正是这个仪器，直接导致1974年J-粒子的发现，并于1976年获得诺贝尔物理学奖。

2002 年，孔教授和我，在麻省理工学院预测了高速带电粒子在左手材料中移动可以产生反向切伦科夫辐射，其动量方向与其能量流反向而行，这是一种非常不寻常的特性。2006 年，我在麻省理工学院的博士生卢杰设计出第一个适合产生反向切伦科夫辐射的左手材料。2007 年，我们的研究仍在继续。经过与兆云的简短交谈，我得知兆云受国家留学基金管理委员会的资助，8 月刚刚来到麻省理工学院做博士后研究，研究课题正是基于左手材料的反向切伦科夫辐射。简短交谈，兆云清晰的研究思路、敏锐的捕捉问题能力、杰出的解决问题方法都给我留下了深刻的印象。

我授课的教室在 26 号楼的三楼，紧邻兆云的办公室。感恩节团聚后，我们已有了较多的接触。深入接触更使我对兆云专心致志的研究精神、卓越的研究能力钦佩不已！不久，兆云的研究有了突破性的进展。相关论文发表在《Journal of Applied Physics》《Journal of Physics D：Applied Physics》等国际知名刊物。继而兆云又对在各向异性超构材料填充波导中带电粒子激发的反向切伦科夫辐射进行了系统性的研究，并获得可喜成绩。其论文发表在《Optics Express》等国际知名刊物。

在与兆云深入接触中，我深深被他研究路上不止步的精神所感动。他已经取得突出的成绩，但他仍然没有丝毫怠惰之意，不断地改进适合激发反向切伦科夫辐射的左手材料，并进行了一系列最先进的实验研究。

2012 年，他提出一种适用于带状注的平板型超构材料高频结构，发展出太赫兹平板型带状注高功率超构材料辐射源。兆云等人的研究表明：相对于传统的介质材料太赫兹辐射源，这种新型辐射源的功率能增加 100~1000 倍，论文发表于美国物理联合会的期刊《Physics of Plasmas》。接下来，兆云又开始研究如何实现适合高真空环境的全金属左手材料，经过一系列深入的研究和不间断的实验，2013 年他终于提出一种适合于高真空环境的新型全金属左手材料。

2015 年可以说是兆云在研究上取得重大突破的一年。7 月我们应邀就美国科学院院士、哈佛大学教授 Federico Capasso 等人的研究成果进行学术评论，论文发表在《Nature Nanotechnology》刊物。

此前，兆云设计了一种适合左手材料的新型能量耦合器，并于 2015 年下半年开始采用真空高能带电粒子实验，以实验方式证明这种材料具有不同寻常的"左手"特性。他们首次观测到左手材料中快速移动的电子产生的切伦科夫辐射与电子的运动方向相反。当电子的能量低于反向切伦科夫辐射的临界值时，辐射会如预期消失。在反向切伦科夫辐射中，通过改变带电粒子的动能，新型电磁辐射的频率随之改变。至此，作为左手材料中三个新奇电磁特性中的最后一个难题也从实验上得到破解。这一原创成果发表于 2017 年 3 月的《Nature Communications》刊物。

正如该书中系统地描述那样，反向切伦科夫辐射的应用之一是作为高功率微波辐射源，相关原创成果发表在《Applied Physics Letters》《IEEE Electron Device

Letters》《IEEE Transactions on Electron Devices》等国际重要刊物。

　　这些新型的高功率微波辐射源可以广泛应用于大科学装置、雷达、生物医学成像、微波加热、微波杀菌消毒、工业辐照等领域。

　　这本学术专著，综述了兆云研究超构材料和应用超构材料所取得的成就，具有里程碑式的意义。这本书自成一体，为超构材料领域的高级研究人员提供了许多宝贵的资料与研究方向。期望超构材料未来更广泛地造福于人类！江山代有才人出，愿与读者共勉之，以愚公移山的精神，一代又一代的不懈努力，完成张载这千年的宿愿。

陈　敏

诺奖贡献者　麻省理工学院物理学终身正教授

二〇二二年感恩节　于麻省剑桥

前　言

　　超构材料是一类具有自然材料不能或难以实现的新颖物理特性的人工结构材料。1999年，美国的R. M. Walser首次提出了"metamaterial"这一术语，前缀"meta-"在希腊语里是"beyond"的意思。Walser教授并没有采用前缀"super"，或许他言外之意是指这并不是常规意义上的自然材料，而是一类新颖的微结构单元阵列。相应地在文献中出现多个中文翻译，如左手材料、双负材料、负折射率材料、异向介质、人工电磁介质、超材料、超常材料、超颖材料、泛材料、超构材料等。最初狭义的"左手材料"的概念已逐步拓展到广义的"超构材料"的概念。本书为了突出人工构造，同时便于表述，采用了"超构材料"这一术语。但是，为了尊重原始论文，有的地方采用其他的术语。

　　自2001年超构材料被实验证实以来，全世界的物理学、电子学、光学、声学、材料学、力学、热学等领域的科技工作者把微波超构材料的理念引入到各自的研究领域，实现了多学科的交叉融合，刮起了一场"超构材料"研究热，取得了丰硕的研究成果。超构材料与真空电子学的结缘是因为它具有反向切伦科夫辐射和增强渡越辐射机理等新奇的电磁特性。正如一代材料，一代器件，材料的革新给真空电子学带来了新的发展契机，超构材料真空电子器件具有重要的科学价值和应用前景。

　　本书紧紧围绕超构材料的基本理论、实现和表征，系统性地介绍了反向切伦科夫辐射和增强渡越辐射及其在真空电子学中的应用，汇聚了作者十多年的科研成果，适合于电子工程和物理类本科高年级、研究生和相关科技工作者阅读参考。段兆云负责全书的内容编排、撰写、校稿等工作；吕志方、王传超协助整理第1章；董济博、吕志方协助整理第2章；韩明成协助整理第3章；吕志方协助整理第4章；吕志方、王传超协助整理第5章；张宣铭协助整理第6章；董济博、陈旭媛、李宁等对本书进行了仔细校稿，在此一并表示感谢！此外，我的学生王彦帅、唐先锋、汪菲、李士锋、王新、江胜坤、张宣铭、吕志方、王传超、陆居成、毛旭彤、郭晨、令钧溥、郭鑫、聂焱、黄祥、马新武、杨森、詹翕睿、李肖意、罗恒宇等贡献了本书的部分内容，借此机会特表谢意！

　　本书能够顺利付梓，离不开各位专家的大力帮助！感谢刘盛纲院士及老一辈科学家在电子科技大学开创了真空电子学；感谢电子科技大学宫玉彬教授、王文祥教授、王秉中院长、赵志钦处长等的悉心指导和鼎力支持；感谢孔金鸥教授、陈敏教授、Richard J. Temkin 教授、方绚莱教授、Michael A. Shapiro 博士等在我留学 MIT 时给予的指导、帮助与关心！感谢中国台湾大学的朱国瑞教授、德国 KIT 的 Manfred Thumm 教授、美国海军实验室的 Steven Gold 博士、新墨西哥大学的 Edl Schamiloglu 教授、密歇根州立大学 John P. Verboncoeur、威斯康辛大学 John H. Booske、美国 CPI 公司的 Monica Blank 博士、伦敦大学玛丽女王学院陈晓东教授、以色列 Technion 的 Levi Schachter 教授和 Yakov Krasik 教授、印度 IIT-BHU 的 B. N. Basu 教授、东南大学崔铁军院士、北京大学刘濮鲲教授、中国电子科技集团公司第十二研究所冯进军副所长等给予我多年的无私帮助和大力支持！

由于篇幅所限，无法向所有帮助过我的领导、老师、同事、学生一一致谢，在此向他们深表谢意。

由于时间仓促，水平有限，虽然再三校稿，但疏漏、错误难免，敬请广大读者批评指正。让我们一起努力，共同推进我国超构材料及其应用的研究，实现从零到一的原始创新，为解决"卡脖子"技术难题，贡献我们的中国力量！

最后，我要把这本专著献给早已离世的父母，愿他们在天堂一切安好；同时也要献给我的爱妻和儿子，是他们让我感受到家庭的温暖，给我不断前行的勇气和动力。

段兆云

2022 年 10 月 16 日 于电子科技大学

目　　录

Foreword 1

序一（中文版）

序二

前言

第1章　绪论 ··· 1

1.1　超构材料的发展历程 ·· 2

1.2　超构材料的分类 ··· 7

　　1.2.1　负电材料 ·· 7

　　1.2.2　负磁材料 ·· 9

　　1.2.3　左手材料 ··· 10

　　1.2.4　近零折射率材料 ·· 11

　　1.2.5　高折射率材料 ·· 12

1.3　超构材料的奇异性质 ·· 13

　　1.3.1　负折射现象 ··· 13

　　1.3.2　反向多普勒效应 ··· 14

　　1.3.3　反向切伦科夫辐射 ·· 15

　　1.3.4　异常光压特性 ··· 16

1.4　超构材料的应用 ·· 17

参考文献 ·· 23

第2章　超构材料的实现和表征 ··· 30

2.1　超构材料的实现 ·· 30

　　2.1.1　经典组合及其拓展法 ··· 30

　　2.1.2　自然材料复合法 ··· 34

　　2.1.3　传输线法 ·· 35

2.2　等效媒质理论 ··· 37

2.3　等效电磁参数的提取方法 ·· 39

　　2.3.1　S 参数提取法的基本原理 ·· 40

　　2.3.2　自由空间中的 S 参数提取法 ···································· 44

2.4 超构表面的概述 ·······50
2.4.1 基本概念和发展历程 ·······50
2.4.2 超构表面的表征和实现 ·······51
2.4.3 超构表面的应用 ·······52
参考文献 ·······53

第3章 反向切伦科夫辐射的基本理论 ·······59
3.1 无界各向异性双负材料中的反向切伦科夫辐射 ·······60
3.1.1 单粒子模型 ·······60
3.1.2 数值计算 ·······64
3.2 半无界双负材料中的反向切伦科夫辐射 ·······67
3.2.1 单粒子模型的理论分析 ·······67
3.2.2 单粒子模型的数值计算 ·······70
3.2.3 多粒子模型的理论分析 ·······73
3.2.4 多粒子模型的数值计算 ·······78
3.3 填充双负材料的圆波导中的反向切伦科夫辐射 ·······81
3.3.1 单粒子情形的理论分析 ·······81
3.3.2 单电子情形的数值计算 ·······83
3.3.3 圆形注模型的理论分析 ·······87
3.3.4 圆形注模型的数值计算 ·······89
参考文献 ·······91

第4章 反向切伦科夫辐射的实验研究 ·······95
4.1 超构材料慢波结构 ·······97
4.1.1 超构材料的等效电磁参数 ·······97
4.1.2 超构材料慢波结构的电磁特性 ·······99
4.2 带状注的产生和传输 ·······102
4.2.1 带状注电子枪 ·······102
4.2.2 带状注在超构材料慢波结构中的传输 ·······102
4.3 反向切伦科夫辐射的仿真分析 ·······108
4.3.1 注波互作用 ·······108
4.3.2 超构材料中的模式分析 ·······110
4.3.3 结果分析与讨论 ·······111
4.4 反向切伦科夫辐射的实验验证 ·······112
4.4.1 实验装置和实验平台 ·······113
4.4.2 输出装置的设计与传输特性分析 ·······115

　　4.4.3　螺线管磁聚焦系统的设计 ···119

　　4.4.4　实验测试与分析 ··124

　参考文献 ··128

第5章　反向切伦科夫辐射振荡器和放大器 ·······························133

　5.1　新颖超构材料慢波结构 ··133

　　5.1.1　电路理论 ···134

　　5.1.2　高频特性 ···138

　　5.1.3　传输特性 ···142

　　5.1.4　冷测实验 ···145

　5.2　电子光学系统 ···149

　　5.2.1　栅控电子枪 ··149

　　5.2.2　均匀磁聚焦系统 ···152

　5.3　反向切伦科夫辐射振荡器 ···155

　　5.3.1　注波互作用分析 ···155

　　5.3.2　热测实验 ···157

　5.4　反向切伦科夫辐射放大器 ···161

　参考文献 ··164

第6章　相干增强渡越辐射及其器件 ···168

　6.1　超构材料扩展互作用振荡器中的渡越辐射 ····························169

　　6.1.1　超构材料扩展互作用谐振腔的高频特性 ····························169

　　6.1.2　超构材料扩展互作用振荡器的注波互作用 ························171

　6.2　超构材料扩展互作用速调管中的渡越辐射 ···························174

　　6.2.1　超构材料扩展互作用谐振腔的电磁特性 ····························174

　　6.2.2　超构材料扩展互作用谐振腔的实验研究 ····························175

　　6.2.3　超构材料扩展互作用速调管的注波互作用 ························177

　6.3　超构材料速调管中的渡越辐射 ··179

　　6.3.1　S波段超构材料速调管中的渡越辐射的理论研究 ················180

　　6.3.2　S波段超构材料速调管中的渡越辐射的实验研究 ················187

　6.4　P波段超构材料速调管 ···194

　　6.4.1　P波段超构材料谐振腔电磁特性的仿真研究 ·····················195

　　6.4.2　P波段超构材料谐振腔的实验研究 ································196

　　6.4.3　P波段超构材料速调管注波互作用的研究 ·······················197

　参考文献 ··199

第1章 绪 论

自 1865 年麦克斯韦方程组建立至今[1]，电磁场理论已有大约 160 年的发展历程。J. C. Maxwell（麦克斯韦）在 H. C. Oersted（奥斯特）、A. M. Ampère（安培）、M. Faraday（法拉第）等人的工作基础上，首次提出"位移电流"假说，创建了完整的电磁场理论，不仅科学地预言了电磁波的存在，同时揭示了电、磁、光的内在统一性，完成了物理学的一次大综合。1888 年，H. R. Hertz 通过火花间隙振荡实验证实了电磁波的存在，并于 1889 年明确指出，光也是一种电磁现象。自此，电磁波开始逐步走进人们的视线，各种与电磁波相关的器件和应用争相出现，电磁场理论开始大放光彩。

电磁场理论和电磁波的发展、应用过程催生了真空电子器件。1904 年，英国物理学家 J. A. Fleming 发明了第一支真空二极管，用于无线电检波。1906 年，美国发明家 L. D. Forest 发明了真空三极管，诞生了能够放大电磁波的器件，成为无线电技术中最基本、最关键的电子器件，是 20 世纪最伟大的发明之一。之后相继出现了真空四极管、真空五极管等，主要用于无线电发射机，极大地促进了初期通信系统的发展，拉开了无线电通信的序幕。由于真空二极管、三极管等器件基于静电控制原理，所以限制了工作频率的提高。为了克服此限制，基于动态控制原理的微波真空电子器件逐步发展起来。1921 年，美国物理学家 A. W. Hull 发明了磁控管，观察到了微波振荡。1935 年，美国科学家 A. L. Samuel 最早研制出多腔磁控管的样管。1937 年，美国工程师 R. Varian 和 S. Varian 兄弟研制出了第一支速调管，实现了微波的放大。1939 年，英国科学家 J. Randall 和 H. Boot 制成了完全达到实用标准的多腔磁控管，在二战期间装备了英国第一代微波防空雷达，为重创德国空军立下了汗马功劳。二战后，人们认识到真空电子器件的优势，开始大力发展真空电子器件。与此同时，基于半导体技术的一类电子器件应运而生。1947 年，美国贝尔实验室的 W. Brattain、J. Bardeen 和 W. Shockley 等物理学家率先发明了一种点接触型的锗晶体管。1958 年，德州仪器公司（TI）的工程师 J. S. Kilby 发明了世界上的第一块集成电路。1959 年，仙童公司（Fairchild）的技术专家 R. Noyce 研制出世界上第一块可以商用的集成电路，这标志着半导体产业由"发明时代"进入了"商用时代"，从此拉开了半导体产业的发展序幕。真空电子器件在 20 世纪的上半叶迎来了最佳的发展期，无论是收音机、电视机、还是长途电话、计算机等的发明，如果离开了真空电子器件都是无法想象的。由于半导体器件特别是大规模集成电路的快速发展，给真空电子器件在低频、中小功率方面的应用带来了极大的挑战，导致其不得不向高频率、高功率、宽带宽、高效率等方向发展[2,3]。时至今日，真空电子器件仍在民用如微波加热、高保真音响、医用加速器、大科学装置，以及军用如空间通信、高分辨雷达、电子对抗、高功率微波等领域具有明显的优势。

　　电磁场理论及其数值计算的发展有力地推动了真空电子器件的发展。作为一种新型的人工电磁材料,超构材料具有一些常规自然材料很难具备或不能实现的特性,在单元设计和阵列排序上具有很大的自由度,产生了一些新奇的电磁特性[4]。超构材料的引入,给真空电子学带来了新的发展机遇。本章主要介绍超构材料的发展历程、分类、新奇电磁特性及其应用。

1.1　超构材料的发展历程

　　在电磁学领域,麦克斯韦方程组及其边界条件决定了电磁场的特性。由于材料对电磁场的响应取决于介电常数和磁导率,所以通常使用这两个电磁参数对材料进行分类,以介电常数的实部 ε_r 为横坐标,磁导率的实部 μ_r 为纵坐标,建立直角坐标系,如图 1-1(a) 所示。对于第一象限的材料(如常见的介质材料),电磁波在这种介质中可以传播。因为其电场强度和磁场强度的叉乘 $E \times H$ 与波矢量 k 以及坡印亭矢量 S 的方向均满足右手螺旋定则,所以苏联物理学家 V. G. Veselago 将其称为右手材料(right-handed material)[4],如图 1-1(b) 所示;对于第二象限的材料(如光频段的金属、等离子体等),存在的凋落波(或称为倏逝波,evanescent wave)无法穿透这种媒质,因其介电常数的实部小于零,磁导率的实部大于零,故称之为负介电常数材料(简称负电材料);对于第三象限的材料,在理论上电磁波可以传播,但是至今在自然界中并没有发现这种自然材料,因为 $E \times H$ 与坡印亭矢量 S 仍然满足右手螺旋定则,但与波矢量 k 却满足左手螺旋定则,故 V. G. Veselago 称之为左手材料(left-handed material),后来也被称为双负材料或负折射率材料[4],如图 1-1(b) 所示;对于第四象限的材料(如铁磁共振频率附近的铁磁体、亚铁磁体等),因为其磁导率的实部小于零,介电常数的实部大于零,电磁波无法在其中传播,故称之为负磁导率材料(简称负磁材料)。

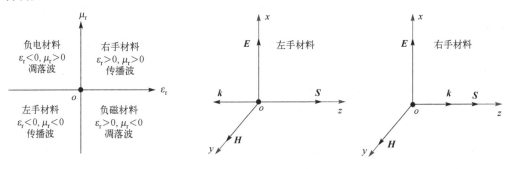

(a) 基于介电常数和磁导率对材料进行分类　　　　　　(b) 电磁波在在左、右手材料中传播时各矢量间的关系

图 1-1　材料分类方法和电磁波传播示意图

当平面波在线性、各向同性的均匀有耗媒质中传播时，其麦克斯韦方程组的两个旋度方程为：

$$\nabla \times E = -\frac{\partial B}{\partial t}, \quad \nabla \times H = \frac{\partial D}{\partial t} \tag{1-1}$$

其中，媒质的本构关系为：

$$D = \varepsilon E, \quad B = \mu H \tag{1-2}$$

其时谐电磁场可表示为：

$$E = E_0 e^{j(k \cdot r - \omega t)}, \quad H = H_0 e^{j(k \cdot r - \omega t)} \tag{1-3}$$

其中，r 为位置矢量，E 为电场强度，D 为电位移矢量，H 为磁场强度，B 为磁感应强度，E_0 和 H_0 分别为电场强度和磁场强度的幅度，ω 为入射波的角频率，t 为时间。将式(1-2)和式(1-3)代入到式(1-1)中，可以得到：

$$k \times E_0 = \omega \mu H_0, \quad k \times H_0 = -\omega \varepsilon E_0 \tag{1-4}$$

根据式(1-4)，当媒质的介电常数 ε 的实部和磁导率 μ 的实部同时为正时，电场 E、磁场 H 和波矢量 k 三者之间满足右手螺旋定则，如图 1-1(b)所示，如前所述，这种媒质被称为"右手材料"，自然界中的绝大部分材料属于右手材料；当媒质的介电常数的实部和磁导率的实部同时为负时，三者之间则满足左手螺旋定则，如图 1-1(b)所示，故这种媒质被称为"左手材料"。当电磁波在左手材料中传播时，坡印亭矢量 S 的方向与波矢量 k 的方向相反，这表明在左手材料中电磁波的能量传输方向与相速度方向相反。

超构材料(metamaterial)是一种人工设计的亚波长结构，具有常规自然材料不能或难以实现的新奇电磁特性，如负折射率、反向切伦科夫辐射、反向多普勒效应、异常光压特性等[5,6]。1999 年①，美国得克萨斯大学奥斯汀分校的 R. M. Walser 首次"创造"了"metamaterial"这一术语[7]，被意译为超构材料。当构成超构材料的材料组分确定时，其电磁特性主要由构成超构材料的亚波长结构单元的尺寸、形状、排列方式等决定。左手材料被认为是超构材料中很重要的一类。左手材料在微波领域首先被提出来之后，迅速扩展到其他领域，如光学、声学、材料学、力学、热学等。

关于超构材料的研究历史可以追溯到 20 世纪初 H. Lamb 和 H. C. Pocklington 等人的研究[8,9]，他们以机械系统中传递的机械波为例，从理论上指出可能会存在相速度和群速度方向相反的波。A. Schuster 在 1904 年出版的书中简要地提到了 H. Lamb

---

① R. W. Ziolkowski 说明 1999 年 R. M. Walser 在非公开场合下首次提出"Meta-material"这一术语的历史过程(见本章文献[7])。

的工作，并对具有返波特性的介质对光学折射的影响做出了推测性的讨论[10]，这表明在当时可能已经意识到了所谓的"负折射"现象。莫斯科大学 L. I. Mandelshtam 教授在讲义中描述了负折射的现象[11]。G. D. Malyuzhinets 研究了返波介质中的 Sommerfeld 辐射条件，表明波的相速度从无穷远处指向波源[12]。D. V. Sivukhin 发表了一篇讨论色散介质中电磁波能量的文章[13]，这是首次考虑到当媒质的介电常数和磁导率同时为负时，电磁波的能流密度方向和波矢方向相反；同时他还对这一现象做了讨论，指出当时科学界对于介电常数和磁导率同时为负的这种媒质不了解，还无法确定自然界中是否存在。1959 年，V. E. Pafomov 发现了在介电常数和磁导率同时为负的材料中存在反常的切伦科夫现象[14]。直到 1967 年①，V. G. Veselago 才在理论上系统地研究了左手材料的电磁特性[4]，预言了负折射率、反向切伦科夫辐射、反向多普勒效应、异常光压等电磁特性。

因为在自然界没有发现左手材料，那么如何用人工的方法来实现呢？其实人工材料(artificial material)已有较长的研究历史[7]，例如，1962 年，W. Rotman 提出了一种线网格媒质(wire grid medium)，用于模拟等离子体中波的传播特性[15]。1981 年，W. N. Hardy 和 L. A. Whitehead 提出了金属开口谐振环结构，并研究了其磁响应特性[16]。1995 年，D. F. Sievenpiper 等人提出了金属网状结构并研究了其等离子体特性[17]。这些原创性的研究工作为左手材料的实现奠定了理论基础。1996 年和 1999 年，英国帝国理工学院的 J. B. Pendry 等人在研究光子晶体[18]的基础上，借鉴 W. N. Hardy 和 D. F. Sievenpiper 等人的工作，开创性地提出了采用周期金属细线阵列[19]和金属开口谐振环阵列(split-ring resonator, SRR)[20]构建等效介电常数和等效磁导率的实部为负的左手材料的理论，如图 1-2 所示。这些理论工作使得人工制备左手材料成为可能。2000 年，D. R. Smith 等人在 J. B. Pendry 等人的理论基础上，创造性地将金属细线和金属开口谐振环结合起来，实现了左手材料，并利用电磁波传输实验进行了验证[21,22]。2001 年，R. A. Shelby 等人采用如图 1-3(a)所示的左手材料，通过如图 1-3(b)所示的实验装置验证了微波频段的负折射率现象[23]。2003 年，左手材料的反向多普勒效应首次在实验中得到了证实[24]。2017 年，通过采用真实的带电粒子，首次从实验上验证了左手材料中的反向切伦科夫辐射[25]。

对常规材料而言，其介电常数 ε 和磁导率 μ 由组成材料的原子对外加电磁场的响应决定。在一个比原子尺寸和原子间距大得多的尺度上，关于材料整体的电磁信息都可由 ε 和 μ 描述。而超构材料借用了这一观点，即把亚波长单元结构比拟为"人工原子"[26]，按一定规律排列亚波长单元结构，构建出超构材料，如图 1-4 所示。基于等效媒质理论(详见 2.2 节)，在工作波长比亚波长单元结构和单元间距大得多

① V. G. Veselago 于 1967 年首次从理论上提出左手材料的概念，以俄文发表，文献[4]为其英译版。

的尺度上,超构材料的电磁性质可以由等效介电常数 ε_{eff} 和等效磁导率 μ_{eff} 来近似描述。换言之,这意味着亚波长单元结构尺寸必须比辐射电磁波的波长小得多,才能用 ε_{eff} 和 μ_{eff} 来表征超构材料的等效电磁特性。

(a) 金属细线阵列

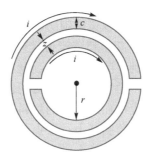
(b) 圆形开口谐振环

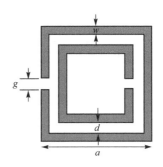
(c) 方形开口谐振环

图 1-2 单负材料的实现

(a) 由金属细线和金属开口谐振环构成的左手材料

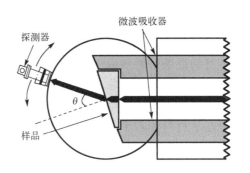
(b) 负折射率验证实验示意图

图 1-3 左手材料样品和负折射率验证实验

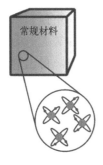
(a) 组成常规材料的原子

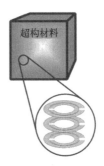
(b) 组成超构材料的亚波长单元结构

图 1-4 常规材料和超构材料构成示意图

　　由于超构材料具有新奇的电磁特性，超构材料的理论、实验和应用研究引起了科技工作者的广泛关注[27-34]。2003 年，左手材料的实现被《科学》期刊评为年度十大科技突破之一；2006 年，利用超构材料制成的"隐身衣"被《科学》期刊评为年度十大科技突破之一；2010 年，《科学》期刊则将超构材料评为过去十年科学界"十大卓见"之一；2012 年，超构材料被美国国防部列为六大颠覆性基础研究领域之一和强力推进增长领域之一；2016 年，超透镜再次被《科学》期刊评选为十大年度突破之一。超构材料在全世界得到了广泛的研究，发展迅速。

　　作为一门新兴的学科方向，学术界自然会对新出现的左手材料产生诸多质疑，并进行激烈的讨论，讨论主要集中在所构成的材料是否是所谓的左手材料以及左手材料的新奇电磁特性的理论和实验验证上，重点关注负折射率、完美成像和隐身。这里以负折射现象为例。美国得克萨斯大学奥斯汀分校的 P. M. Valanju 等人通过分析左手材料的色散特性，从理论上得出在右手材料和左手材料交界面处，波阵面向负方向折射，且根据因果律和群速度不能超光速的原则，波的能量只可能向正方向折射，波阵面和能量的折射方向的差异会导致波发生强烈的色散，具有很强的不均匀性。他们认为早期研究中把波相位的折射认为是能量的折射是错误的。同时，他们还质疑 R. A. Shelby 等人通过实验观测到微波频段左手材料的负折射现象只是材料本身的近场衍射效应[35]。2002 年，N. Garcia 等人认为 R. A. Shelby 等人在实验中观测到的负折射率现象是由左手材料本身的高损耗特性导致的，并说明在损耗占据主导地位时，负折射率的实部必须由虚部确定，且波是非均匀的，在高损耗情况下区分左手材料和右手材料没有意义[36]。同年，他们又指出平板超构材料能实现完美成像的理论是不完备的，理论分析表明完美成像只可能存在于有限厚度且无损耗的平板超构材料中[37]。

　　在质疑的过程中，相关的研究逐步深入。2002 年，美国麻省理工学院 J. A. Kong 的研究小组从理论上指出 P. M. Valanju 等人在研究中错误地把波的干涉波纹前进的方向当成能量传播的方向。他们分别利用离散信号和连续信号开展理论计算，都得出了在均匀、各向同性的左手材料和右手材料的交界面上会出现负折射率现象[38]。同年，J. B. Pendry 与 D. R. Smith 也撰文回复了 P. M. Valanju 等人对微波频段负折射实验的质疑，他们从负折射率材料中群速度的原始定义出发，得出群速度是沿负方向折射的结论[39]。2003 年，美国亚利桑那大学的 R. W. Ziolkowski 通过时域仿真揭示出电磁波在左手材料中的传播特性是符合因果定律的[40]。电磁波入射到右手材料和左手材料交界面时将经历很长的时延才重新构建新的波前，并向折射角为负的方向折射[41]。

　　在回应理论质疑的基础上，超构材料的负折射率现象先后被不同的研究小组在微波频段证实。2003 年，波音公司的 C. G. Parazzoli 等人利用金属开口环和金属细线单元结构开展实验，在 12.6～13.2GHz 频率范围内观测到了负折射率现象[42]。同年，美国麻省理工学院的 I. L. Chuang 研究小组也开展了实验，结果表明利用金属细线和金属开口谐振环制备成的左手材料在微波频段遵循斯涅耳定律且具有负的折射率[43]。2004 年，浙江大学的皇甫江涛等人利用 Ω 型金属超构材料从实验上证实了负折射现象[44]。2008 年，美国加州大学伯克利分校的张翔研究小组将一种直径为 60nm 的银线阵列和氧化铝阵列相互组合，在光频段实现了三维超构材料，首次从实验上证实了光频段负折射现象的存在[45]。

值得一提的是，2009 年，美国俄亥俄州立大学的 B. A. Munk 专门撰写专著，提出了他对左手材料的观点，尤其是对负折射率现象的深入讨论[46]。这些观点都有益于读者对超构材料深入思考，明辨其优劣。

1.2　超构材料的分类

正如 1.1 节所述，表征媒质电磁特性的两个参数：一个是媒质的介电常数，它体现了媒质对外加电场的响应；另一个是磁导率，它体现了媒质对外加磁场的响应。在考虑电磁损耗的情况下，各向同性媒质的介电常数 ε 和磁导率 μ 可以写成复数形式：

$$\begin{cases} \varepsilon = \varepsilon_r + j\varepsilon_i \\ \mu = \mu_r + j\mu_i \end{cases} \tag{1-5}$$

其中，ε_r 和 μ_r 分别为介电常数和磁导率的实部，ε_i 和 μ_i 分别为介电常数和磁导率的虚部。ε_r 表征电介质在外加电场下的极化程度。电介质对外加电场的响应依赖于外加电场的频率，且当外加电场频率较高时，极化明显不是瞬时发生，会有时延，故与外加电场存在相位差。μ_r 表征磁介质对外加磁场的磁化程度。与极化类似，磁化同样依赖于外部磁场的频率，也存在相位差。介电常数和磁导率的实部 ε_r 和 μ_r 决定了电磁波在媒质传播过程中的相位变化，介电常数和磁导率的虚部 ε_i 和 μ_i 分别代表电损耗和磁损耗，决定了电磁波在媒质传播过程中的幅度变化[5]。媒质的介电常数的实部和虚部由克拉默斯-克勒尼希关系(Kramers-Kronig relation)决定[47]。

如图 1-1 (a)所示，在第二象限和第四象限，介电常数或磁导率两者的实部之一为负值。根据电磁波理论，电磁波在这样的媒质中无法传输，表现为凋落波，其振幅按指数规律快速衰减。正如在 1.1 节中所述，我们称第二象限的材料为负电材料；称第四象限的材料为负磁材料。根据上述分类，下面分别对负电材料、负磁材料、左手材料、近零折射率材料和超高折射率材料进行简单介绍。

1.2.1　负电材料

负电材料是指在特定频段内介电常数的实部为负的一类超构材料。在 1.1 节中提到，特定的电磁结构通过人工设计可以实现等效介电常数的实部为负，早期通常使用金属细线来设计人工亚波长结构单元。J. B. Pendry 等人从一个简单有效的物理模型——自由电子气模型出发[48],讨论金属细线的电磁性质。在此模型中,金属的价电子被比拟为理想气体。他们提出的金属细线立方体网状结构,如图 1-2(a)所示。金属中电子密度为 n,电子质量为 m_e,电子电量为 e,电子在电场 $\boldsymbol{E}$ 中的运动方程为[49]:

$$m_e \frac{\partial^2 \boldsymbol{x}}{\partial t^2} + m_e \gamma \frac{\partial \boldsymbol{x}}{\partial t} = -e\boldsymbol{E} \tag{1-6}$$

其中,$\boldsymbol{x}$ 为电子的位移矢量,γ 为阻尼损耗系数。当外加交变电场 $\boldsymbol{E}(\omega,t) = \boldsymbol{E}_0 \mathrm{e}^{-\mathrm{j}\omega t}$ 时,其中,$\boldsymbol{E}_0$ 为电场的幅度,上述方程的解为:

$$\boldsymbol{x} = \boldsymbol{x}_0 \mathrm{e}^{-\mathrm{j}\omega t} = \frac{e}{m_e(\omega^2 + \mathrm{j}\gamma\omega)} \boldsymbol{E}(\omega,t) \tag{1-7}$$

其中,$\boldsymbol{x}_0$ 为位移的幅度,由于单电子的电偶极矩为 $-e\boldsymbol{x}$,则单位体积中电偶极矩的矢量和,即电极化强度为:

$$\boldsymbol{P} = -ne\boldsymbol{x} = -\frac{ne^2}{m_e(\omega^2 + \mathrm{j}\gamma\omega)} \boldsymbol{E}(\omega,t) \tag{1-8}$$

电位移矢量 $\boldsymbol{D}$ 为:

$$\boldsymbol{D} = \varepsilon_0 \boldsymbol{E} + \boldsymbol{P} = \varepsilon(\omega)\varepsilon_0 \boldsymbol{E}$$
$$\varepsilon(\omega) = 1 - \frac{\omega_p^2}{\omega^2 + \mathrm{j}\gamma\omega} \tag{1-9}$$

其中,ω_p 为等离子体角频率,$\omega_p^2 = ne^2/\varepsilon_0 m_e$。这样,$\varepsilon(\omega)$ 的复数形式为:

$$\varepsilon(\omega) = \varepsilon_r(\omega) + \mathrm{j}\varepsilon_i(\omega)$$
$$\varepsilon_r(\omega) = 1 - \frac{\omega_p^2}{\omega^2 + \gamma^2} \tag{1-10}$$
$$\varepsilon_i(\omega) = \frac{\omega_p^2 \gamma}{\omega(\omega^2 + \gamma^2)}$$

从上式可知,当入射波的角频率 ω 小于等离子体角频率 ω_p 时,金属细线立方体网状结构所体现的等效介电常数的实部 ε_r 为负。若能调控金属细线立方体网状结构的等离子体角频率 ω_p,使得 $\omega < \omega_p$,则可以在某一特定频段实现负的等效介电常数。

金属细线立方体网状结构不仅能降低有效电子密度,而且能显著提高电子的有效质量,从而极大地降低等离子体角频率[19]。下面简单分析金属细线立方体网状结构的等效等离子体频率。

当金属细线半径为 r，周期间距为 a，金属体内自由电子密度为 n 时，则金属的有效电子密度为：

$$n_{\text{eff}} = n \frac{\pi r^2}{a^2} \tag{1-11}$$

从式 (1-11) 可知，有效电子密度只与细线半径和周期长度有关，而金属细线的半径 r 远小于周期间距 a，从而使 n_{eff} 显著降低。

由于金属细线自身的电感效应，线内产生的感应电流激发的磁场为：

$$H(R) = \frac{I}{2\pi R} = \frac{\pi r^2 n \upsilon e}{2\pi R} \tag{1-12}$$

其中，I 为线内感应电流，υ 为电子平均速度，R 为场点到金属细线中心的距离。这样，感应磁场的表达式可以写成：

$$\boldsymbol{H}(R) = \frac{1}{\mu_0} \nabla \times A(R)\hat{z} \tag{1-13}$$

$$A(R) = \frac{\mu_0 \pi r^2 n \upsilon e}{2\pi} \ln\left(\frac{a}{R}\right) \tag{1-14}$$

在磁场中运动的电子会产生附加动量 eA，假设电子全部在导线的表面流动，则单位长度金属细线产生的附加总动量为：

$$n\pi r^2 e A(r) = \frac{\mu_0 (\pi r^2 n)^2 e^2 \upsilon}{2\pi} \ln\left(\frac{a}{r}\right) = n m_{\text{eff}} \pi r^2 \upsilon \tag{1-15}$$

从上式得知有效电子质量为：

$$m_{\text{eff}} = \frac{\mu_0 n \pi r^2 e^2}{2\pi} \ln\left(\frac{a}{r}\right) \tag{1-16}$$

这样就可以得到金属细线立方体网状结构的等效等离子体频率为：

$$\omega_{\text{p}} = \sqrt{\frac{n_{\text{eff}} e^2}{\varepsilon_0 m_{\text{eff}}}} = \frac{c_0}{a}\sqrt{\frac{2\pi}{\ln\left(\frac{a}{r}\right)}} \tag{1-17}$$

其中，c_0 为真空中的光速。从上式可以看出，通过适当地设计金属细线的半径和周期，可以使 $\omega < \omega_{\text{p}}$，从而使金属细线立方体网状结构在特定频段内具有负的等效介电常数。

1.2.2　负磁材料

负磁材料是指在某一特定频段内等效磁导率的实部为负的一类超构材料。

J. B. Pendry 等人于 1999 年提出一种金属开口谐振环结构[20]，它可以实现在某一特定频段内等效磁导率的实部为负，如图 1-2(b) 所示。经过较为复杂的推导，得到金属开口谐振环阵列的等效磁导率的表达式[20,22]：

$$\mu_{\text{eff}} = 1 - \frac{\pi r^2 / a^2}{1 - 3\ell / \pi^2 \mu_0 \omega^2 C r^3 + \mathrm{j}(2\ell\rho/\omega r \mu_0)} \tag{1-18}$$

其中，r 为开口谐振环的结构参数；a 为开口谐振环垂直排列的周期长度；ℓ 为开口谐振环水平排列的周期长度；ρ 是在圆周上测量的环的单位长度的电阻，C 为与环之间的间隙有关的电容，其表达式为：

$$C = \frac{\varepsilon_0}{\pi} \ln \frac{2c}{z} = \frac{1}{\pi \mu_0 c_0^2} \ln \frac{2c}{z} \tag{1-19}$$

其中，c、z 分别为开口谐振环的结构参数；c_0 为真空中的光速。

令

$$F = \frac{\pi r^2}{a^2} \tag{1-20}$$

$$\omega_0^2 = \frac{3\ell c_0^2}{\pi r^3 \ln(2c/z)} = \frac{3\ell}{\pi^2 \mu_0 C r^3} \tag{1-21}$$

$$\Gamma = \frac{2\ell\rho}{r\mu_0} \tag{1-22}$$

其中，F 称为填充因子，ω_0 称为谐振角频率，Γ 称为耗散系数。则根据式(1-20)～式(1-22)，式(1-18)可以进一步简化为：

$$\mu_{\text{eff}} = 1 - \frac{F\omega^2}{\omega^2 - \omega_0^2 + \mathrm{j}\omega\Gamma} \tag{1-23}$$

金属开口谐振环结构能得到可调谐的磁响应，这引起了人们对人工磁谐振响应材料的研究兴趣，随后多种变形金属开口谐振环结构被提出，如方形开口，如图 1-2(c) 所示[50]。

1.2.3　左手材料

左手材料，是指在某一特定频段内等效介电常数和等效磁导率的实部均为负的一类超构材料，也称为双负材料或负折射率材料。这里从光学角度进行分析。当电磁波从媒质 A 入射到媒质 B 中，在媒质的分界面处会发生折射现象，入射角的正弦值与折射角的正弦值之比称为媒质 B 相对媒质 A 的折射率。任何媒质相对于真空的折射率称为绝对折射率。对于色散媒质来说，其绝对折射率 n 还可以表示为真空中的光速 c_0 与电磁波在该媒质中传播的相速度 υ_p 之比[5]，即：

$$n = \frac{c_0}{\upsilon_p} \tag{1-24}$$

如果考虑媒质的电磁损耗，绝对折射率可表示为一个复数：

$$n = n_r + jn_i = \pm\sqrt{(\varepsilon_r\mu_r - \varepsilon_i\mu_i) + j(\varepsilon_r\mu_i + \varepsilon_i\mu_r)} \tag{1-25}$$

其中，n_r 为折射率的实部，n_i 为折射率的虚部。对于正常损耗媒质，其折射率的虚部大于零。因此，若想得到负折射率的材料，实现 $n_r < 0$，其必须满足[51]：

$$\varepsilon_r\mu_i + \varepsilon_i\mu_r < 0 \tag{1-26}$$

由上述分析可知，要想得到负折射率，并不要求 ε_r 和 μ_r 同时为负，只要其中之一为负且满足式(1-26)即可。显然，如图 1-3(a)所示，由金属细线和开口谐振环构建的左手材料满足上述条件[20]。用于表征负折射率材料品质好坏的参数是品质因子，其定义为 FOM $= -n_r/n_i$。FOM 越大，材料的品质越好[52]。

1.2.4　近零折射率材料

近零折射率材料，顾名思义，是指等效绝对折射率近似为零的一类超构材料。当介电常数和磁导率两者的实部之一或同时近似为零时，等效折射率均可近似为零。因此，近零折射率材料包括近零介电常数超构材料(epsilon-near-zero metamaterial, ENZM)、近零磁导率超构材料(mu-near-zero metamaterial, MNZM)和介电常数与磁导率同时近零超构材料(mu-and-epsilon-near-zero metamaterial , MENZM)。

近零介电常数超构材料是近零折射率材料中的研究热点，具有许多异于常规媒质的性质，比如电磁压缩、超耦合特性、角度滤波和波形变换等特性[31,53,54]。2002 年，S. Enoch 等人首次利用超构材料实现了微波频段的近零介电常数材料[31]，并通过天线传播实验证明其具有调控电磁波传播方向的能力。2008 年，R. P. Liu 等人通过设计矩形金属开口谐振环结构，也得到了微波频段内的近零介电常数材料，并通过实验证实其具有电磁隧穿效应[53]。2013 年，R. Maas 等人通过非共振型的银-氮化硅多层薄膜结构，实现了可见光频段的近零介电常数材料[54]。

近零磁导率超构材料能够与空气实现阻抗匹配，在 MNZM 和空气交界处具有阻抗匹配和传播常数连续的特性。2013 年，P. A. Belov 等人提出了一种金属立方体超构材料，在微波频段其等效磁导率的实部在 0.15 附近[55]，如图 1-5 所示。

2007 年，M. Silveirinha 等人通过将电介质或开口的完美电导体环嵌入 ENZM，实现了 MENZM[56]，如图 1-6 所示，在归一化频率附近时实现介电常数和磁导率同时接近于 0。MENZM 具有各向同性的特点，可用来制作高指向性相干辐射源。

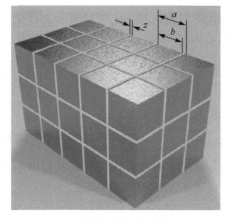

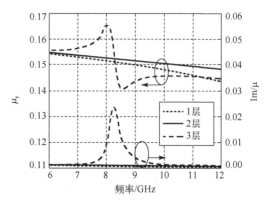

(a) 金属立方体超构材料　　　　　　　(b) 等效磁导率和频率的关系

图 1-5　近零等效磁导率超构材料

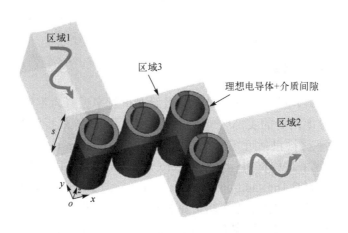

图 1-6　等效介电常数和等效磁导率同时近零的超构材料

1.2.5　高折射率材料

高折射率材料是指一类在特定频带内可以实现等效高折射率的超构材料。除了微波频段的铁电陶瓷钛酸锶钡、碳化硅以及远红外波段的硫化铅等超高折射率材料外[5]，具有超高折射率的自然材料并不多。超构材料的设计理念为实现人工构造超高折射率材料提供了一种可能性。通过构建特殊的人工微结构单元，来实现电响应增强或磁响应增强，即实现高的等效介电常数或高的等效磁导率，从而实现高等效折射率。

2011 年，M. Choi 等人利用薄"I"型金属单元片结构嵌入电介质基底，从而制备出大面积、低损耗、软衬底、可弯曲的太赫兹频段高折射率材料[57]，如图 1-7 所示。通过有效抑制体系磁响应的同时增强结构的电响应，从而实现的等效折射率高达 33.2，而常规材料的折射率通常在 1～4 之间。

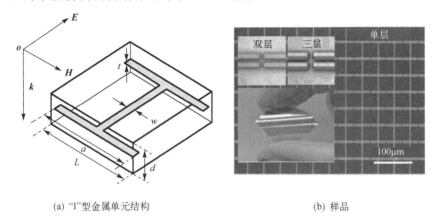

(a) "I"型金属单元结构　　　　　　　　　　　　　　(b) 样品

图 1-7　实现的高等效折射率

1.3　超构材料的奇异性质

在 V. G. Veselago 的经典论文中[4]，他假定存在左手材料，从理论上全面地研究了电磁波与左手材料的相互作用，预言了可能存在负折射现象、反向多普勒效应、反向切伦科夫辐射和异常光压特性等新奇的电磁特性，下面进行简要介绍。

1.3.1　负折射现象

当一束光线从右手材料入射到与左手材料的交界面上时，折射光线与入射光线位于法线同侧，这就是所谓的"负折射"现象[20,22]。该现象虽与常规的折射现象不同，但是并不违背基本的折射定律。根据式(1-26)，当 ε_r 和 μ_r 同时为负值时，折射定律仍然成立，只是此时的折射率 n 的实部为负，所以命名为负折射现象。

左手材料中的负折射现象在 2001 年被 R. A. Shelby 等人从实验上证实[23]。他们利用如图 1-3(a)所示的左手材料开展实验研究，实验平台如图 1-3(b)所示。为了实现入射波的斜入射，他们将左手材料制作为楔形，入射波垂直入射于左手材料的直角平面，在此交界面上不会发生折射，只存在少量的反射，反射波可以被周围的吸波材料吸收。透射波入射到楔形结构的斜面上，在此交界面上实现斜入射，虚线为楔形交界面的法线。在折射波所在平面上设置检测装置，它在法线两侧步进移动，从而探测折射波的传播方向。若探测到折射波和入射波均位于法线同侧，则证明左手材料中发生了负折射现象，反之则为正常的折射现象(简称为正折射现象)。为了进行对比分析，他们利用一种右手材料(聚四氟乙烯)进行对比实验。实验结果显示，在左手材料中，折射波与法线同侧时，折射波与法线之间的夹角为负；在右手材料中，折射波与法线的夹角为正，说明折射波与入射波位于法线两侧。该实验证实了左手材料中存在负折射现象。

由于负折射现象的存在，因此在成像系统中，无须将结构制作为曲面，仅用平板型左手材料即可实现对电磁波传播相位的叠加，从而实现成像功能[4]。点光源本身的信息不仅存在于传输波中，也存在于凋落波中。但凋落波只能沿入射物体界面"传播"约一个波长的深度，并沿着界面"传播"波长量级的距离。凋落波离开界面，在常规棱镜中振幅将指数衰减，其信息无法传递到像点，因此常规材质棱镜成的像缺少凋落波信息。超构材料棱镜不仅可以会聚传输波实现成像，也可以将凋落波会聚于像平面，并且像点与源点保持相同的相位，从理论上说可以实现"完美"成像，分别如图 1-8 (a)和(b)所示。其中图 1-8 (a)表示光源发出的传播波通过等效折射率 $n=-1$ 的超构材料时的示意图，从图中可以看出，在空气和超构材料的分界面上，电磁波发生了负折射，入射角和折射角相等，均为 θ；图 1-8 (b)表示光源发出的凋落波透过等效折射率 $n=-1$ 的超构材料时的示意图，凋落波在空气和超构材料的分界面上同样发生负折射，经过超构材料后最终会聚于像点。此时从理论上看，像点包含了光源发出的全部信息。但是，由于不可避免地存在电磁损耗，理想的超构棱镜无法真正实现。负折射现象在克服衍射极限成像、电磁隐身、分光仪、粒子探测器及生物化学检测等方面具有重要的应用价值[21]。

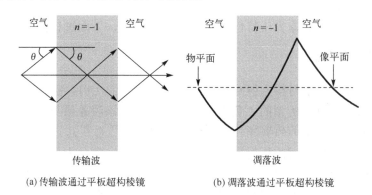

(a) 传输波通过平板超构棱镜　　　　　　　(b) 凋落波通过平板超构棱镜

图 1-8　传输波和凋落波通过平板超构棱镜的光路图

1.3.2　反向多普勒效应

当运动的源以角频率 ω 辐射电磁波时，静止的接收器所接收的角频率为 ω_1，且有 $\omega \neq \omega_1$。如果媒质是右手材料，则当源靠近接收器时，接收到的角频率 ω_1 大于源的辐射角频率 ω；当源远离接收器时，接收到的角频率 ω_1 将会小于源的辐射角频率

ω，这就是物理学上熟知的多普勒效应，如图 1-9(a) 所示。但是，如果媒质是左手材料，则情况完全相反。如果波源与接收器两者相向而行时，接收到的角频率会降低（$\omega > \omega_1$），背向而行时反而会升高（$\omega < \omega_1$），这种现象被称为反向多普勒效应[4,24]，如图 1-9(b) 所示。

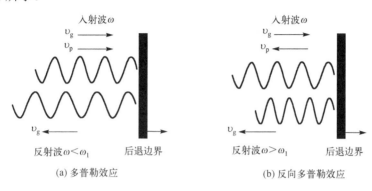

(a) 多普勒效应　　　　　　　　　　　　　　(b) 反向多普勒效应

图 1-9　多普勒效应示意图

2003 年，N. Seddon 等人首次通过实验证实了左手材料中的反向多普勒效应[24]。在实验中，他们利用一种特殊的传输线，以实现和左手材料相同的色散特性，其包含一系列串联的电感 L，传输线对地电容 C 以及传输线交叉电容 C^*。设计初始一定频率的脉冲信号进入传输线，经过不同的电容电感后，会在电路中产生反射信号，周期排列的电容、电感部件等效于不断远离观测点的边界，因此该模型可以实现在固定观测点观测不断远离的反射边界产生的反射波的频率。实验结果表明：在该传输线电路中，在固定观测点观测到的反射边界不断远离的反射波的信号频率在变大，这与常规的多普勒效应的结论正好相反。反向多普勒效应在雷达探测、激光振动测量、天体探测、生物医学监测、多频点可调辐射源等领域具有重要的应用前景[58]。

1.3.3　反向切伦科夫辐射

当带电粒子在媒质中运动时，会在其周围媒质内产生诱导电流，从而在其路径上形成一系列次波源，分别发出次波信号。如果带电粒子的速度超过周围媒质中的光速时，这些次波源之间相互干涉，形成辐射电磁波，这种辐射称为切伦科夫辐射。在右手材料中，干涉后形成的波前即等相位面是一个锥面，电磁波能量沿此锥面的法线方向辐射出去，即沿着带电粒子运动方向辐射，从而形成一个向前的锥角，如图 1-10(a) 所示。这种电磁辐射是 1934 年由苏联物理学家 P. A. Cherenkov 发现的，因此以他的名字命名。1937 年，另外两名苏联物理学家 I. M. Frank 和 I. Y. Tamm 用经典的电磁理论成功地解释了切伦科夫辐射的成因，三人因此共同荣获 1958 年的诺贝尔物理学奖。而在左手材料中，能量传播方向与相速度相反，因而电磁波将沿着带电粒子运动的反方向辐射，辐射方向形成一个向后的锥角，如图 1-10(b)所示，这就是所谓的反向切伦科夫辐射[59,60]。

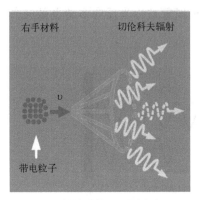

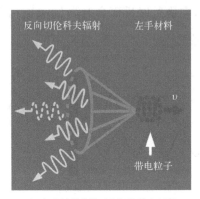

扫码见彩图

(a) 右手材料中的切伦科夫辐射　　　　(b) 左手材料中的反向切伦科夫辐射

图 1-10　切伦科夫辐射和反向切伦科夫辐射示意图

在实验上证实左手材料中的反向切伦科夫辐射的研究历程中，先后出现了间接实验法和直接实验法。由于直接采用真实的带电粒子来验证反向切伦科夫辐射的实验难度极大，为了简化实验，研究的初期是采用一种电磁辐射去代替带电粒子。早在 2002 年，加拿大多伦多大学的研究小组利用间接实验法在左手材料中观测到了一种类似的反向切伦科夫辐射[61]。由于左手材料的真实性受到质疑，同时又是采用间接实验法，其等效性存疑。对于直接实验法，由于采用了真实的带电粒子，需要设计全新的适合于真空环境的左手材料，这极大地增加了实验难度。2017 年，段兆云课题组提出了一种全新的全金属左手材料，并采用真实的自由电子，从实验上首次观察到反向切伦科夫辐射（详见第 4 章）。反向切伦科夫辐射在新型的高功率小型化真空电子器件、粒子探测、加速器以及材料科学等方面具有重要的应用价值[25]。

1.3.4　异常光压特性

在常规材料中，光压是指当光照射到一个物体上时，对物体施加的压力。由于光子没有静止质量，只有动量，因此利用动量来描述其光压特性。单色波可以近似认为是一束光子流，其对照射的物体会产生压力，因此光压也称为辐射压。V. G. Veselago 从理论上预言，在左手材料中将会有异于常规材料的光压特性[4]。当一束光在左手材料中传播，并照射到理想反射体时，光在两种介质的界面上发生了折射，没有发生反射，理想反射体相当于提供两倍于光束的动量，方向指向辐射源一侧，最终效果体现为入射光束对理想反射体的拉力，其示意图如图 1-11 所示。

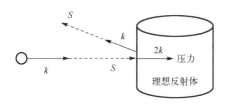
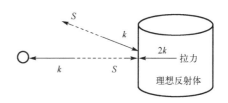

(a) 右手材料中的光压原理图
(b) 左手材料中的异常光压原理图

图 1-11 光压原理示意图

2016 年, 香港科技大学 C. T. Chan 研究小组在 Veselago 工作的基础上, 进行了进一步的理论研究, 他们发现左手材料中传播的光束对反射体可以施加压力, 也可以施加拉力, 这主要取决于组成左手材料的微观晶格结构的参数。对于三角形的晶格排列来说, 边界处的力体现为拉力; 而对于正方形晶格来说, 边界处的力体现为压力[62]。左手材料中的异常光压现象有望应用于纳米粒子移动、光学探测以及光学传感器等领域。

1.4 超构材料的应用

超构材料从被提出以来, 经过二十多年的研究探索, 相关理论已趋成熟, 研究范围不断扩大, 超构材料的设计思想已从微波领域扩展到其他领域, 如光学、声学、材料学、力学、热学等, 影响极为广泛。凭借自身具有的新奇特性, 超构材料具有许多重要的应用前景。在成像方面, 加州大学伯克利分校的张翔研究小组在 2007 年首次提出通过在圆柱形石英空腔的表面周期交替沉积 16 层银和三氧化二铝薄膜, 可以实现 130nm 的亚衍射极限分辨率的光学超构透镜[63]。南京大学祝世宁、李涛团队充分利用超构材料的光学传播相位色差, 开发了一种全介质、大视场、高集成度的显微成像系统, 并将其集成在 CMOS 上, 实现了厘米尺寸的显微成像系统[64]。在隐身方面, D. R. Smith 等人于 2009 年利用数以千计的 "I" 型超构材料单元结构, 开展了隐身实验[65], 结果表明在 13~16GHz 频率范围内可以实现隐身。浙江大学陈红胜团队于 2020 年提出了一种采用深度学习机制的自适应超构表面隐身装置, 实验结果显示, 当外界电磁环境发生变化时, 该超构表面隐身装置仅需 15ms 即可实现电磁响应, 从而实现隐身[66]。在天线、吸波器等无源器件方面, 伦敦大学玛丽女王学院的郝阳研究小组实现了一种基于互补开口谐振环的超构材料衬底微带天线[67]。新加坡国立大学的陈志宁研究小组提出了一种基于超构表面的天线, 通过在介质两侧实现超构表面, 在降低天线厚度的同时保持了同样的性能, 同时具有低损耗的特性[68]。韩国中央大学的 S. J. Lim 等人提出了一种六边形超构材料结构, 并通过实验证明该超构材料吸波器可以在 6.79~14.96GHz 频率范围内实现优良的吸波性能[69]。电子科技大学邓龙江团队利用开口谐振环实现了一种宽角度超构吸波材料,实验测试结果表明在 1.6GHz 带宽内吸收率大于 90%[70]。

　　除上述应用外,超构材料在真空电子学领域也有重要的应用。当带电粒子与超构材料相互作用时,会产生反向切伦科夫辐射或相干增强的渡越辐射,所以可以用超构材料来构建真空电子器件的核心部件——高频结构,从而发展出新型的真空电子器件。由于超构材料的强谐振特性导致其局域场增强,因而超构材料真空电子器件具有高功率、高效率或高增益的优点;同时,超构材料具有亚波长特性,因而超构材料真空电子器具有小型化的优点。综上所述,相对于传统的真空电子器件,超构材料真空电子器件具有高功率、高效率、小型化或高增益的优点,具有重要的应用前景。目前,超构材料真空电子学的研究主要集中在美国、中国、印度[71]、俄罗斯、韩国等国家。

　　把超构材料引入到真空电子学的研究可以追溯到 2007 年,美国 NASA 的 J. D. Wilson 研究小组开始了超构材料在行波管中的应用尝试,然而苦于没能找到合适的超构材料,仅假定存在一种左手材料,进行了初步的理论研究[72]。2008 年,段兆云课题组报道了在部分填充各向异性双负材料的圆波导中电子注激发增强的反向切伦科夫辐射机理,指出了该新型电磁辐射有望在真空电子器件和切伦科夫探测器中应用[73]。2009 年,英国兰卡斯特大学的 R. Seviour 研究小组在曲折波导行波管中添加了假想的左手材料,如图 1-12(a)所示,并以此来调控曲折波导行波管的色散特性,为行波管的研究提供了一种可能的新方向[74]。2010 年,美国空军研究实验室的 D. Shiffler 研究小组提出了一种由开口谐振环加载圆波导构成的超构材料高频结构,如图 1-12(b)所示,并采用粒子仿真软件 MAGIC 研究了电子注与电磁波的互作用特性,指出了超构材料具有应用于真空电子器件的可能[75]。由于工作在空心圆波导的截止频率之上,同时导体环需要介质的支撑,因此器件难以小型化,真空度难以保证,无法突出器件的优势。

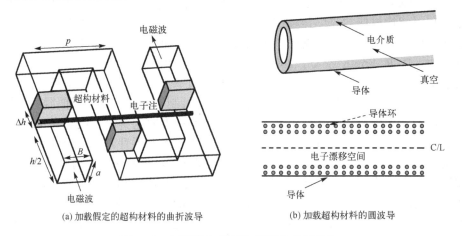

(a) 加载假定的超构材料的曲折波导　　　　　　(b) 加载超构材料的圆波导

图 1-12　初期的加载超构材料的高频结构

为了探寻全金属的超构材料，2011 年，T. M. Abuelfadl 等人提出了一种加载超构材料的圆波导结构[76]，如图 1-13 所示，通过在圆波导内壁加载金属杆耦合线，这样对工作在圆波导的截止频率下的工作频率而言，可实现"双负"特性。该结构可能用于高功率真空电子器件如返波管、回旋返波管和切伦科夫反向辐射检测器等。但是，他们仅分析了色散特性，未讨论其器件的性能参数。

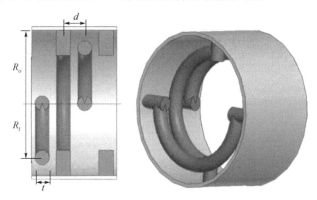

图 1-13 加载超构材料的圆波导结构示意图

2012 年，美国麻省理工学院的 R. J. Temkin 研究小组和得州大学奥斯汀分校的 G. Shvets 研究小组通力合作，共同提出了一种互补金属开口环谐振单元的超构材料[77]，如图 1-14 所示。这种新型辐射机理具有三个优点：①物理机理优于传统的返波管；②低的群速会导致高的空间增益，降低起振电流，从而缩短互作用长度；③互补的金属开口谐振单元可以采用标准的平板制作工艺，而传统的返波管在太赫兹频段的加工对精度要求特别高，难以实现。然而，他们只是假定存在高真空环境，器件实现比较困难[77]。

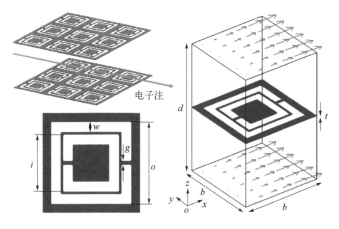

图 1-14 基于超构材料的新型电磁辐射示意图

2012 年，美国空军科学研究局资助了一项多学科大学研究创新计划，其研究小组分别来自美国新墨西哥大学、麻省理工学院、俄亥俄州立大学、加州大学尔湾分校和路易斯安那州立大学，共同研究超构材料及其在高功率微波源中的应用，期望在高功率微波源领域有新的突破。

2013 年，美国麻省理工学院的 R. J. Temkin 研究小组报道了一种全金属且适合真空电子器件的超构材料，并提取了其电磁参数，但该结构不利于实现小型化。同年，美国空军研究实验室的 D. Shiffler 研究小组提出了一种开口谐振环加载方波导的超构材料高频结构[78]，并开展了传输特性的实验研究，如图 1-15 所示，向器件实用方向迈进了一步。

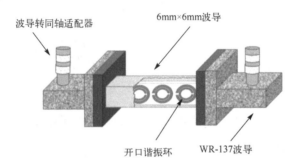

图 1-15　开口谐振环加载方波导高频结构模型图

2014 年，美国麻省理工学院的 R. J. Temkin 研究小组在前期研究的基础之上[77]，研制出一种基于超构材料的返波振荡器[32]，如图 1-16 所示，在 2.6GHz 频率处产生 5.75MW 的脉冲输出功率，电子效率约为 14%。

图 1-16　基于超构材料的返波振荡器的实验装置图

2019 年，麻省理工学院的 R. J. Temkin 研究小组又提出了一种轮毂状超构材料单元结构，利用该结构实现了一种新型高功率微波辐射源，并用于尾场粒子加速器系统中[79]，如图 1-17(a)所示。实验结果表明：当 65MeV、45nC 的单个电子簇团通过该结构时，在 11.4GHz 频点处可以产生 25MW 的脉冲输出功率。2021 年，该小组将超构材料单元的材质由不锈钢更换为无氧铜，并利用 MEMS 技术使结构表面更加光滑，以便进一步降低高频损耗和击穿风险，如图 1-17(b)所示。实验结果显示：采用 65MeV、355nC 的 8 个电子簇团通过该结构，脉冲输出功率可达 565MW[80]。

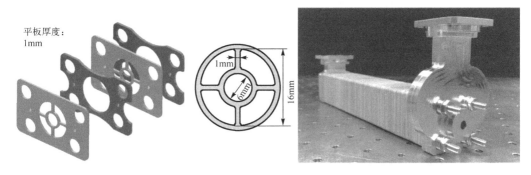

(a)轮毂状超构材料单元结构 　　　　　　　(b)超构材料慢波结构实物图

图 1-17　超构材料单元结构和慢波结构

2016 年，美国新墨西哥大学的 E. Schamiloglu 研究小组提出了一种新型超构材料高频结构，如图 1-18 所示。采用短脉冲相对论电子束进行仿真，其结果表明在 1.4GHz 频点处，脉冲输出功率为 260MW，电子效率约为 15%[81]。2020 年，该小组研制出了一种基于超构材料的返波管，实验结果表明：在 3.0GHz 时，脉冲输出功率为 22MW，电子效率为 1.58%[33]。

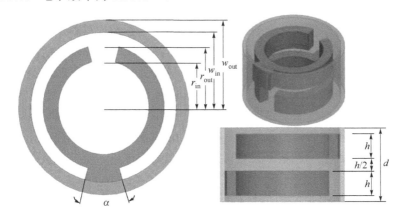

(a)反向交错排列的开口谐振环模型

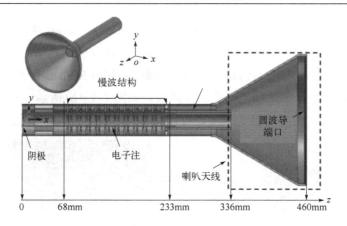

(b) 基于超构材料的返波管示意图

图 1-18　开口谐振环模型和基于超构材料的返波管

　　国内相关单位在超构材料真空电子学领域也开展了广泛研究。例如，清华大学刘仿课题组利用金薄膜和二氧化硅周期叠加构成一种双曲超构材料，实现了一种具有低电压阈值的切伦科夫辐射。之后又成功利用氟化镁材料实现了双曲超构材料，利用能量较低的自由电子在氟化镁中产生太赫兹波段的切伦科夫辐射，为稳定高效地产生太赫兹辐射提供了新的研究思路[82-84]。东南大学柏宁丰等人提出了一种由微带曲折线和紧凑型宽带超构吸收材料组成的集成微带曲折线结构，并将其加载到行波管中作为衰减器。与传统的碳涂层衰减器相比，具有超构材料的衰减器可以提供更加平坦的功率输出和增益[85,86]；此外，他们也提出了一种用于行波管的超构材料输出窗，具有优良的传输特性[87]。西安交通大学刘美琴等人利用双回旋超构材料单元结构，提出了一种超构材料慢波结构，研究了一种高功率、高效率的表面波微波振荡器[88,89]。国防科学技术大学贺军涛课题组利用圆形超构材料结构单元，设计了一种超构材料慢波结构，通过优化设计提高了空间极限电流和耦合阻抗，为超构材料相对论微波器件的发展奠定了基础[90]。电子科技大学在超构材料真空电子器件方面也开展了相关的研究工作[25,34,91-94]，将在本书第 5 章和第 6 章中分别介绍。

　　由亚波长单元结构按照一定的"宏观"序列排列而构成的超构材料极大地拓展了迄今为止人们所熟知的自然常规材料所涉及的领域，这一显著特点使得超构材料具有广泛的应用前景[95-99]。基于具有奇异特性的超构材料，研究人员可以设计更多的新颖器件[100-102]。

　　最后，需要说明的是，超构材料的研究领域非常宽广，譬如还有光学超构材料[103]、声学超构材料[104, 105]、力学超构材料、热学超构材料等。希望本章涉及的内容可以为读者提供超构材料与其他领域交叉融合的新思想，从而打开更多前沿应用研究的大门[106-108]。超构材料随着研究的深入，亚波长单元结构的复杂性和多样性相继体现，由此带来了多维度、多组元、非线性、各向异性等特性，整个研究领域得到了进一步的丰富和发展。纵观该领域不难发现，超构材料的发展趋势逐步从微波到毫米波、太赫兹波，甚至到可见光，从三维体结构的左手材料逐步发展到近似二维的超构表面，从金属加介质的超构材料发展到全金属超构材料或全介质超构材料，从相同单元结构阵列到不同单元结构的排列组合。超构材料正在向超构表面、智能化等方向发展，有望实现更小的物理空间、更低的损耗，并对电磁波的调控提供更加灵活的方法。

参 考 文 献

[1] Engheta N. 150 years of Maxwell's equations[J]. Science, 2015, 349(6244): 136-137.

[2] Granatstein V L, Parker R K, Armstrong C M. Vacuum electronics at the dawn of the twenty-first century[J]. Proceedings of the IEEE, 1999, 87(5): 702-716.

[3] 刘盛纲. 太赫兹科学技术的新发展[J]. 中国基础科学, 2006(1): 7-12.

[4] Veselago V G. The electrodynamics of substances with simultaneously negative values of ε and μ[J]. Physics-Uspekhi, 1968, 10(4): 509-514.

[5] Marqués R, Martín F, Sorolla M. Metamaterials with Negative Parameters: Theory, Design, and Microwave Applications[M]. Hoboken: John Wiley & Sons, 2011.

[6] Dong Y D, Itoh T. Promising future of metamaterials[J]. IEEE Microwave Magazine, 2012, 13(2): 39-56.

[7] Ziolkowski R W. Metamaterials: The early years in the USA[J]. EPJ Applied Metamaterials, 2014, 1(5): 1-9.

[8] Lamb H. On group-velocity[J]. Proceedings of the London Mathematical Society, 1904, s2-1(1): 473-479.

[9] Pocklington H C. Growth of a wave-group when the group-velocity is negative[J]. Nature, 1905, 71(1852): 607-608.

[10] Schuster A. An Introduction to the Theory of Optics[M]. London: Edward Arnold, 1904: 20-35.

[11] Mandelshtam L I. Group velocity in a crystal lattice[J]. Zhurnal Eksperimentalnoii Teoreticheskoi Fiziki, 1945, 15(9): 475-478.

[12] Malyuzhinets G D. A note on the radiation principle[J]. Zhurnal Technicheskoi Fiziki, 1951, 21: 940-942.

[13] Sivukhin D V. The energy of electromagnetic waves in dispersive media[J]. Optikai Spektroskopiya, 1957, 3(4): 308-312.

[14] Pafomov V E. Transition radiation and Cherenkov radiation[J]. Soviet Physics JETP, 1959, 36(6): 1321-1324.

[15] Rotman W. Plasma simulation by artificial dielectrics and parallel-plate media[J]. IRE Transactions on Antennas and Propagation, 1962, 10(1): 82-95.

[16] Hardy W N, Whitehead L A. Split-ring resonator for use in magnetic resonance from 200-2000 MHz[J]. Review of Scientific Instruments, 1981, 52(2): 213-216.

[17] Sievenpiper D F, Sickmiller M E, Yablonovitch E. 3D wire mesh photonic crystals[J]. Physical Review Letters, 1996, 76(14): 2480-2483.

[18] Joannopoulos J D, Johnson S G, Winn J N, et al. Photonic Crystals: Molding the Flow of Light[M]. Second edition. Princeton: Princeton University Press, 2008.

[19] Pendry J B, Holden A J, Stewart W J, et al. Extremely low frequency plasmons in metallic mesostructures[J]. Physical Review Letters, 1996, 76(25): 4773-4776.

[20] Pendry J B, Holden A J, Robbins D J, et al. Magnetism from conductors and enhanced nonlinear phenomena[J]. IEEE Transactions on Microwave Theory and Techniques, 1999, 47(11): 2075-2084.

[21] Smith D R, Kroll N. Negative refractive index in left-handed materials[J]. Physical Review Letters, 2000, 85(14): 2933-2936.

[22] Smith D R, Padilla W J, Vier D C, et al. Composite medium with simultaneously negative permeability and permittivity[J]. Physical Review Letters, 2000, 84(18): 4184-4187.

[23] Shelby R A, Smith D R, Schultz S. Experimental verification of a negative index of refraction[J]. Science, 2001, 292(5514): 77-79.

[24] Seddon N, Bearpark T. Observation of the inverse Doppler effect[J]. Science, 2003, 302(5650): 1537-1540.

[25] Duan Z Y, Tang X F, Wang Z L, et al. Observation of the reversed Cherenkov radiation[J]. Nature Communications, 2017, 8(1): 14901.

[26] Pendry J B. Negative refraction[J]. Contemporary Physics, 2004, 45(3): 191-202.

[27] Pendry J B. Negative refraction makes a perfect lens[J]. Physical Review Letters, 2000, 85(18): 3966-3969.

[28] Liu R P, Cheng Q, Chin J Y, et al. Broadband gradient index microwave quasi-optical elements based on non-resonant metamaterials[J]. Optics Express, 2009, 17(23): 21030-21041.

[29] Cui T J, Qi M Q, Wan X, et al. Coding metamaterials, digital metamaterials and programmable metamaterials[J]. Light: Science & Applications, 2014, 3(10): e218.

[30] Pendry J B, Schurig D, Smith D R. Controlling electromagnetic fields[J]. Science, 2006, 312(5781): 1780-1782.

[31] Enoch S, Tayeb G, Sabouroux P, et al. A metamaterial for directive emission[J]. Physical Review Letters, 2002, 89(21): 213902.

[32] Hummelt J S, Lewis S M, Shapiro M A, et al. Design of a metamaterial-based backward-wave oscillator[J]. IEEE Transactions on Plasma Science, 2014, 42(4):930-936.

[33] de Alleluia A B, Abdelshafy A F, Ragulis P, et al. Experimental testing of a 3-D-printed metamaterial slow wave structure for high-power microwave generation[J]. IEEE Transactions on Plasma Science, 2020, 48(12): 4356-4364.

[34] Wang Y S, Duan Z Y, Tang X F, et al. All-metal metamaterial slow-wave structure for high-power sources with high efficiency[J]. Applied Physics Letters, 2015, 107(15): 153502.

[35] Valanju P M, Walser R M, Valanju A P. Wave refraction in negative-index media: Always positive and very inhomogeneous[J]. Physical Review Letters, 2002, 88(18): 187401.

[36] Garcia N, Nieto-Vesperinas M. Is there an experimental verification of a negative index of refraction yet?[J]. Optics Letters, 2002, 27(11): 885-887.

[37] Garcia N, Nieto-Vesperinas M. Left-handed materials do not make a perfect lens[J]. Physical Review Letters, 2002, 88(20): 207403.

[38] Jr Pacheco J, Grzegorczyk T M, Wu B I, et al. Power propagation in homogeneous isotropic frequency-dispersive left-handed media[J]. Physical Review Letters, 2002, 89(25): 257401.

[39] Pendry J B, Smith D R. Comment on "Wave refraction in negative-index media: Always positive and very inhomogeneous"[J]. Physical Review Letters, 2003, 90(2): 029303.

[40] Ziolkowski R W. Pulsed and CW Gaussian beam interactions with double negative metamaterial slabs[J]. Optics Express, 2003, 11(7): 662-681.

[41] Foteinopoulou S, Economou E N, Soukoulis C M. Refraction in media with a negative refractive index[J]. Physical Review Letters, 2003, 90(10): 107402.

[42] Parazzoli C G, Greegor R B, Li K, et al. Experimental verification and simulation of negative index of refraction using Snell's law[J]. Physical Review Letters, 2003, 90(10): 107401.

[43] Houck A A, Brock J B, Chuang I L. Experimental observations of a left-handed material that obeys Snell's law[J]. Physical Review Letters, 2003, 90(13): 137401.

[44] Huangfu J T, Ran L X, Chen H S, et al. Experimental confirmation of negative refractive index of a metamaterial composed of Ω-like metallic patterns[J]. Applied Physics Letters, 2004, 84(9): 1537-1539.

[45] Yao J, Liu Z W, Liu Y M, et al. Optical negative refraction in bulk metamaterials of nanowires[J]. Science, 2008, 321(5891): 930-930.

[46] Munk B A. Metamaterials: Critique and Alternatives[M]. Hoboken: John Wiley & Sons, 2009.

[47] Kong J A. Electromagnetic Wave Theory[M]. Hoboken: John Wiley & Sons, 1986.

[48] Ritchie R H. Plasma losses by fast electrons in thin films[J]. Physical Review, 1957, 106(5): 874-881.

[49] Ramakrishna S A. Physics of negative refractive index materials[J]. Reports on Progress in Physics, 2005, 68(2): 449-521.

[50] Choi J W, Seo C H. Microstrip square open-loop multiple split-ring resonator for low-phase-noise VCO[J]. IEEE Transactions on Microwave Theory and Techniques, 2008, 56(12): 3245-3252.

[51] Zhang S, Fan W J, Panoiu N C, et al. Experimental demonstration of near-infrared negative-index metamaterials[J]. Physical Review Letters, 2005, 95(13): 137404.

[52] Soukoulis C M, Linden S, Wegener M. Negative refractive index at optical wavelengths[J]. Science, 2007, 315(5808): 47-49.

[53] Liu R P, Cheng Q, Hand T, et al. Experimental demonstration of electromagnetic tunneling through an epsilon-near-zero metamaterial at microwave frequencies[J]. Physical Review Letters, 2008, 100(2): 023903.

[54] Maas R, Parsons J, Engheta N, et al. Experimental realization of an epsilon-near-zero metamaterial at visible wavelengths[J]. Nature Photonics, 2013, 7(11): 907-912.

[55] Belov P A, Slobozhanyuk A P, Filonov D S, et al. Broadband isotropic μ-near-zero metamaterials[J]. Applied Physics Letters, 2013, 103(21): 211903.

[56] Silveirinha M, Engheta N. Design of matched zero-index metamaterials using nonmagnetic inclusions in epsilon-near-zero media[J]. Physical Review B, 2007, 75(7): 075119.

[57] Choi M H, Lee S H, Kim Y S, et al. A terahertz metamaterial with unnaturally high refractive index[J]. Nature, 2011, 470(7334): 369-373.

[58] Chen J B, Wang Y, Jia B H, et al. Observation of the inverse Doppler effect in negative-index materials at optical frequencies[J]. Nature Photonics, 2011, 5(4): 239-242.

[59] Duan Z Y, Wu B I, Lu J, et al. Reversed Cherenkov radiation in a waveguide filled with anisotropic double-negative metamaterials[J]. Journal of Applied Physics, 2008, 104(6): 063303.

[60] Chen H S, Chen M. Flipping photons backward: Reversed Cherenkov radiation[J]. Materials Today, 2011, 14(1-2): 34-41.

[61] Grbic A, Eleftheriades G V. Experimental verification of backward-wave radiation from a negative refractive index metamaterial[J]. Journal of Applied Physics, 2002, 92(10): 5930-5935.

[62] Wang S B, Ng J, Xiao M, et al. Electromagnetic stress at the boundary: Photon pressure or tension?[J]. Science Advances, 2016, 2(3): e1501485.

[63] Liu Z W, Lee H S, Xiong Y, et al. Far-field optical hyperlens magnifying sub-diffraction-limited objects[J]. Science, 2007, 315(5819): 1686-1686.

[64] Xu B B, Li H M, Gao S L, et al. Metalens-integrated compact imaging devices for wide-field microscopy[J]. Advanced Photonics, 2020, 2(6): 066004.

[65] Liu R P, Ji C, Mock J J, et al. Broadband ground-plane cloak[J]. Science, 2009, 323(5912): 366-369.

[66] Qian C, Zheng B, Shen Y C, et al. Deep-learning-enabled self-adaptive microwave cloak without human intervention[J]. Nature Photonics, 2020, 14(6): 383-390.

[67] Lee Y J, Hao Y. Characterization of microstrip patch antennas on metamaterial substrates loaded with complementary split-ring resonators[J]. Microwave and Optical Technology Letters, 2008, 50(8): 2131-2135.

[68] Nasser S S S, Chen Z N. Low-profile bilayer metasurface integrated antenna for cellular base stations[C]. Sixth Asia-Pacific Conference on Antennas and Propagation (APCAP), Xi'an, China, 2017: 1-3.

[69] Yoo M Y, Lim S J. Polarization-independent and ultrawideband metamaterial absorber using a hexagonal artificial impedance surface and a resistor-capacitor layer[J]. IEEE Transactions on Antennas and Propagation, 2014, 62(5): 2652-2658.

[70] Xu Y Q, Zhou P H, Zhang H B, et al. A wide-angle planar metamaterial absorber based on split ring resonator coupling[J]. Journal of Applied Physics, 2011, 110(4): 044102.

[71] Guha R, Bandyopadhyay A K, Varshney A K, et al. Investigations into helix slow-wave structure assisted by double-negative metamaterial[J]. IEEE Transactions on Electron Devices, 2018, 65(11): 5082-5088.

[72] Starinshak D P, Wilson J D, Chevalier C T. Investigating holey metamaterial effects in terahertz traveling-wave tube amplifier[P]. NASA/TP-2007-214701. 2007.

[73] Duan Z Y, Wu B I, Lu J, et al. Cherenkov radiation in anisotropic double-negative metamaterials[J]. Optics Express, 2008, 16(22): 18479-18484.

[74] Tan Y S, Seviour R. Wave energy amplification in a metamaterial-based traveling-wave structure[J]. Europhysics Letters, 2009, 87(3): 34005.

[75] Shiffler D, Luginsland J, French D M, et al. A Cerenkov-like maser based on a metamaterial structure[J]. IEEE Transactions on Plasma Science, 2010, 38(6): 1462-1465.

[76] Abuelfadl T M. Composite right/left-handed circular meta-waveguide[J]. Applied Physics A, 2011, 103(3): 759-763.

[77] Shapiro M A, Trendafilov S, Urzhumov Y, et al. Active negative-index metamaterial powered by an electron beam[J]. Physical Review B, 2012, 86(8): 085132.

[78] Shiffler D, Seviour R, Luchinskaya E, et al. Study of split-ring resonators as a metamaterial for high-power microwave power transmission and the role of defects[J]. IEEE Transactions on Plasma Science, 2013, 41(6): 1679-1685.

[79] Lu X Y, Shapiro M A, Mastovsky I, et al. Generation of high-power, reversed-Cherenkov wakefield radiation in a metamaterial structure[J]. Physical Review Letters, 2019, 122(1): 014801.

[80] Picard J, Mastovsky I, Shapiro M A, et al. Generation of 565 MW of X-band power using a metamaterial power extractor for structure-based wakefield acceleration[J]. Physical Review Accelerators and Beams, 2022, 25(5): 051301.

[81] Yurt S C, Fuks M I, Prasad S, et al. Design of a metamaterial slow wave structure for an O-type high power microwave generator[J]. Physics of Plasmas, 2016, 23: 123115.

[82] Liu F, Xiao L, Ye Y, et al. Integrated Cherenkov radiation emitter eliminating the electron velocity threshold[J]. Nature Photonics, 2017, 11(5): 289-292.

[83] 李津宇, 刘仿, 林月钗, 等. 氟化镁双曲材料中太赫兹切伦科夫辐射仿真研究[J]. 真空电子技术, 2020(3): 16-19.

[84] 林月钗, 刘仿, 黄翊东. 基于超构材料的 Cherenkov 辐射[J]. 物理学报, 2022, 69(15): 154103.

[85] 柏宁丰, 申靖轩, 沈长圣, 等. 超材料吸波结构及其在真空电子器件中的应用[J]. 真空电子技术, 2020(3): 25-31.

[86] Bai N F, Feng C, Liu Y T, et al. Integrated microstrip meander line traveling wave tube based on metamaterial absorber[J]. IEEE Transactions on Electron Devices, 2017, 64(7): 2949-2954.

[87] Bai N F, Shen J X, Fan H H, et al. A broad bandwidth metamaterial pillbox window for W-band traveling-wave tubes[J]. IEEE Electron Devices Letters, 2021, 42(8): 1228-1231.

[88] Liu M Q, Schamiloglu E, Wang C, et al. PIC simulation of the coherent Cerenkov-cyclotron radiation excited by a high-power electron beam in a crossed-elliptical metamaterial oscillator at S-band[J]. IEEE Transactions on Plasma Science, 2021, 49(11): 3351-3357.

[89] 刘美琴, 刘纯亮, 冯进军. 基于双回旋超材料表面波微波振荡器研究[J]. 真空电子技术, 2020(3): 20-24.

[90] 孔祥天, 贺军涛, 戴欧志雄, 等. 一种适用于相对论微波器件的新型超材料慢波结构讨论[J]. 真空电子技术, 2020(3): 32-36.

[91] Lyu Z F, Luo H Y, Wang X, et al. Compact reversed Cherenkov radiation oscillator with high efficiency[J]. Applied Physics Letters, 2022, 120(5): 053501.

[92] Wang X, Li S F, Zhang X M, et al. Novel S-band metamaterial extended interaction klystron[J]. IEEE Electron Device Letters, 2020, 41(10): 1580-1583.

[93] Tang X F, Duan Z Y, Ma X W, et al. Dual band metamaterial Cherenkov oscillator with a waveguide coupler[J]. IEEE Transactions on Electron Devices, 2017, 64(5): 2376-2382.

[94] Hu M, Zhong R B, Gong S, et al. Tunable free-electron-driven terahertz diffraction radiation source[J]. IEEE Transactions on Electron Devices, 2018, 65(3): 1151-1157.

[95] Smith D R, Pendry J B, Wiltshire M C K. Metamaterials and negative refractive index[J]. Science, 2004, 305(5685): 788-792.

[96] Solymar L, Shamonina E. Waves in Metamaterials[M]. New York: Oxford University Press, 2009.

[97]　Eleftheriades G V, Balmain K G. Negative-Refraction Metamaterials: Fundamental Principles and Applications[M]. Hoboken: John Wiley & Sons, 2005.

[98]　Sarychev A K, Shalaev V M. Electrodynamics of Metamaterials[M]. Singapore: World Scientific, 2007.

[99]　Capolino F. Theory and Phenomena of Metamaterials[M]. Boca Raton: CRC Press, 2017.

[100]Hao Y, Mittra R. FDTD Modeling of Metamaterials: Theory and Applications[M]. Norwood: Artech House, 2008.

[101]Cui T J, Smith D R, Liu R P. Metamaterials: Theory, Design, and Applications[M]. New York: Springer, 2010.

[102]Engheta N, Ziolkowski R W. Metamaterials: Physics and Engineering Explorations[M]. Hoboken: John Wiley & Sons, 2006.

[103]罗先刚. 亚波长电磁学[M]. 北京: 科学出版社, 2017.

[104]Zhu R R, Ma C, Zheng B, et al. Bifunctional acoustic metamaterial lens designed with coordinate transformation[J]. Applied Physics Letters, 2017, 110(11):113503.

[105]Lu M H, Zhang C, Feng L, et al. Negative bi-refraction of acoustic waves in a sonic crystal[J]. Nature Materials, 2007, 6(10): 744-748.

[106]Shalaev V M. Optical negative-index metamaterials[J]. Nature Photonics, 2007, 1(1): 41-48.

[107]Soukoulis C M, Kafesaki M, Economou E N. Negative-index materials: New frontiers in optics[J]. Advanced Materials, 2006, 18(15): 1941-1952.

[108]童利民. 纳米光子学研究前沿[M]. 上海: 上海交通大学出版社, 2014.

第 2 章　超构材料的实现和表征

对于超构材料而言，到目前为止，由于没有发现自然材料具有"双负"特性，所以如何用人工的手段来构建超构材料是最重要的研究方向之一。从超构材料的发展历史来看，它是基于等效媒质理论(effective medium theory, EMT)逐渐发展起来的。所谓的等效媒质理论是指利用某种连续且均匀的媒质来代替非均匀的复合媒质，以便于研究特定物理特性的一种方法。该方法最初用于研究复合媒质的物理特性，研究范围涵盖气态、液态、固态和混合态物质。等效媒质理论的核心思想是"平均化"，将复合媒质局部的物理特性通过某种平均化过程定义到一种均匀的宏观媒质。该研究思想一经提出后发展迅速，不断有相关的理论和近似方法被提出，使得等效媒质理论得到快速发展[1]。等效媒质理论可以用于研究材料的等效介电常数、等效磁导率、等效扩散常数、等效折射率、等效刚度、等效热导率、等效模量等多个物理参量[2]，具有重要的科学意义，其在电磁学、光学、力学、材料学、热学、声学等领域应用广泛[3]。

2.1　超构材料的实现

在左手材料的概念被提出后的三十多年时间里，一直未能得到学术界的广泛关注。究其原因，是在自然界里一直未能发现左手材料，同时也没有在实验上通过人工的方式来实现。直到 20 世纪 90 年代中后期，J. B. Pendry 等人分别提出了构造等效介电常数和等效磁导率为负的方法，左手材料的研究才拉开了序幕。之后左手材料得到了迅速发展，出现了多种可以实现"双负"特性的方法，主要分为三类：第一类为经典组合及其拓展法，即利用特殊构造的人工单元结构进行适当的组合，以实现特定频带内的"单负"或"双负"特性；第二类是自然材料复合法，即利用自然界中现有的不同种类的自然材料，利用物理、化学等手段，通过特殊的叠加和组合实现"单负"或"双负"特性；第三类是传输线法，与前两种方法不同，它利用传输线理论来实现相速度和群速度的反向，从而实现"左手"特性。

2.1.1　经典组合及其拓展法

最初实现超构材料的方法即是利用负等效介电常数材料和负等效磁导率材料进行适当的组合，使其在某一特定频带内同时具有负的等效介电常数和等效磁导率的实部，从而实现"双负"特性。在 J. B. Pendry 等人提出的实现方法的基础上，D. R.

Smith 等人在 2000 年首次实现了经典组合法。该方法巧妙地利用不同的亚波长结构来分别实现电谐振响应和磁谐振响应，从而避免了在同一亚波长结构单元里同时实现电谐振响应和磁谐振响应的难题。之后，在该实现"双负"特性思想的基础之上，大量不同的单元结构被提出，电磁超构材料的发展空前迅速[2]。用金属细线阵列和开口谐振环阵列的经典组合实现方法已在第 1 章中进行了较为详细的介绍，此处不再赘述。

　　利用经典组合法设计的超构材料在微波频段较为常见。美国波士顿学院的 N. I. Landy 等人利用经典组合法，提出了一种在以 11.5GHz 为中心频点的频率范围内具有"双负"特性的超构材料[4]，如图 2-1 所示。该结构单元包含两个部分，分别为电双开口方形谐振单元和金属细线，分别如图 2-1(a) 和 (b) 所示。他们利用电双开口方形谐振单元实现了电响应，该电双开口方形谐振单元可以视为由两个单独的电开口方形谐振单元组合而成，而磁响应则由金属细线和电双开口方形环谐振器共同来实现，如图 2-1(c) 所示。电双开口方形谐振单元和金属细线分别位于介质基底的两个侧面，通过调整谐振单元的尺寸、金属细线的尺寸和介质基底的厚度，可以灵活地调整其电磁响应。他们将该超构材料应用于吸波器。实验结果表明：该超构材料在 11.5GHz 频点处的吸收峰值可达 88%，具有窄带强吸收特性。

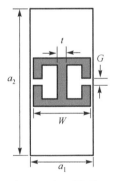

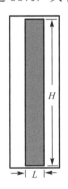
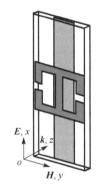

(a) 电双开口方形谐振单元　　　　　(b) 金属细线　　　　　(c) 经典组合法实现的超构材料

图 2-1　经典组合法实现超构材料

　　除微波频段外，经典组合法在太赫兹频段甚至光频段也有大量的研究。美国加州大学伯克利分校的张翔研究小组提出了一种银线阵列，直径为 60nm，放置在氧化铝阵列缝隙中，共同构成一种三维超构材料[5]，如图 2-2 所示。实验证实了该三维超构材料在可见光频段具有负的等效折射率。

　　除上面介绍的无源超构材料外，崔铁军团队把有源器件(如二极管)和数字编码技术等引入到无源超材料中，首次提出了信息超材料的新概念。它摆脱了有效媒质理论的束缚，利用偏压二极管与特定的基底结构的组合，实现了"信息超材料单元"，通过控制不同的数字编码序列的空间排布，可以实时地调控电磁波。崔铁军团队于

2014 年提出以电磁响应相位差为 180° 的两个超材料单元作为数字 0 和 1 单元，以此构建 1 比特数字编码序列，如图 2-3 所示[6]。由于 0 和 1 单元空间排列方式的多样性，可实现多种多样的电磁调控功能。

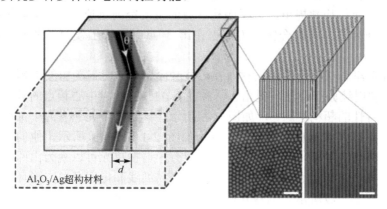

图 2-2　由银线阵列和氧化铝基底共同构成的三维超构材料

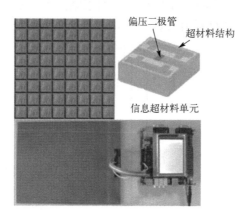

图 2-3　信息超材料

需要特别指出的是，经典组合法实现的超构材料不太适用于真空电子学。这是因为首先介质衬底的引入不利于高真空环境的维持；其次是真空电子器件需要电子注通道，以便于电子注和电磁波进行有效互作用。因此，必须另辟蹊径构建真空电子器件所需要的超构材料。

西班牙学者 R. Marqués 等人于 2002 年首次提出，可以将空波导视为"一维等离子体"，在电磁波的激励下，等离子体的集体振荡行为可以体现出宏观特性。根据等效媒质的观点，在 TE 模式下，可以将空波导视为一种等效电磁媒质，该媒质具有负的等效介电常数[7]。在矩形波导中传输的 TE 模遵循如下的色散关系：

$$k = \omega\sqrt{\mu_0\varepsilon_{\text{eff}}} \tag{2-1}$$

$$\varepsilon_{\text{eff}} = \varepsilon_0 \left(1 - \frac{\omega_{\text{e0}}^2}{\omega^2} \right) \tag{2-2}$$

其中，k 是波数，ω 是角频率，ε_0 是真空中的介电常数，μ_0 是真空中的磁导率，ε_{eff} 是等效介电常数，ω_{e0} 是对应于某一 TE 模式的截止角频率。

从式(2-2)中可以发现，类似于金属细线阵列的等效方式，当工作频率低于等离子体的振荡频率时，该金属细线阵列可以提供负的等效介电常数。R. Marqués 等人开展了仿真和实验研究，发现空矩形波导在加载了开口谐振环单元后(图 2-4)，即使在截止频率以下，也可以传播准 TE 波。这表明空矩形波导在 TE 模式截止频率以下可以视为一种具有负等效介电常数的超构材料，即负电材料。

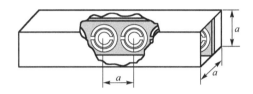

图 2-4　开口谐振环单元加载矩形波导构成的超构材料

西班牙学者 J. Esteban 等人在 R. Marqués 等人的工作基础上，进一步分析了各向异性介质填充波导后的传播特性，研究发现加载超构材料单元的波导也可以传播准 TM 模式，并指出工作在 TM 模式截止频率以下的空波导可以等效为一种负磁导率材料，其结构如图 2-5 所示[8]。其等效磁导率可以用 Drude 模型来预测：

$$\mu_{\text{eff}} = \mu_0 \left(1 - \frac{\omega_{\text{m0}}^2}{\omega^2} \right) \tag{2-3}$$

其中，μ_{eff} 是等效磁导率，ω_{m0} 是对应于空波导的某 TM 模式的截止频率。由于基于"十"字型金属杆阵列的超构材料难以形成电子注通道，不适合应用在真空电子器件中[8]。但是，R. Marqués 和 J. Esteban 等人的研究工作为发展适合真空电子器件所需的超构材料奠定了理论和实验基础。

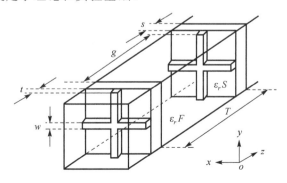

图 2-5　加载"十"字型金属杆阵列的矩形波导

为此，可以单独设计负介电常数超构材料，使其具有合适的电子注通道，并与矩形波导或圆波导组合起来，实现"双负"特性，以此作为真空电子器件的高频结构，实现高效的电子注和电磁波的互作用[9]。基于该实现思想，多个单位开展了相关的研究工作，并提出了多种超构材料[10-12]，如图 2-6 所示。该实现方法将在本书第 4 章和第 5 章中详细介绍。

(a) 开口环加载圆波导构成的超构材料

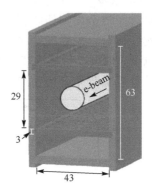
(b) 开口环加载矩形波导构成的超构材料

图 2-6　适用于真空电子学的超构材料

2.1.2　自然材料复合法

自然材料复合法是实现超构材料的一种新方法，该方法与经典组合法的不同之处在于无需设计基本的单元结构进行组合。但是，该方法仍然是利用了"人工原子"排列的基本思想，将不同的自然材料，如金属、陶瓷等视为"人工原子"，通过对不同自然材料的叠加、组合等来实现"单负"或"双负"特性。

清华大学周济团队在利用自然材料复合形成超材料以及自然材料与超材料的结合方面开展了大量的研究工作[13]。他们在介质基及本征型超材料、超材料的可调性、电磁耦合和设计等方面取得了可喜的进展[14,15]。2008 年，他们报道了首例三维各向同性的陶瓷超材料[16]，如图 2-7(a) 所示。该超材料单元的设计基于米氏谐振理论，即如果介质材料本身满足低介电损耗要求，则可以在谐振频率附近产生超常的电磁响应。他们利用高介电常数、低介电损耗的钛酸锶钡陶瓷正方体谐振单元作为"人工原子"，放置在高分子框架中，构造出一种三维各向同性的超材料。实验表明非磁性的介电颗粒在电磁波诱导下呈现出强烈的磁响应。结合具有负的等效介电常数的亚波长结构，如金属细线阵列等，即可以实现具有"双负"特性的超材料。上海海事大学范润华团队提出了利用"复合材料工艺技术构筑金属功能体"来获得"双负"特性的方法。他们利用简易湿浸渍法，将不同的自然介质材料和金属材料进行特定的组合[17]，如图 2-7(b) 所示，揭示了射频等离子体振荡导致负等效介电常数的物理机理[18]。浙江大学彭华新团队于 2019 年提出了一种铁磁体细线和碳纤维材料复合实现超材料的方法[19]，如图 2-7(c) 所示。他们利用铁磁体的磁响应和碳纤维阵列的等离子体电响应，采用材料复合的手段，将两种材料组合在一起，实现了一种超材料。实验结果显示该超材料在 1～6GHz 频率范围内具有"双负"特性。

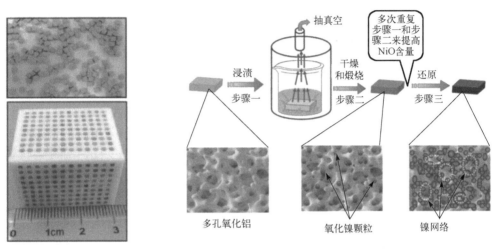

(a) 陶瓷超材料的实物样品　　　　　(b) 采用简易湿浸渍法制备超材料的流程图

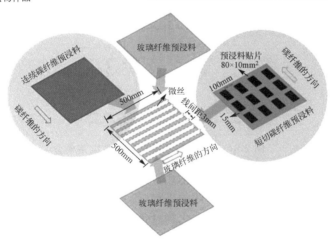

(c) 包含3mm间距平行铁基微丝的超材料示意图

图 2-7　采用自然材料复合法制备的超材料

2.1.3　传输线法

与经典组合法和自然材料复合法有所不同，利用传输线也可以实现超构材料。该方法是基于传输线理论，在传统传输线结构的基础上，利用"串联电容和并联电感"的电路思想，通过微带线或共面波导等来实现相速度和群速度的反向。这种一维或者近似一维的传输线型超构材料通常称为超构材料线（metamaterial line，简称 metaline）[20]。

　　超构材料线可用于设计新型的无源器件，如新型功分器、天线、耦合器、滤波器等。加拿大多伦多大学 G. V. Eleftheriades 等人基于传输线理论，在二维传输线网络中加载串联电容和并联电感，形成了一个新的传输线网络。在一定条件下，它同时具有负的等效介电常数和等效磁导率的特性[21]。随后，美国加州大学洛杉矶分校的 T. Itoh 研究小组也利用传输线理论来实现超构材料[22]。把具有"负"特性的传输线称为左手传输线，而传统的传输线被称为右手传输线。由于左手传输线也是基于右手传输线构成的，同样为电容及电感的组合，只是在特定频段内表现出"左手"特性。因此，这类传输线被称为复合左右手传输线，其传输线等效电路模型如图 2-8 所示。当电磁波在复合左右手传输线中传播时，在低频范围内呈现出"左手"特性，在高频范围内呈现出"右手"特性。2004 年，T. Itoh 研究小组提出了对偶复合左右手传输线的概念[23]，并对对偶复合左右手传输线的等效电路模型进行了深入的研究，发现其在低频范围内呈现出"右手"特性，在高频范围内呈现出"左手"特性，该特性与复合左右手传输线恰好相反。

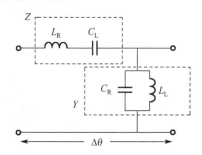

图 2-8　复合左右手传输线等效电路模型

　　这种超构材料还有如下一些典型应用。中国科学技术大学的徐善驾团队于 2006 年提出了一种基于复合左右手传输线的平衡-不平衡功分器[24]，用来实现信号的一分二等幅反相功能，可用于振子天线。比利时鲁汶大学的 G. A. E. Vandenbosch 研究小组利用复合左右手传输线，实现了一种工作在 2.5GHz 频点附近的方向图可重构的双层级联天线[25]。该天线具有较大的调节灵活度，其单元尺寸仅为 0.22λ，如图 2-9 所示。

　　另一种传输线型超构材料的实现方式是利用表面等离激元（surface plasmon polariton，SPP）传输[26]，简称为 SPP 传输线。表面等离激元的频率通常非常高，通过将金属表面设置为周期性结构可以降低其频率。人工表面等离激元传输线是一种新型的超构材料，可以在微波、太赫兹甚至光频段精细操控表面波，具有与平面电路类似的构型。人工表面等离激元传输线通常为单根或多根金属线，随后也发展出梳状金属条带结构[27]。东南大学崔铁军团队利用人工表面等离激元传输线实现了一种微波频段的超宽带 3dB 功分器[28]。在此基础之上，可以将其扩展到太赫兹频段。

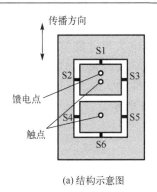

(a) 结构示意图　　　　　　　　　　　(b) 实物图

图 2-9　基于复合左右手传输线构建的双层级联天线

2.2　等效媒质理论

　　等效媒质理论可以追溯到洛伦兹局域场的研究。在 19 世纪中期，荷兰物理学家 H. A. Lorentz 在开展宏观媒质的电动力学性质研究时，最先提出洛伦兹局域场的概念。他认为，宏观媒质的电磁特性必须和微观情形下媒质的电磁特性相关联，并初步讨论了微观情形下的电场强度和磁感应强度与宏观情形下的电场强度、磁感应强度、电位移矢量以及磁场强度之间的粗略关系，并从概念上指出微观物理量和宏观物理量的关系中存在一定的 "平均化" 过程。德国物理学家 R. Clausius 和意大利物理学家 O. F. Mossotti 共同提出了 Clausius-Mossotti 关系[29,30]。Clausius-Mossotti 关系描述了分子的极化特性与媒质的介电常数之间的关系，进一步明确了微观和宏观之间的物理关联。

　　进入 20 世纪，科技工作者开始关注由不同组分掺杂而成的复合媒质的电磁特性，基于洛伦兹局域场的思想和 Clausius-Mossotti 关系，很多相关的解析算法逐渐被提出来。1904 年，Maxwell-Garnett 方法被提出[31]，该方法通过对电场进行特殊的平均化处理来计算复合媒质的等效介电常数和等效磁导率，是早期等效媒质理论的核心内容。但是，该方法仅仅适用于较为理想化的掺杂组分相互不重叠的情况。为了进一步提高 Maxwell-Garnett 方法的普适性，D. A. G. Bruggeman 提出了适用于不同掺杂组分混合而成的复合媒质的等效介电常数和等效磁导率的计算方法，通常简称为 Bruggeman 方法[32]。该方法大大拓宽了等效媒质理论的适用范围。K. Lichtenecker 进一步提出了对数混合法则，当构成复合媒质的组分可以均匀混合时，每个组分的介电常数和磁导率及复合媒质整体的等效介电常数和等效磁导率可以通过一个对数方程联系起来[33]。

　　前期的等效媒质理论主要研究对象为不同组分掺杂的复合媒质的电磁特性。20 世纪中后期，随着电磁学和材料学的飞速发展，出现了具有特殊形状的周期结构材料。例如，C. L. Holloway 研究小组 1994 年提出了一种楔形和锥形结构用于吸收电磁波[34]，并利用等效媒质的观点对这种特殊结构进行了初步分析。F. C. Smith 等人于 1999 年提出了蜂窝状吸波结构[35]，并认为在电大尺寸蜂窝单元下，等效媒质的观点不适用。2000 年，他们利用等效媒质的观点，将蜂窝状结构等效为一种各向异性的均匀媒质，以更符合研究蜂窝结构的电磁特性[36]。这些研究逐步将等效媒质理论从复合媒质引入到特定的电磁结构，如图 2-10 所示。

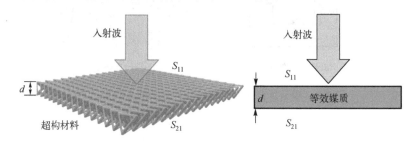

图 2-10　等效媒质理论示意图

与此同时，超构材料也在同步发展。一般而言，超构材料通常被认为是非均匀的、各向异性的，要准确表征其电磁特性，必须严格求解麦克斯韦方程组，但是在求解过程中需要确定局部电场、磁场以及电荷密度和电流密度分布等，这些参数与结构形状、尺寸、排列方式等息息相关，同时其边界条件极其复杂，尤其对于非对称单元结构，求解更加困难。因此，利用什么理论来研究超构材料是当时研究人员面临的主要科学问题之一。

2002 年，D. R. Smith 等人将等效媒质的观点引入到超构材料中[37]，应用等效媒质的理论来研究超构材料的等效介电常数和等效磁导率等电磁参数。利用等效媒质理论，将超构材料等效为一种连续且均匀的媒质，此时该等效媒质的电磁特性是由超构材料中的局部电磁场、电荷密度以及电流密度分布共同决定的。在理想情况下，希望等效得到的均匀媒质对入射电磁波的响应与它所等效的超构材料对该入射电磁波的响应完全一致。

图 2-11 给出了不同电磁媒质的 S 参数模型，分别表示均匀媒质(左)、不均匀不对称媒质(中)以及不均匀对称媒质(右)[2]。对于相同的入射波，这三种媒质的 S 参数是不同的。对于均匀媒质和对称媒质来说：$S_{11} = S_{22}, S_{12} = S_{21}$；而对于其他媒质来说，则有 $S_{11} \neq S_{22}, S_{12} \neq S_{21}$。因此，将超构材料等效为一种均匀媒质，用得到的 S 参数求得该均匀媒质的等效介电常数和等效磁导率，即近似认为是该超构材料的等效介电常数和等效磁导率。特别需要说明的是，它表征的是超构材料整体对电磁波的总响应。

国际上多个研究单位利用等效媒质理论开展了超构材料的电磁特性研究。D. R. Smith 等人基于等效媒质的理论，提出了 S 参数反演算法。利用 S 参数，得到了超构材料的等效介电常数和等效磁导率的计算公式[2,37]。麻省理工学院 J. A. Kong 的研究小组于 2004 年重点对 S 参数反演算法中的等效折射率 n 的实部分支问题进行了改进[38]，他们利用数学迭代算法，将等效折射率 n 的表达式用泰勒公式展开，根据数学连续性来确定等效折射率 n 的实部。他们在 2005 年又提出一种提取双各向异性超构材料的等效电磁参数的方法[39]，分别利用垂直极化和平行极化的平面波从三个正交方向入射，得到六组 S 参数数据，之后分别得到不同方向的等效电磁参数。V. Milosevic 等人利用等效媒质理论，提出针对在波矢方向上非对称超构材料单元结构的等效电磁参数提取方法，将非对称超构材料单元结构等效为一种双各向异性的媒质，并研究其电磁特性[40]。D. Cohen 等人将 S 参数反演算法中的垂直入射的条件推广到斜入射情形，如图 2-12 所示[41]。

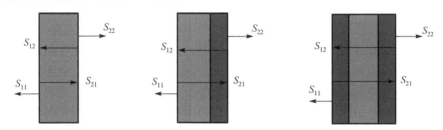

图 2-11 不同电磁媒质的 S 参数

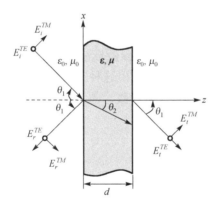

图 2-12 斜入射情形下 S 参数提取法示意图

许多研究已经表明，单元结构尺寸小于十分之一工作波长的超构材料可以用等效介电常数和等效磁导率来表征其电磁特性[2]。等效媒质理论的思想为分析超构材料的电磁特性提供了一种独到的物理方法，虽然比较近似，但是具有重要的应用价值。

2.3 等效电磁参数的提取方法

超构材料是一种人工构造的亚波长单元结构阵列，有别于传统意义上的"自然材料"。与其说是一种新的"材料",不如说是一种新的"结构"。为了表征超构材料的电磁特性,需要提取超构材料的等效电磁参数,如等效介电常数、等效磁导率等。对于自然材料而言,这些电磁特性可以通过实验的方法进行测量得到,例如自由空间法[42]、谐振法[43]、终端开路同轴线法[44]以及波导法[45]等。但是,对于超构材料而言,这些方法的实际操作过程较为复杂,影响因素较多,不便于快速了解所研究的超构材料的电磁特性。目前主要通过仿真模拟的手段来快速获得超构材料的等效电磁参数,为设计新型的超构材料提供理论依据。

提取超构材料的等效电磁参数主要有四种方法:①基于S参数的提取法[37,46];②电磁场平均法[47];③准模理论法[48];④电磁波传播法[49]。方法①是利用媒质的S参数来提取等效电磁参数。其优点是可以通过仿真来快速得到超构材料的S参数,再通过相应的反演算法来提取超构材料的等效电磁参数。方法②在理论上较为简单,但是将电磁场进行平均化处理的过程较为复杂,尤其对于非对称超构材料;另外,不同的场平均法对参数提取的结果影响很大。方法③是把要提取电磁参数的超构材料嵌入到一种介电常数和磁导率都可以自由改变的参考媒质中,应用格林函数去研究媒质的自身能量、态密度以及电磁波在媒质中传播时的平均自由程等物理量,然后改变参考媒质的参数以最大化态密度函数来确定超构材料的等效介电常数和等效磁导率。方法④是通过分析电磁波的传输特性来获得等效电磁参数,即用解析结果逼近仿真得到超构材料内部的电磁场,利用电磁波在通过媒质后的幅度和相位的变化来求解等效电磁参数。

由 D. R. Smith 等人提出的基于 S 参数反演算法(方法①)简单易行,且提取的结果相对可信,因此被广泛采用[50]。采用这种方法,可以方便地通过仿真模拟或实验测量的方法来获得超构材料的 S 参数,然后再通过相应的数学求解获得等效电磁参数。

2.3.1　S 参数提取法的基本原理

假定所研究的超构材料可以等效为连续、对称且均匀的电磁媒质,则定义其一维传输矩阵为[2]:

$$F'=TF \tag{2-4}$$

其中,T 表示该等效媒质的传输矩阵,F 表示电磁波入射到等效媒质一侧的电磁场分布,F' 表示电磁波透射到等效媒质另一侧的电磁场分布,且令

$$F = \begin{pmatrix} E_1 \\ H_1 \end{pmatrix}, \quad F' = \begin{pmatrix} E_2 \\ H_2 \end{pmatrix} \tag{2-5}$$

其中,E_1 和 H_1 分别是等效媒质中电磁波入射侧的电场和磁场,E_2 和 H_2 分别是等效媒质中电磁波透射一侧的电场和磁场。

假设某连续、对称且均匀的等效媒质在电磁波传播方向(z方向)上的厚度为 d，即为电磁波传播方向上超构材料的尺寸，如图 2-10 所示。对于等效媒质，根据麦克斯韦方程可以推导出在电磁波传播方向上电磁场的表达式如下：

$$\begin{cases} E(z) = \cos(\omega\sqrt{\mu\varepsilon}z)E(0) + j\sqrt{\dfrac{\mu}{\varepsilon}}\sin(\omega\sqrt{\mu\varepsilon}z)H(0) \\ H(z) = j\sqrt{\dfrac{\varepsilon}{\mu}}\sin(\omega\sqrt{\mu\varepsilon}z)E(0) + \cos(\omega\sqrt{\mu\varepsilon}z)H(0) \end{cases} \tag{2-6}$$

假定是时谐电磁波，采用 $e^{-j\omega t}$ 形式，这里为简化传输矩阵形式，令 $H' = -j\omega\mu_0 H$，从而得到传输矩阵 $\boldsymbol{T}$：

$$\boldsymbol{T} = \begin{bmatrix} \cos(nkd) & -\dfrac{z_w}{k}\sin(nkd) \\ \dfrac{k}{z_w}\sin(nkd) & \cos(nkd) \end{bmatrix} \tag{2-7}$$

其中，n 为超构材料的等效折射率，k 为电磁波在真空中的波数，z_w 为该等效媒质的相对波阻抗。n 和 z_w 与相对等效介电常数 ε_{eff} 及相对等效磁导率 μ_{eff} 之间存在如下关系：

$$\varepsilon_{\text{eff}} = \frac{n}{z_w}, \quad \mu_{\text{eff}} = nz_w \tag{2-8}$$

注意，这里讨论的 n 和 z_w 均为复数。从式(2-8)中可以看出，等效电磁参数的求解问题转化为求解等效折射率 n 和等效媒质的相对波阻抗 z_w 的问题。接下来就是利用 S 参数解出 n 和 z_w。由传输矩阵理论可以得到 S 参数矩阵和 T 参数矩阵的关系如下：

$$\begin{cases} S_{21} = \dfrac{2}{T_{11} + T_{22} + \left(jkT_{12} + \dfrac{T_{21}}{jk}\right)} \\[3mm] S_{11} = \dfrac{T_{11} - T_{22} + \left(jkT_{12} - \dfrac{T_{21}}{jk}\right)}{T_{11} + T_{22} + \left(jkT_{12} + \dfrac{T_{21}}{jk}\right)} \\[3mm] S_{22} = \dfrac{T_{22} - T_{11} + \left(jkT_{12} - \dfrac{T_{21}}{jk}\right)}{T_{11} + T_{22} + \left(jkT_{12} + \dfrac{T_{21}}{jk}\right)} \\[3mm] S_{12} = \dfrac{2\det(\boldsymbol{T})}{T_{11} + T_{22} + \left(jkT_{12} + \dfrac{T_{21}}{jk}\right)} \end{cases} \tag{2-9}$$

因为该等效媒质被假定为均匀媒质，因此有 $T_{11}=T_{22}$，且 $\det(\pmb{T})=1$。为方便后续区分处理，令 $T_{\mathrm{s}}=T_{11}=T_{22}$。由于 S 参数矩阵具有对称性，则有：

$$\begin{cases} S_{21}=S_{12}=\dfrac{1}{T_{\mathrm{s}}+\dfrac{1}{2}\left(\mathrm{j}kT_{12}+\dfrac{T_{21}}{\mathrm{j}k}\right)} \\[6mm] S_{11}=S_{22}=\dfrac{\dfrac{1}{2}\left(\mathrm{j}kT_{12}-\dfrac{T_{21}}{\mathrm{j}k}\right)}{T_{\mathrm{s}}+\dfrac{1}{2}\left(\mathrm{j}kT_{12}+\dfrac{T_{21}}{\mathrm{j}k}\right)} \end{cases} \tag{2-10}$$

将式(2-7)代入到式(2-10)中，可以得到：

$$\begin{cases} S_{21}=S_{12}=\dfrac{1}{\cos(nkd)-\dfrac{\mathrm{j}}{2}\left(z_w+\dfrac{1}{z_w}\right)\sin(nkd)} \\[8mm] S_{11}=S_{22}=\dfrac{\dfrac{\mathrm{j}}{2}\left(\dfrac{1}{z_w}-z_w\right)\sin(nkd)}{\cos(nkd)-\dfrac{\mathrm{j}}{2}\left(z_w+\dfrac{1}{z_w}\right)\sin(nkd)} \end{cases} \tag{2-11}$$

反解上述方程，从而得到用 S 参数表示的 n 和 z_w：

$$\begin{cases} n=\dfrac{1}{kd}\arccos\left[\dfrac{1}{2S_{21}}\left(1-S_{11}^2+S_{21}^2\right)\right] \\[6mm] z_w=\sqrt{\dfrac{\left(1+S_{11}\right)^2-S_{21}^2}{\left(1-S_{11}\right)^2-S_{21}^2}} \end{cases} \tag{2-12}$$

这样，利用式(2-8)和式(2-12)，就可以求得相对等效介电常数 $\varepsilon_{\mathrm{eff}}$ 和相对等效磁导率 μ_{eff}：

$$\varepsilon_{\mathrm{eff}}=\dfrac{\arccos\left[\dfrac{1}{2S_{21}}\left(1-S_{11}^2+S_{21}^2\right)\right]}{kd\sqrt{\dfrac{\left(1+S_{11}\right)^2-S_{21}^2}{\left(1-S_{11}\right)^2-S_{21}^2}}},\quad \mu_{\mathrm{eff}}=\dfrac{1}{kd}\arccos\left[\dfrac{1}{2S_{21}}\left(1-S_{11}^2+S_{21}^2\right)\right]\sqrt{\dfrac{\left(1+S_{11}\right)^2-S_{21}^2}{\left(1-S_{11}\right)^2-S_{21}^2}}$$

$$\tag{2-13}$$

求解式(2-13)，可以得到等效介电常数和等效磁导率。通过上述理论分析可知，求解超构材料的等效电磁参数的问题就可以转化为求解 S 参数的问题。从式(2-12)

中可以发现，得到等效折射率 n 需要求解反余弦函数。由于反余弦函数解的多值性，使得等效折射率的实部难以唯一确定，解的多值性来源于三角函数的周期性，即多个 n 对应同一个 S 参数。故 n 具有如下形式：

$$n = n_0 + \frac{2\pi m}{kd} \tag{2-14}$$

其中，n_0 为任意一个满足式(2-12)的解，m 为整数。

由于 n 存在复数解，故可设复等效折射率 $N_{\text{eff}}(\omega) = n_{\text{eff}}(\omega) + j k_{\text{eff}}(\omega)$，此处为简化运算，令 $R_{01} = (Z_{\text{eff}} - 1)/(Z_{\text{eff}} + 1)$，其中 $k_{\text{eff}}(\omega)$ 为消光系数，$n_{\text{eff}}(\omega)$ 为等效折射率，这里的 $N_{\text{eff}}(\omega)$ 和 Z_{eff} 即为上面介绍的 S 参数提取法中的 n 和 z_w，则式(2-11)中 S 参数转化为如下方程：

$$\begin{cases} S_{11} = \dfrac{R_{01}\left(1 - e^{j2N_{\text{eff}}kd}\right)}{1 - R_{01}^2 e^{j2N_{\text{eff}}kd}} \\[4mm] S_{21} = \dfrac{\left(1 - R_{01}^2\right) e^{jN_{\text{eff}}kd}}{1 - R_{01}^2 e^{j2N_{\text{eff}}kd}} \end{cases} \tag{2-15}$$

同样地，由式(2-15)可以得到：

$$Z_{\text{eff}} = \pm \sqrt{\frac{\left(1 + S_{11}\right)^2 - S_{21}^2}{\left(1 - S_{11}\right)^2 - S_{21}^2}} \tag{2-16}$$

$$e^{jN_{\text{eff}}kd} = \frac{S_{21}}{1 - S_{11}R_{01}} \tag{2-17}$$

其中，通过 $\left| e^{jN_{\text{eff}}kd} \right| \leqslant 1$ 可以确定式(2-16)中相对波阻抗的符号，这样相对波阻抗 Z_{eff} 可以由 S 参数唯一确定下来。根据式(2-14)，复等效折射率可表示为：

$$N_{\text{eff}} = \frac{1}{kd}\left\{ \text{Im}\left[\ln\left(e^{jN_{\text{eff}}kd} \right) \right] + 2m\pi - j\,\text{Re}\left[\ln\left(e^{jN_{\text{eff}}kd} \right) \right] \right\} \tag{2-18}$$

式中，m 的多值性导致了等效折射率的不确定性。复等效折射率的实部(等效折射率)和虚部(消光系数)分别记为：

$$n_{\text{eff}} = \frac{\text{Im}\left[\ln\left(e^{jN_{\text{eff}}kd} \right) \right]}{kd} + \frac{2m\pi}{kd} = n_{\text{eff}}^0 + \frac{2m\pi}{kd} \tag{2-19}$$

$$k_{\text{eff}} = \frac{-\text{Re}\left[\ln\left(e^{jN_{\text{eff}}kd} \right) \right]}{kd} \tag{2-20}$$

在式(2-19)中，n_{eff}^0 是对数函数主支对应的等效折射率。从式(2-20)中可以看出复等效折射率的虚部与 m 无关。

由于 Kramers-Kronig 积分能把复变函数的实部与虚部关联起来[51]，所以为了避免 m 的不确定性，采用 Kramers-Kronig 关系，通过虚部确定实部，即确定 m 的取值，这就保证了等效折射率随频率变化的连续性，从而可唯一确定等效折射率的实部，即确定了复等效折射率 N_{eff}。这里，利用 Kramers-Kronig 关系对其实部定义如下：

$$n_{\text{eff}}(\omega') = 1 + \frac{2}{\pi} P \int_0^\infty \frac{\omega k_{\text{eff}}(\omega)}{\omega^2 - \omega'^2} \mathrm{d}\omega \tag{2-21}$$

其中，P 为反常积分的主值，即柯西主值，对于积分范围从 0 到 ∞ 这种物理上无法实现的情况，应使用积分截断处理的近似算法。

对式(2-21)采取梯形法则积分，将积分分为两部分：

$$\begin{cases} \Psi_{i,j} = \dfrac{\omega_j k_{\text{eff}}(\omega_j)}{\omega_j^2 - \omega_i^2} + \dfrac{\omega_j + k_{\text{eff}}(\omega_{j+1})}{\omega_{j+1}^2 - \omega_i^2} \\ n_{\text{eff}}(\omega_i) = 1 + \dfrac{\Delta\omega}{\pi}\left(\displaystyle\sum_{j=1}^{i-2}\Psi_{i,j} + \sum_{j=i+1}^{N-1}\Psi_{i,j}\right) \end{cases} \tag{2-22}$$

根据式(2-19)可得：

$$m = \text{Round}\left[\left(n_{\text{eff}} - n_{\text{eff}}^0\right)\frac{kd}{2\pi}\right] \tag{2-23}$$

其中，Round()函数为取数轴上离变量最近的整数。当 m 确定以后，折射率 n 也就唯一确定。至此，等效折射率和波阻抗已经全部确定，代回式(2-8)中，即可唯一确定超构材料的等效介电常数和等效磁导率。

需要指出的是，基于等效媒质理论的方法显然是对超构材料的一种近似表征。等效媒质理论要求超构材料单元结构尺寸小于十分之一工作波长。但是，在实际可实现的超构材料中，单元结构尺寸通常处于六分之一工作波长与二分之一工作波长之间，很难实现超构材料单元结构尺寸小于十分之一工作波长。因此，近似的等效媒质理论必然导致 S 参数提取法是近似的。要想得到较为准确的电磁特性，需对超构材料进行全波仿真和实验研究。虽然提取的电磁参数具有近似性，但是在一定程度上可以为超构材料的初期设计提供有用信息，仍不失为一种重要的研究方法。

2.3.2　自由空间中的 S 参数提取法

所谓的自由空间中的 S 参数提取法，就是假定把超构材料放置在自由空间中，电磁波垂直入射到超构材料,从而求得其 S 参数,利用上面介绍的 S 参数反演算法得到其等效电磁参数。基于巴比涅原理,段兆云等人创造性地提出一种全金属平板型互补电开口谐振环(complementary electric split ring resonator,CeSRR)单元结构[52],如图 2-13 所示,其尺寸参数见表 2-1。

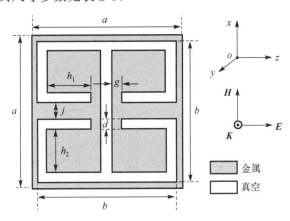

图 2-13　平板型超构材料单元

表 2-1　平板型超构材料的单元尺寸参数

参数	数值/mm
a	14.5
b	13.5
d	1
h_1	4.25
h_2	4
g	1
j	1.5

假设一个传播方向为 y 方向,极化方向为 z 方向的平面电磁波垂直入射到 CeSRR 表面,且不考虑金属结构本身的欧姆损耗,那么相对介电常数和相对磁导率只存在实部。利用 HFSS 的 Driven-Modal Solver 来获取该 CeSRR 单元的 S 参数,其幅值和相位分别如图 2-14(a)和(b)所示。从图中可以发现,该 CeSRR 单元在 3GHz 频点附近发生电谐振,展现出良好的传输特性。

采用基于 S 参数反演算法的等效电磁参数提取法,得到该单元的等效介电常数 ε_{zz} 和等效磁导率 μ_{xx},结果如图 2-15(a)所示。从图中可以看出,该平板型 CeSRR 单元在 2~2.82GHz 频率范围内具有负的等效介电常数。CeSRR 单元的等效介电常数来自于 Drude 响应(图 2-13 结构的等效等离子体频率 f_p=2.82GHz)和在更高频率下产生的 Lorentz 响应(图 2-13 结构的谐振频率约为 3.35 GHz)[53]。由于该结构具有优良的对称性,内部对称的环形电流消除了磁响应,因此提取得到的等效相对磁导率在 2～4GHz 频率范围内近似为 1[52]。通过将入射波的极化方向改变为 E_x (图 2-13),则可以确定另一组 S 参数,从而得到等效介电常数 ε_{xx} 和等效磁导率 μ_{zz} ,如图 2-15(b)所示,可以发现,ε_{xx} 在 2～4GHz 频率范围内为负,而 μ_{zz} 在 2～4GHz 频率范围内仍近似为 1。

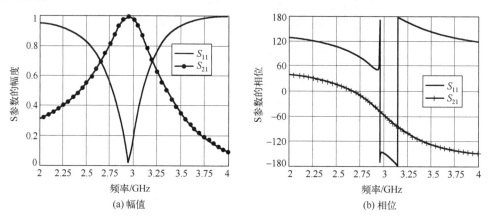

(a) 幅值　　　　　　　　　　　　　　　(b) 相位

图 2-14　S 参数随频率的变化曲线

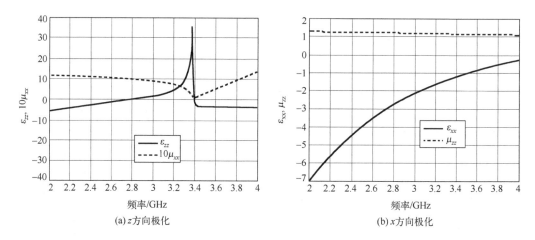

(a) z 方向极化　　　　　　　　　　　　(b) x 方向极化

图 2-15　在两种不同极化条件下提取得到的等效电磁参数

根据 2.2.1 节,将 CeSRR 单元结构沿 z 轴周期性排列,周期为 a ,并内置于一个横截面尺寸为 $a \times a$ 的空方波导中间,构成一种新型的超构材料慢波结构,如图 2-16 所示。

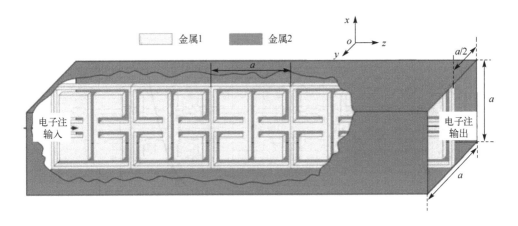

图 2-16　CeSRR 加载方波导构成的超构材料慢波结构

利用 HFSS 中的本征模求解器对该结构进行模拟研究。图 2-17(a) 显示了超构材料慢波结构在一个周期中的纵向电场 E_z 的分布。图 2-17(b) 显示了在频率为 3.07GHz 时，E_z 的幅值在 y 方向的变化曲线。从图中可以看出，靠近 CeSRR 单元附近的电场强度更强。磁场在 CeSRR 单元附近是衰减的，在波导壁处为零。在 $y=0$ 和 $y=a$ 处，电场幅值很小，磁场幅值为零，波导壁对场分布影响不大。通过 HFSS 对色散特性进行模拟后发现，当波导壁边界条件由电边界改变为磁边界时，色散特性并没有发生改变。

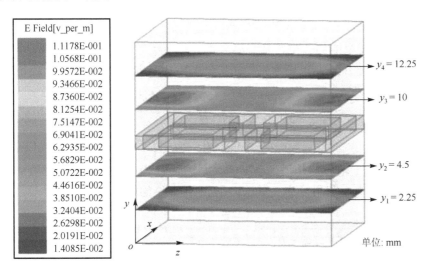

(a) 电场分布图

扫码见彩图

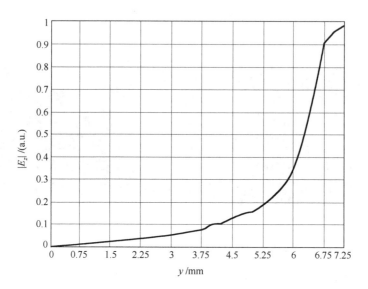

(b) E_z 在 y 方向的变化曲线

图 2-17　电场强度分布图

假设电磁场不依赖于 y 的变化，且等效介电常数为各向异性，磁导率为各向同性，其表达式如下：

$$\boldsymbol{\varepsilon} = \varepsilon_0 \begin{pmatrix} \varepsilon_{xx} & 0 & 0 \\ 0 & 1 & 0 \\ 0 & 0 & \varepsilon_{zz} \end{pmatrix}, \quad \mu = \mu_0 \tag{2-24}$$

式中，ε_0 和 μ_0 分别为真空中的介电常数和磁导率。

假设时间因子为 $e^{j\omega t}$（ω 为角频率），则麦克斯韦方程组的两个旋度方程可以写为：

$$\nabla \times \boldsymbol{E} = -j\omega\mu \cdot \boldsymbol{H} \tag{2-25}$$

$$\nabla \times \boldsymbol{H} = j\omega\boldsymbol{\varepsilon} \cdot \boldsymbol{E} \tag{2-26}$$

同时假设电磁波沿 z 轴方向传播，与 z 的关系为 $e^{-j\beta z}$，其中 β 为相位常数。将式 (2-24) 代入式 (2-25) 中，利用分离变量法，得到 E_z 分量的标量波动方程：

$$\left(\frac{\beta^2}{\omega^2 \varepsilon_{xx}/c_0^2 - \beta^2} + 1 \right) \frac{\partial^2 E_z}{\partial x^2} + \frac{\omega^2}{c_0^2} \varepsilon_{zz} E_z = 0 \tag{2-27}$$

其中，c_0 是自由空间中的光速。利用边界条件可得：

$$E_z\left(x,z\right)\big|_{x=0,a} = 0 \tag{2-28}$$

由此推导出该超构材料慢波结构的色散方程：

$$\frac{(\pi/a)^2}{\varepsilon_{zz}} + \frac{\beta^2}{\varepsilon_{xx}} = \frac{\omega^2}{c_0^2} \tag{2-29}$$

其中，ε_{zz} 和 ε_{xx} 是 ω 的函数。

对于此超构材料慢波结构，使用 HFSS 本征模求解器得到了其色散特性，如图 2-18 中的"仿真"曲线所示。另外，通过式(2-28)得到的色散关系如图 2-18 中的"理论"曲线所示。不难发现，两者所预测的色散曲线的整体趋势基本一致，都说明该超构材料慢波结构现有的色散关系表现的是由负 ε_{xx} 和正 ε_{zz} 引起的返波，其相速度和群速度方向相反。

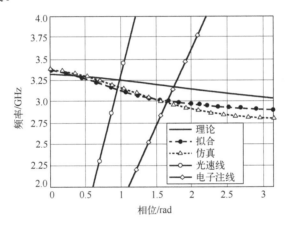

图 2-18　通过理论和仿真得到的色散曲线

需要特别说明的是，该超构材料的"双负"特性的频率范围并没有与超构材料慢波结构的色散通带完全吻合，其主要因素有两个：①矩形波导加载该 CeSRR 单元阵列构成的超构材料慢波结构中传输的模式并非标准的 TM 模，而是准 TM 模，因此不能准确反映 CeSRR 单元的电响应；②上述自由空间中的 S 参数反演算法提取等效电磁参数表征的是用单个 CeSRR 单元来代替由 CeSRR 单元构成的超构材料的等效电磁参数，而没有考虑超构材料慢波结构中相邻 CeSRR 单元间的相互耦合以及矩形波导的影响。另外，目前已有的大部分超构材料都是各向异性的亚波长电磁结构，其等效介电常数和等效磁导率随着激励电场或激励磁场的方向变化而变化，通常我们只要求在某一确定方向上具有负的等效介电常数或者负的等效磁导率即可。因而采用等效介电常数张量和等效磁导率张量描述各向异性超构材料，这时只需要改变不同的激励电场和激励磁场的方向即可得到不同方向的 S 参数，利用上述自由空间 S 参数提取法得到不同方向的等效介电常数和等效磁导率。

除了研究各向异性超构材料外，也有学者致力于研究双各向异性超构材料的电磁特性和等效电磁参数提取。双各向异性超构材料是指电位移矢量和磁感应强度均随着电场强度和磁场强度的变化而变化的超构材料，在电场强度作用下既发生极化现象又发生磁化现象；同样在磁场强度作用下，既发生磁化现象又发生极化现象[54]。I. O. Vardiambasis[55]等人对电磁波在双各向异性超构材料中的传播特性开展了深入的理论研究。美国麻省理工学院 J. A. Kong 的研究小组于 2005 年提出了一种提取双各向异性超构材料等效电磁参数的方法[39]。该方法同样基于 S 参数反演算法来提取等效电磁参数，他们以开口谐振环单元构成的双各向异性超构材料[56]为例提取等效电磁参数。

2.4　超构表面的概述

2.4.1　基本概念和发展历程

超构材料作为一种人工构造的电磁结构，具有独特的电磁特性，在众多研究领域中应用广泛[57-60]。但是，三维超构材料由于结构复杂、制造困难，同时自身体积大、损耗大、带宽窄等原因阻碍了其发展。为了减少超构材料的厚度及其构造的复杂性，超构表面(metasurface)应运而生[61]。

超构表面可以视为三维超构材料的二维形式，由亚波长尺寸的人工单元结构在二维平面或曲面上进行周期或非周期性排列构成。超构表面可以在二维尺度上实现传统天然材料与复合材料难以实现的奇异电磁响应。相比于传统的三维超构材料，厚度远小于电磁波波长的超构表面具有更小的体积，更有利于器件的小型化和集成化发展。同时，超构表面很好地规避了三维超构材料难以加工、装配等问题。更为重要的是，三维超构材料特别是全金属超构材料对太赫兹或光波的损耗过大，严重限制了超构材料向高频段发展，而结构更加简单、更加轻薄的超构表面在高频段具有较小的电磁损耗。因此，对于超构表面而言，可以通过人工设计其结构、排列方式和材料组分等有效地调控电磁波的相位、振幅以及极化方式。

事实上，关于人工电磁表面早有研究。K. M. Siegel 等人于 1962 年在研究雷达回波时就提出了利用二维周期表面结构进行频率选择的观点[62]。在 1971—1983 年，美国俄亥俄州立大学的 B. A. Munk 等人对二维周期表面结构的传输、反射以及阻抗特性等进行了深入研究[63-65]。美国加州大学洛杉矶分校的 E. Yablonovitch 研究小组在 1999 年提出了蘑菇型结构的高阻抗表面(high impedance surface, HIS)[66]，其实这也是一种二维人工电磁表面的带隙结构，可以通过改变蘑菇型结构单元的几何尺寸来调控其色散曲线，如图 2-19 所示。

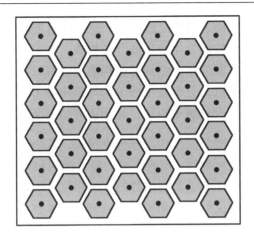

图 2-19　高阻抗表面

美国的 C. L. Holloway 在 2003 年最早使用"metafilm"一词来描述二维超构材料[67]，他利用等效媒质理论中的 Clausius-Mossotti[29,30]关系来近似描述这种二维超构材料的电磁特性。2009 年，C. L. Holloway 等人最先开始采用"metasurface"这一术语来描述二维超构材料[68]。2011 年，美国哈佛大学的 F. Capasso 研究小组发表在《Science》的论文中[69]也使用 metasurface 这一术语，并提出了广义斯涅耳定律，如图 2-20 所示。从此，超构表面得到了迅速的发展，"metasurface"一词也逐渐被学术界所接受，其中文被译为"超构表面"或"超表面"。

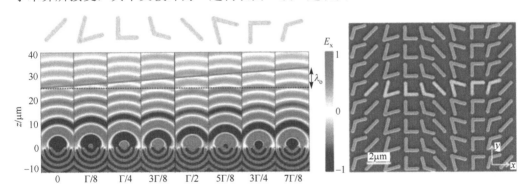

图 2-20　基于广义斯涅耳定律的超构表面

2.4.2　超构表面的表征和实现

对于传统的三维超构材料，采用等效媒质理论求得等效介电常数和等效磁导率，并用这些等效电磁参数来描述其电磁特性。但是，由于超构表面在厚度上的尺寸远远小于工作波长，可以近似认为是一种平面型结构，传统的等效电磁参数不再适用于表征超构表面。针对超构表面的二维结构，通常采用表面阻抗[70]等对超构表面进行表征。超构表面单元结构通常由金属或介质构成，可以采用类似于三维超构材料的设计方法来设计超构表面的单元结构。超构表面具有一定的表面阻抗 Z，根据等效电路模型理论，表面阻抗具有等效电感 L 和等效电容 C，因此该系统具有特定的谐振频率，即 $\sqrt{1/LC}$。在谐振频率附近，超构表面的等效表面阻抗极高，这意味着超构表面的横向磁场强度微弱而横向电场强度极强，其电磁行为类似于"磁导体"；而当入射波频率远离谐振频率时，超构表面的特性就回归到"电导体"。表面阻抗特性使得超构表面在不同的频率下具有迥异的反射相位和透射相位，而超构表面正是通过对反射波和透射波相位的调控来实现对电磁波的操控。因此，表面阻抗在一定情况下可以用来表征超构表面的电磁特性。

近年来研究人员陆续提出广义表面转换条件[67]、巴比涅互补原理[71]、广义斯涅耳定律[69]、惠更斯表面[72]等多种方法来研究超构表面。由于超构表面是当前的一个新兴研究方向，所以相关的理论和实验正在发展中。

2.4.3　超构表面的应用

自从 2011 年以来，有关超构表面的研究成果如雨后春笋一般出现，其频谱覆盖微波、太赫兹波、可见光等频段[73]。十多年来，超构表面凭借其独特的优势吸引了众多领域学者们的密切关注，被大量地用于控制电磁波的幅度、相位、极化、频率等波前特征。例如，复旦大学周磊团队提出了一种"H 型"单元结构，利用该结构设计了一款梯度相位反射式超构表面，如图 2-21(a)所示，利用该超构表面将空间中的传输波高效地转换为表面波[74]。除模式转换特性外，超构表面具有的相位调控功能也给全息成像带来了曙光。杜克大学 D. R. Smith 研究小组利用超构表面实现了红外波段的全息成像，如图 2-21(b)所示。通过设计不同尺寸的单元结构，该超构表面在不同的区域具有不同的折射率。因此，平面光从该系统出射后会累积不同的透射相位，从而构建新的波前，经过特殊的设计，实现了全息成像。另外，美国洛斯阿拉莫斯国家实验室的 H. T. Chen 等人提出了一种具有波束偏转功能的超构表面线极化转换器[75]。x 方向极化的垂直入射波在经过多层超构表面之后，其极化方向变为 y 方向，并且传播方向偏折了一定角度，实现了对入射波的极化调控。超构表面剖面非常薄，具有新奇的电磁特性，使之在涡旋波束[76]、全息成像[77]、平面透镜[78]、超构表面隐身衣等[73]领域具有广泛的应用前景。

不同的超构材料实现方法从不同的研究视角对超构材料进行了深入的研究，有效拓宽了超构材料的研究维度。等效电磁参数提取是分析、表征超构材料的重要手段，对于超构材料的设计、改进和应用至关重要。虽然等效媒质理论的近似导致提取的等效电磁参数的近似，但是可以反映出超构材料的"负"特性的物理本质。超构材料作为一个前沿研究阵地，它涉及物理、化学、材料、电子和信息等多个领域，产生了许多令人惊奇的现象，是科技新时代背景下多学科深度融合的体现，已经成为国际上一个多学科交叉的研究方向[79-82]。

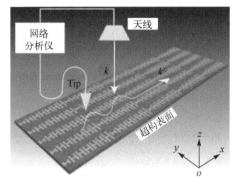

(a) 波型转换超构表面结构　　　　　　　　　　(b) 全息成像超构表面结构

图 2-21　超构表面的应用实例

参 考 文 献

[1] Choy T C. Effective Medium Theory: Principles and Applications[M]. Second Edition. Oxford: Oxford University Press, 2015: 1-21.

[2] Smith D R, Vier D C, Koschny T, et al. Electromagnetic parameter retrieval from inhomogeneous metamaterials[J]. Physical Review E, 2005, 71(3): 036617.

[3] 彭华新, 周济, 崔铁军, 等. 超材料[M]. 北京: 中国铁道出版社, 2020: 1-3.

[4] Landy N I, Sajuyigbe S, Mock J J, et al. Perfect metamaterial absorber[J]. Physical Review Letters, 2008, 100(20): 207402.

[5] Yao J, Liu Z W, Liu Y M, et al. Optical negative refraction in bulk metamaterials of nanowires[J]. Science, 2008, 321(5891): 930.

[6] Cui T J, Qi M Q, Wan X, et al. Coding metamaterials, digital metamaterials and programmable metamaterials[J]. Light: Science & Applications, 2014, 3(10): e218.

[7] Marqués R, Martel J, Mesa F, et al. Left-handed-media simulation and transmission of EM waves in subwavelength split-ring-resonator-loaded metallic waveguides[J]. Physical Review Letters, 2002, 89(18): 183901.

[8] Esteban J, Camacho-Peñalosa C, Page J E, et al. Simulation of negative permittivity and negative permeability by means of evanescent waveguide modes: Theory and experiment[J]. IEEE Transactions on Microwave Theory and Techniques, 2005, 53(4): 1506-1514.

[9] Wang Y S, Duan Z Y, Tang X F, et al. All-metal metamaterial slow-wave structure for high-power sources with high efficiency[J]. Applied Physics Letters, 2015, 107(15): 153502.

[10] Hummelt J S, Lewis S M, Shapiro M A, et al. Design of a metamaterial-based backward-wave oscillator[J]. IEEE Transactions on Plasma Science, 2014, 42(4): 930-936.

[11] Abuelfadl T M. Composite right/left-handed circular meta-waveguide[J]. Applied Physics A, 2011, 103(3): 759-763.

[12] Shapiro M A, Trendafilov S, Urzhumov Y, et al. Active negative-index metamaterial powered by an electron beam[J]. Physical Review B, 2012, 86(8): 085132.

[13] 周济. 超材料与自然材料融合的若干思考[J]. 新材料产业, 2014(9): 5-8.

[14] 董国艳, 毕科, 周济. 具有零相移传输性质的超材料研究[J]. 中国科学: 物理学 力学 天文学, 2014(4): 406-416.

[15] Sun J B, Litchinitser N M, Zhou J. Indefinite by nature: From ultraviolet to terahertz[J]. ACS Photonics, 2014, 1(4): 293-303.

[16] Zhao Q, Kang L, Du B, et al. Experimental demonstration of isotropic negative permeability in a three-dimensional dielectric composite[J]. Physical Review Letters, 2008, 101(2): 027402.

[17] Shi Z C, Fan R H, Zhang Z D, et al. Random composites of nickel networks supported by porous alumina toward double negative materials[J]. Advanced Materials, 2012, 24(17): 2349-2352.

[18] Shi Z C, Fan R H, Zhang Z D, et al. Experimental and theoretical investigation on the high frequency dielectric properties of Ag/Al_2O_3 composites[J]. Applied Physics Letters, 2011, 99(3): 032903.

[19] Luo Y, Estevez D, Scarpa F, et al. Microwave properties of metacomposites containing carbon fibers and ferromagnetic microwires[J]. Research, 2019: 3239879.

[20] Nakano H. Low-Profile Natural and Metamaterial Antennas: Analysis Methods and Applications[M]. New York: John Wiley & Sons, 2016: 237-246.

[21] Grbic A, Eleftheriades G V. Experimental Verification of backward-ware radiation from a negative refractive index metamaterial[J]. Journal of Applied Physics, 2002, 92(10):5930-5935.

[22] Caloz C, Itoh T. Application of the transmission line theory of left-handed (LH) materials to the realization of a microstrip "LH line"[C]. IEEE Antennas and Propagation Society International Symposium, San Antonio, TX, USA, 2002: 412-415.

[23] Lai A, Itoh T, Caloz C. Composite right/left-handed transmission line metamaterials[J]. IEEE Microwave Magazine, 2004, 5(3): 34-50.

[24] Xu S J, Zhang Z X. Novel balun and bandpass filter structure consisting of composite right/left-handed transmission line[J]. International Journal of Microwave and Optical Technology, 2006, 1(2): 458-463.

[25] Zhang J H, Yan S, Vandenbosch G A E. Realization of dual band pattern diversity with a CRLH-TL inspired reconfigurable metamaterial[J]. IEEE Transactions on Antennas and Propagation, 2018, 66(10): 5130-5138.

[26] Zhou Y J, Jiang Q, Cui T J. Bidirectional bending splitter of designer surface plasmons[J]. Applied Physics Letters, 2011, 99(11): 111904.

[27] Shen X P, Cui T J, Martin-Cano D, et al. Conformal surface plasmons propagating on ultrathin and flexible films[J]. Proceedings of the National Academy of Sciences, 2013, 110(1): 40-45.

[28] Gao X, Zhou L, Yu X Y, et al. Ultra-wideband surface plasmonic Y-splitter[J]. Optics Express, 2015, 23(18): 23270-23277.

[29] Clausius R. Abhandlungen über die mechanische Wärmetheorie[M]. Braunschweig: Friedrich Vieweg und Sohn, 1864: 143.

[30] Mossotti O F. Discussione analitica sull'influenza che l'azione di un mezzo dielettrico ha sulla distribuzione dell'elettricità alla superficie di più corpi elettrici disseminati in esso[J]. Memorie di Mathematica e di Fisica della Società Italiana della Scienza, 1850, 24: 49-74.

[31] Maxwell G J C. Colours in metal glasses and in metallic film[J]. Philosophical Transactions of the Royal Society of London, Series A, 1904, 203(359-371): 385-420.

[32] Bruggeman D A G. Berechnung verschiedener physikalischer Konstanten von heterogenen Substanzen. I. Dielektrizitätskonstanten und Leitfähigkeiten der Mischkörper aus isotropen Substanzen[J]. Annalen der Physik, 1935, 416(7): 636-664.

[33] Simpkin R. Derivation of Lichtenecker's logarithmic mixture formula from Maxwell's equations[J]. IEEE Transactions on Microwave Theory and Techniques, 2010, 58(3): 545-550.

[34] Kuester E F, Holloway C L. A low-frequency model for wedge or pyramid absorber arrays—I: Theory[J]. IEEE Transactions on Electromagnetic Compatibility, 1994, 36(4): 300-306.

[35] Smith F C. Effective permittivity of dielectric honeycombs[J]. IEE Proceedings-Microwaves, Antennas and Propagation, 1999, 146(1): 55-59.

[36] Smith F C, Scarpa F, Chambers B. The electromagnetic properties of re-entrant dielectric honeycombs[J]. IEEE Microwave and Guided Wave Letters, 2000, 10(11): 451-453.

[37] Smith D R, Schultz S, Markoš P, et al. Determination of effective permittivity and permeability of metamaterials from reflection and transmission coefficients[J]. Physical Review B, 2002, 65(19): 195104.

[38] Chen X D, Grzegorczyk T M, Wu B I, et al. Robust method to retrieve the constitutive effective parameters of metamaterials[J]. Physical Review E, 2004, 70(1): 016608.

[39] Chen X D, Wu B I, Kong J A, et al. Retrieval of the effective constitutive parameters of bianisotropic metamaterials[J]. Physical Review E, 2005, 71(4): 046610.

[40] Milosevic V, Jokanovic B, Bojanic R. Effective electromagnetic parameters of metamaterial transmission line loaded with asymmetric unit cells[J]. IEEE Transactions on Microwave Theory and Techniques, 2013, 61(8): 2761-2772.

[41] Cohen D, Shavit R. Bi-anisotropic metamaterials effective constitutive parameters extraction using oblique incidence S-parameters method[J]. IEEE Transactions on Antennas and Propagation, 2015, 63(5): 2071-2078.

[42] Ghodgaonkar D K, Varadan V V, Varadan V K. Free-space measurement of complex permittivity and complex permeability of magnetic materials at microwave frequencies[J]. IEEE Transactions on Instrumentation and Measurement, 1990, 39(2): 387-394.

[43] Chen L F, Ong C K, Tan B T G. Cavity perturbation technique for the measurement of permittivity tensor of uniaxially anisotropic dielectrics[J]. IEEE Transactions on Instrumentation and Measurement, 1999, 48(6): 1023-1030.

[44] Belhadj-Tahar N E, Fourrier-Lamer A. Broad-band simultaneous measurement of the complex permittivity tensor for uniaxial materials using a coaxial discontinuity[J]. IEEE Transactions on Microwave Theory and Techniques, 1991, 39(10): 1718-1724.

[45] Damaskos N J, Mack R B, Maffett A L, et al. The inverse problem for biaxial materials[J]. IEEE Transactions on Microwave Theory and Techniques, 1984, 32(4): 400-405.

[46] Smith D R, Vier D C, Kroll N, et al. Direct calculation of permeability and permittivity for a left-handed metamaterial[J]. Applied Physics Letters, 2000, 77(14): 2246-2248.

[47] Smith D R, Pendry J B. Homogenization of metamaterials by field averaging[J]. Journal of the Optical Society of America B, 2006, 23(3): 391-403.

[48] Sun S L, Chui S T, Zhou L. Effective-medium properties of metamaterials: A quasimode theory[J]. Physical Review E, 2009, 79(6): 066604.

[49] Andryieuski A, Malureanu R, Lavrinenko A V. Wave propagation retrieval method for metamaterials: Unambiguous restoration of effective parameters[J]. Physical Review B, 2009, 80(19): 193101.

[50] Smith D R. Analytic expressions for the constitutive parameters of magnetoelectric metamaterials[J]. Physical Review E, 2010, 81(3): 036605.

[51] Szabó Z, Park G H, Hedge R, et al. A unique extraction of metamaterial parameters based on Kramers–Kronig relationship[J]. IEEE Transactions on Microwave Theory and Techniques, 2010, 58(10): 2646-2653.

[52] Duan Z Y, Hummelt J S, Shapiro M A, et al. Sub-wavelength waveguide loaded by a complementary electric metamaterial for vacuum electron devices[J]. Physics of Plasmas, 2014, 21(10): 103301.

[53] Chen H T, O'Hara J F, Taylor A J, et al. Complementary planar terahertz metamaterials[J]. Optics Express, 2007, 15(3): 1084-1095.

[54] Kong J A. Electromagnetic Wave Theory[M]. Cambridge: EMW Publishing, 2005: 81-90.

[55] Vardiambasis I O, Tsalamengas J L, Kostogiannis K. Propagation of EM waves in composite bianisotropic cylindrical structures[J]. IEEE Transactions on Microwave Theory and Techniques, 2003, 51(3):761-766.

[56] Marqués R, Mesa F, Martel J, et al. Comparative analysis of edge- and broadside- coupled split ring resonators for metamaterial design: Theory and experiments[J]. IEEE Transactions on Antennas and Propagation, 2003, 51(10): 2572-2581.

[57] Zheludev N I, Kivshar Y S. From metamaterials to metadevices[J]. Nature Materials, 2012, 11(11): 917-924.

[58] Cai W S, Chettiar U K, Kildishev A V, et al. Nonmagnetic cloak with minimized scattering[J]. Applied Physics Letters, 2007, 91(11): 111105.

[59] Pendry J B, Schurig D, Smith D R. Controlling electromagnetic fields[J]. Science, 2006, 312(5781): 1780-1782.

[60] Soukoulis C M, Wegener M. Optical metamaterials: More bulky and less lossy[J]. Science, 2010, 330(6011): 1633-1634.

[61] Holloway C L, Kuester E F, Gordon J A, et al. An overview of the theory and applications of metasurfaces: The two-dimensional equivalents of metamaterials[J]. IEEE Antennas and Propagation Magazine, 2012, 54(2): 10-35.

[62] Siegel K M, Kennaugh E M, Moffatt D L. Radar cross section of a cone sphere[J]. Proceedings of the IEEE, 1963, 51(1): 231-232.

[63] Munk B A, Kouyoumjian R G, Jr Peters L. Reflection properties of periodic surfaces of loaded dipoles[J]. IEEE Transactions on Antennas and Propagation, 1971, 19(5): 612-617.

[64] Munk B A, Luebbers R J, Fulton R D. Transmission through a two-layer array of loaded slots[J]. IEEE Transactions on Antennas and Propagation, 1974, 22(6): 804-809.

[65] Larson C J, Munk B A. The broad-band scattering response of periodic arrays[J]. IEEE Transactions on Antennas and Propagation, 1983, 31(2): 261-267.

[66] Sievenpiper D, Zhang L J, Broas R F J, et al. High-impedance electromagnetic surfaces with a forbidden frequency band[J]. IEEE Transactions on Microwave Theory and Techniques, 1999, 47(11): 2059-2074.

[67] Kuester E F, Mohamed M A, Piket-May M, et al. Averaged transition conditions for electromagnetic fields at a metafilm[J]. IEEE Transactions on Antennas and Propagation, 2003, 51(10): 2641-2651.

[68] Holloway C L, Dienstfrey A, Kuester E F, et al. A discussion on the interpretation and characterization of metafilms/metasurfaces: The two-dimensional equivalent of metamaterials[J]. Metamaterials, 2009, 3(2): 100-112.

[69] Yu N F, Genevet P, Kats M A, et al. Light propagation with phase discontinuities: Generalized laws of reflection and refraction[J]. Science, 2011, 334(6054): 333-337.

[70] Fong B H, Colburn J S, Ottusch J J, et al. Scalar and tensor holographic artificial impedance surfaces[J]. IEEE Transactions on Antennas and Propagation, 2010, 58(10): 3212-3221.

[71] Falcone F, Lopetegi T, Laso M A G, et al. Babinet principle applied to the design of metasurfaces and metamaterials[J]. Physical Review Letters, 2004, 93(19): 197401.

[72] Pfeiffer C, Grbic A. Metamaterial Huygens' surfaces: Tailoring wave fronts with reflectionless sheets[J]. Physical Review Letters, 2013, 110(19): 197401.

[73] Glybovski S B, Tretyakov S A, Belov P A, et al. Metasurfaces: From microwaves to visible[J]. Physics Reports, 2016, 634: 1-72.

[74] Sun S L, He Q, Xiao S Y, et al. Gradient-index meta-surfaces as a bridge linking propagating waves and surface waves[J]. Nature Materials, 2012, 11(5): 426-431.

[75] Grady N K, Heyes J E, Chowdhury D R, et al. Terahertz metamaterials for linear polarization conversion and anomalous refraction[J]. Science, 2013, 340(6138): 1304-1307.

[76] Ren H R, Li X P, Zhang Q M, et al. On-chip noninterference angular momentum multiplexing of broadband light[J]. Science, 2016, 352(6287): 805-809.

[77] Wen D D, Yue F Y, Li G X, et al. Helicity multiplexed broadband metasurface holograms[J]. Nature Communications, 2015, 6: 8241.

[78] Chen X Z, Huang L L, Mühlenbernd H, et al. Dual-polarity plasmonic metalens for visible light[J]. Nature Communications, 2012, 3: 1198.

[79] Yu N F, Capasso F. Flat optics with designer metasurfaces[J]. Nature Materials, 2014, 13(2): 139-150.

[80] Zhang L, Mei S T, Huang K, et al. Advances in full control of electromagnetic waves with metasurfaces[J]. Advanced Optical Materials, 2016, 4(6): 818-833.

[81] Kildishev A V, Boltasseva A, Shalaev V M. Planar photonics with metasurfaces[J]. Science, 2013, 339(6125): 1232009.

[82] Meinzer N, Barnes W L, Hooper I R. Plasmonic meta-atoms and metasurfaces[J]. Nature Photonics, 2014, 8(12): 889-898.

第 3 章 反向切伦科夫辐射的基本理论

切伦科夫辐射 (Cherenkov radiation, CR) 是一种带电粒子激发的电磁辐射。当带电粒子的运动速度大于所处环境中传播电磁波的相速度时，就会产生电磁辐射，辐射波的波前为锥面，朝着带电粒子运动的方向传播。这一电磁现象分别可以追溯到英国的 O. Heaviside 和德国的 A. Sommerfeld 在 1888 年[1]和 1904 年[2]的理论预测。1910 年，居里夫人在一种高度浓缩的镭溶液中观察到一种淡蓝色的辉光，但当时没有深究其物理机理[3]。1926 年，法国的 L. Mallet 发现了镭照射水时的发光辐射具有连续光谱[4]。在当时，这种淡蓝色的辉光被人们错误地理解为荧光，没有被认为是一种新的物理现象，从而未能进行深入研究。1934 年，在 S. I. Vavilov 教授的指导下，苏联 P. A. Cherenkov 在实验中观察到浸泡有放射性物质的水中发出淡蓝色的辉光。P. A. Cherenkov 经过研究后发现这种辉光并非荧光，而是一种新的物理现象，如图 3-1 所示，这就是后来以其姓氏命名的切伦科夫辐射[5]。1937 年，I. M. Frank 和 I. Y. Tamm 首次用宏观的电磁理论对切伦科夫辐射进行了完美的物理解释[6]。随后，国际上特别是苏联开展了大量的相关研究工作[7,8]。P. A. Cherenkov、I. M. Frank 和 I. Y. Tamm 三人因发现并解释切伦科夫辐射而荣获 1958 年诺贝尔物理学奖。

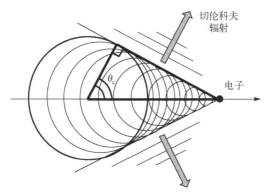

图 3-1 切伦科夫辐射示意图

切伦科夫辐射在高能粒子物理、光学、宇宙射线物理和真空电子学等领域具有重要的应用[9]。例如，在高能粒子物理中，它被成功地用于探测不同速度的带电粒子，从而发现了反质子[10]和 J 粒子[11]，这两项工作分别获得 1959 年和 1976 年的诺贝尔物理学奖；在真空电子学中，奥地利的 R. Kompfner 1943 年发明了行波管 (traveling-wave tube, TWT)[12]，1951 年法国的 B. Epsztein 发明了 O 型返波管

(backward-wave oscillator，BWO)[13]，这些器件都是基于切伦科夫辐射机理[14-16]。微波真空电子器件在雷达、无线电导航、通信、电子对抗等领域得到了广泛的应用[17-21]。

3.1　无界各向异性双负材料中的反向切伦科夫辐射

1967 年，苏联物理学家 V. G. Veselago 系统地从理论上预言了左手材料的反向切伦科夫辐射(reversed Cherenkov radiation, RCR)。由于左手材料同时具有负的介电常数和负的磁导率（又称为双负材料），所以反向切伦科夫辐射具有全新的形式，体现在辐射波的波矢量和坡印亭矢量是反向的（对于各向同性的双负材料）或近似反向的（对于各向异性的双负材料）。换言之，辐射波的相速度 v_p 和群速度 v_g 是反向或近似反向的。因此，左手材料中的这种电磁辐射被称为反向切伦科夫辐射。

然而在自然界中并没有发现同时具有负介电常数和负磁导率的自然材料，因此相关的研究工作一度被搁置。正如第 1 章所述，直到 1996 年和 1999 年，J. B. Pendry 等人先后提出了金属细线阵列和开口谐振环结构，在微波频段分别提出了实现负的等效介电常数和负的等效磁导率的方法。2000 年，D. R. Smith 等人首次报道了利用金属细线阵列和开口谐振环的组合实现"双负"或"左手"特性[22]，从此拉开了超构材料的研究序幕。有关超构材料中的新奇电磁特性和超构材料的实现，读者可分别参阅本书 1.3 节和 2.1 节。

关于反向切伦科夫辐射的研究，可以追溯到 2002 年前后，美国麻省理工学院 J. A. Kong 研究小组的 J. Lu 等人最先研究了无界各向同性左手材料中带电粒子激发的反向切伦科夫辐射[23]。随后，电子科技大学段兆云、美国伊利诺伊理工学院 S. Antipov 等人系统地研究了在无界、半无界和波导中填充各向异性双负材料，通过带电粒子激发反向切伦科夫辐射，探索了增强反向切伦科夫辐射的新方法[24-30]。此外，Y. O. Averkov、S. N. Galyamin 和 A. V. Kats 等人从理论上研究了带电粒子通过双负材料边界时产生的反向切伦科夫辐射和渡越辐射[31-34]。上述研究结果为反向切伦科夫辐射的实验研究和潜在的应用提供了理论基础[35-38]。

3.1.1　单粒子模型

2003 年，J. Lu 等人研究了无界空间中填充各向同性左手材料的单粒子模型[23]。然而，可实现的左手材料一般都是各向异性的人工电磁结构。因此，考虑一个无界各向异性双负材料，它的电磁特性由介电常数张量和磁导率张量表征。介电常数张量的元素采用 Drude 模型描述，而磁导率张量的元素采用 Lorentz 模型描述。

在圆柱坐标系 (ρ,θ,z) 下，介电常数张量可以表示为：

$$\boldsymbol{\varepsilon} = \varepsilon_0 \begin{bmatrix} \varepsilon_{r\rho} & 0 & 0 \\ 0 & \varepsilon_{r\theta} & 0 \\ 0 & 0 & \varepsilon_{rz} \end{bmatrix} = \begin{bmatrix} \varepsilon_\rho & 0 & 0 \\ 0 & \varepsilon_\theta & 0 \\ 0 & 0 & \varepsilon_z \end{bmatrix} \tag{3-1}$$

$$\varepsilon_{r\rho}(\omega) = 1 - \frac{\omega_{p\rho}^2}{\omega^2 + \mathrm{j}\gamma_{e\rho}\omega} \tag{3-2}$$

$$\varepsilon_{r\theta}(\omega) = 1 - \frac{\omega_{p\theta}^2}{\omega^2 + \mathrm{j}\gamma_{e\theta}\omega} \tag{3-3}$$

$$\varepsilon_{rz}(\omega) = 1 - \frac{\omega_{pz}^2}{\omega^2 + \mathrm{j}\gamma_{ez}\omega} \tag{3-4}$$

其中，ω 是电磁波的角频率，$\omega_{p\rho}$、$\omega_{p\theta}$ 和 ω_{pz} 分别是在 ρ、θ 和 z 方向的等效等离子体频率，$\gamma_{e\rho}$、$\gamma_{e\theta}$ 和 γ_{ez} 代表双负材料"电"损耗的碰撞频率。

磁导率张量可以表示为：

$$\boldsymbol{\mu} = \mu_0 \begin{bmatrix} \mu_{r\rho} & 0 & 0 \\ 0 & \mu_{r\theta} & 0 \\ 0 & 0 & \mu_{rz} \end{bmatrix} = \begin{bmatrix} \mu_\rho & 0 & 0 \\ 0 & \mu_\theta & 0 \\ 0 & 0 & \mu_z \end{bmatrix} \tag{3-5}$$

$$\mu_{r\rho}(\omega) = 1 - \frac{F_\rho \omega^2}{\omega^2 - \omega_{0\rho}^2 + \mathrm{j}\gamma_{m\rho}\omega} \tag{3-6}$$

$$\mu_{r\theta}(\omega) = 1 - \frac{F_\theta \omega^2}{\omega^2 - \omega_{0\theta}^2 + \mathrm{j}\gamma_{m\theta}\omega} \tag{3-7}$$

$$\mu_{rz}(\omega) = 1 - \frac{F_z \omega^2}{\omega^2 - \omega_{0z}^2 + \mathrm{j}\gamma_{mz}\omega} \tag{3-8}$$

其中，$\gamma_{m\rho}$、$\gamma_{m\theta}$ 和 γ_{mz} 是双负材料"磁"损耗的碰撞频率；$\omega_{0\rho}$、$\omega_{0\theta}$ 和 ω_{0z} 是磁谐振频率；F_ρ、F_θ 和 F_z 是材料单元的填充因子。注意：在满足 $\varepsilon_{r\rho}(\omega) = \varepsilon_{r\theta}(\omega) = \varepsilon_{rz}(\omega)$ 和 $\mu_{r\rho}(\omega) = \mu_{r\theta}(\omega) = \mu_{rz}(\omega)$ 的条件时，各向异性双负材料可以退化为各向同性双负材料。

为了简化分析，假定采用 $\mathrm{e}^{-\mathrm{j}\omega t}$，同时假设一个带电粒子以恒定的速度 $\boldsymbol{\upsilon} = \hat{z}\upsilon$ 沿 +z 轴运动，则运动电荷的电流密度为：

$$\boldsymbol{J}(\boldsymbol{r},t) = \hat{z}q\upsilon\delta(z - \upsilon t)\delta(x)\delta(y) \tag{3-9}$$

其中，q 是粒子的电荷，$\delta(x)$ 是狄拉克函数。在圆柱坐标系中，电流密度可以写成[39]：

$$J(r,t) = \hat{z}q\upsilon\delta(z - \upsilon t)\frac{\delta(\rho)}{2\pi\rho} \tag{3-10}$$

将式(3-10)变换到频域可得到：

$$J(r,\omega) = \hat{z}\frac{q}{4\pi^2\rho}e^{j\omega z/\upsilon}\delta(\rho) \tag{3-11}$$

根据安培定律，可以得到：

$$D = \frac{j}{\omega}\nabla \times (\boldsymbol{\mu}^{-1} \cdot \boldsymbol{B}) - J(r,\omega) \tag{3-12}$$

其中，$\boldsymbol{B} = \nabla \times \boldsymbol{A}$，$\boldsymbol{A} = \hat{z}A_z$ 是矢量势。因此，将式(3-12)和 $\boldsymbol{B} = \nabla \times \boldsymbol{A}$ 代入到法拉第电磁定律，得到了矢量波动方程：

$$\nabla \times [\boldsymbol{\mu}^{-1} \cdot \nabla \times (\hat{z}A_z)] - J = \omega^2\boldsymbol{\varepsilon} \cdot (\hat{z}A_z) + j\omega\boldsymbol{\varepsilon} \cdot \nabla\varphi \tag{3-13}$$

其中，φ 是标量势。然后，将矢量波动方程(3-13)分解成三个标量波动方程，令 $A_z = g(\rho)\mu_\theta q / (2\pi)\exp(j\omega z / \upsilon)$，可以得到如下 $g(\rho)$ 的标量波动方程：

$$\left[\frac{1}{\rho}\frac{\partial}{\partial\rho}\left(\rho\frac{\partial}{\partial\rho}\right) + k_\rho^2\right]g(\rho) = -\frac{\delta(\rho)}{2\pi\rho} \tag{3-14}$$

其中，$k_\rho = -\sqrt{\omega^2\varepsilon_z\mu_\theta - \varepsilon_z / \varepsilon_\rho\omega^2 / \upsilon^2}$ 是径向波数。方程(3-14)具有如下的解：

$$g(\rho) = -\frac{j}{4}H_0^{(2)}(k_\rho\rho), \quad (\rho \neq 0) \tag{3-15}$$

其中，$H_0^{(2)}(k_\rho\rho)$ 是第二类 Hankel 函数。

一方面，如果 $\mathrm{Re}(\varepsilon_{r\rho}\mu_{r\theta}) > 1/\beta^2$，则会产生切伦科夫辐射。因此，在双负材料中产生切伦科夫辐射的条件是：

$$\mathrm{Re}(\varepsilon_{r\rho}\mu_{r\theta}) > 1/\beta^2, \quad \mathrm{Re}(\varepsilon_{r\rho}) < 0, \quad \mathrm{Re}(\mu_{r\theta}) < 0, \quad \mathrm{Re}(\varepsilon_{rz}) < 0 \tag{3-16}$$

其中，$\beta = \upsilon / c$，c 是自由空间中的光速，$\mathrm{Re}()$ 是实部算子。

因此，当满足切伦科夫辐射的条件时（$\rho \neq 0$），其磁场强度可以表示为：

$$H_\theta(r,\omega) = -\hat{\theta}\frac{jqk_\rho}{8\pi}e^{j\omega z/\upsilon}H_1^{(2)}(k_\rho\rho) \tag{3-17}$$

由式(3-12)可以推导出电场分量：

$$E_z(r,\omega) = \hat{z}\frac{qk_\rho}{8\pi\varepsilon_z\omega}e^{j\omega z/\upsilon}\left\{\frac{1}{\rho}H_1^{(2)}(k_\rho\rho) + \frac{k_\rho}{2}[H_0^{(2)}(k_\rho\rho) - H_2^{(2)}(k_\rho\rho)]\right\} \tag{3-18}$$

$$E_\rho(r,\omega) = -\hat{\rho}\frac{jqk_\rho}{8\pi\varepsilon_\rho\upsilon}e^{j\omega z/\upsilon}H_1^{(2)}(k_\rho\rho) \tag{3-19}$$

当各向异性双负材料退化为各向同性时，场分量的表达式与文献[23]中的表达式相同。根据类似的定义[9]，相位角（phase angle）θ_{CR} 是相速度 υ_p 和相对于粒子速度 υ 的夹角（图 3-1），其表达式如下：

$$\cos\theta_{CR} = -\frac{1}{\mathrm{Re}\left(\sqrt{\varepsilon_z\mu_\theta + (1-\varepsilon_z/\varepsilon_\rho)/\upsilon^2}\right)\upsilon} \tag{3-20}$$

特别说明的是，相速度与波矢 $\boldsymbol{k} = \hat{\rho}\,\mathrm{Re}(k_\rho) + \hat{z}k_z\ (k_z = \omega/\upsilon)$ 的方向相同。当各向异性双负材料退化为各向同性时，式(3-20)退化为 $\cos\theta_{CR} = 1/(\beta\,\mathrm{Re}(n))$（有耗情形）[40]，$\cos\theta_{CR} = 1/(-\left|\sqrt{\varepsilon_r\mu_r}\right|\beta)$（无耗情形）[31]，其中 $n = -\sqrt{\varepsilon_{r\rho}\mu_{r\theta}}$ 表示复折射率。显然，相位角 θ_{CR} 在很大程度上取决于观测到的反向切伦科夫辐射的频率。类似定义，θ_{sv} 是时间平均坡印亭矢量 $<\boldsymbol{S}>$ 与带电粒子速度 υ 的夹角，记为 $\theta_{sv} = \pi/2 - \arctan(<S_z>/<S_\rho>)$，称为辐射角（Radiation angle 或 Group angle）。如图 3-2 所示，θ_{sv} 为钝角，然而在普通的电磁媒质（即右手材料）中，θ_{sv} 为锐角。由于 $\theta_{CR} \neq \theta_{sv}$，所以在各向异性双负材料中的 $<\boldsymbol{S}>$ 和 $\boldsymbol{k}$ 不是完全反向的。该特性与各向同性双负材料中的情形完全不同。这是因为各向同性双负材料中的矢量 $<\boldsymbol{S}>$ 和 $\boldsymbol{k}$ 在远场区是完全反向的[31]。正因为如此，对于双负材料而言，这样的电磁辐射被称为反向切伦科夫辐射。与右手材料的情形不同[7]，式(3-20)描述了相位角 θ_{CR} 与带电粒子运动速度和电磁媒质的相关性。因此，可以通过改变带电粒子的运动速度或选取不同的电磁媒质来获得不同的相位角。

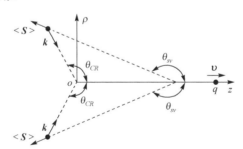

图 3-2　双负材料中反向切伦科夫辐射示意图

另外，单位路径长度的能量损失由运动电荷产生的场对电荷施加的阻滞力决定[7]：

$$\begin{aligned}\frac{\mathrm{d}W}{\mathrm{d}z} &= qE_z\big|_{z\to\upsilon t,\rho\to 0}\\ &= \frac{q^2}{4\pi}\mathrm{Re}\left\{\int_0^\infty \mathrm{d}\omega\frac{k_\rho}{\varepsilon_z\omega}\left[\frac{1}{\rho_0}H_1^{(2)}(k_\rho\rho_0) + \frac{k_\rho}{2}[H_0^{(2)}(k_\rho\rho_0) - H_2^{(2)}(k_\rho\rho_0)]\right]\right\}\end{aligned} \tag{3-21}$$

其中，ρ_0 是与场源的最小平均距离。注意式(3-21)的积分区间由式(3-16)确定。

另一方面，如果 $\text{Re}(\varepsilon_{r\rho}\mu_{r\theta})<1/\beta^2$，运动的带电粒子激发的是凋落波，不会产生切伦科夫辐射。因此，在这里不讨论这种情形。

3.1.2　数值计算

基于上述的理论分析，采用数值计算的方法研究单位路径长度的辐射谱密度和总辐射能量。首先，选取式(3-1)和式(3-5)所表示的特征模型。基于文献[41]中的实验结果，取 $\omega_{p\rho}=2\pi\times10^{10}\ \text{rad/s}$；$\omega_{pz}=2\pi\times7\times10^{9}\ \text{rad/s}$；$\omega_{0\theta}=2\pi\times4\times10^{9}\ \text{rad/s}$，$F_\theta=0.56$，$\gamma_{e\rho}=\gamma_{ez}=\gamma_{m\theta}=\gamma=10^{7}\ \text{rad/s}$。此外，合理选择 $\rho_0=10^{-6}\ \text{m}$ 和 $\upsilon=2.4\times10^{8}\ \text{m/s}$。因此，$\varepsilon_{r\rho}$、$\varepsilon_{rz}$ 和 $\mu_{r\theta}$ 的实部和虚部分别如图 3-3 和图 3-4 所示。显然，$\text{Re}(\varepsilon_{r\rho})$、$\text{Re}(\varepsilon_{rz})$ 和 $\text{Re}(\mu_{r\theta})$ 在 4.002～6GHz 内均为负值。同时"电"损耗是频率的递减函数，而"磁"损耗在谐振频率附近较大。这里 $\omega_{0\theta}$ 和 F_θ 保持不变，以便探究各向异性和各向同性左手材料中切伦科夫辐射的差异。

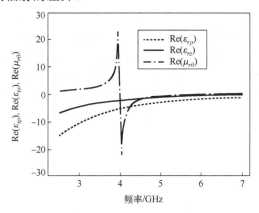

图 3-3　相对介电常数和磁导率的实部随频率的变化

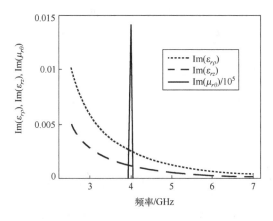

图 3-4　相对介电常数和磁导率的虚部随频率的变化

其次，研究了切伦科夫辐射的条件、相位角和辐射角。利用上述参数，分别计算了产生切伦科夫辐射的条件以及相位角和辐射角，分别如图 3-5(a)和(b)所示。在图 3-5(a)中，n_1、n_2 和 n_3 分别表示各向异性双负材料中的复折射率，对应 ρ 方向的等效等离子体频率分别为 $\omega_{p\rho} = 2\pi \times 6 \times 10^9$ rad/s、$\omega_{p\rho} = 2\pi \times 7 \times 10^9$ rad/s、$\omega_{p\rho} = 2\pi \times 10^{10}$ rad/s。当 $\mathrm{Re}(n^2)$ 大于以实线标示的 $1/\beta^2$ 时，在辐射频段满足切伦科夫辐射的条件。从图 3-5(a)中可以看出，$\mathrm{Re}(n^2)$ 随着工作频率的增加而减小，且在一定的工作频率下，随着 ρ 方向的等离子体等效频率 $\omega_{p\rho}$ 的增加而增大。因此，满足反向切伦科夫辐射的频率范围随角频率 $\omega_{p\rho}$ 的增大而增大。这是由于在给定工作频率时，$\mathrm{Re}(\varepsilon_{r\rho})$ 的绝对值随 $\omega_{p\rho}$ 增大而增大，这意味着相速度减小，从而更容易满足切伦科夫辐射条件。值得注意的是，复折射率分别为 n_1、n_2 和 n_3 的电磁媒质满足反向切伦科夫辐射的条件的频率范围分别为 4.002~4.450GHz、4.002~4.628GHz 和 4.002~5.024GHz。

随后，相位角和辐射角与 ρ 方向上的等效等离子体频率和工作频率的关系如图 3-5(b)所示。假设辐射角 θ_{sv} 为钝角（$90° < \theta_{sv} < 180°$），即为反向切伦科夫辐射。对于不同的折射率，θ_{CR} 和 θ_{sv} 随着工作频率的增加而增大。对于复折射率为 n_2 的各向同性双负材料，在给定工作频率的条件下，θ_{CR} 仅在远场区完全等于 θ_{sv}，即矢量 $<\boldsymbol{S}>$ 和 $\boldsymbol{k}$ 是反向的；而对于复折射率为 n_1 和 n_3 的各向异性双负材料，在给定工作频率的条件下，则 θ_{CR} 一般不等于 θ_{sv}。这一事实表明各向异性双负材料中的波矢量和时间平均坡印亭矢量几乎是反向的。在基于切伦科夫辐射的粒子探测器中，相位角 θ_{CR} 可以用来直接测定带电粒子的速度；同时，可以测量辐射角 θ_{sv} 来确定反向切伦科夫辐射的辐射方向图。因此，应在双负材料中分别用相位角和辐射角来描述反向切伦科夫辐射的辐射特性。显然，上述的这些性质与右手材料中的切伦科夫辐射是不相同的。此外，当工作频率一定时，相位角和辐射角随折射率实部的绝对值的增大而减小。这一特性描述了双负材料的相位角和辐射角对材料特性的依赖关系，它在粒子物理学中有助于对粒子进行探测或识别。

最后，分别研究各向异性和各向同性的双负材料的辐射谱密度和单位路径长度电荷的总辐射能量。选择 $\omega_{p\rho} = 2\pi \times 10 \times 10^9$ rad/s 和 $\omega_{pz} = 2\pi \times 7 \times 10^9$ rad/s，以便只研究一个各向异性双负材料。当通过增加损耗因子（$\gamma_{e\rho} = \gamma_{ez} = \gamma_{m\theta} = \gamma$）来考虑损耗时，各向异性双负材料的谱密度如图 3-6 所示，其中 f_i 表示谱密度，它是频率的函数。当同时考虑色散和损耗时，谱密度是连续的[39,42]。较低频率时的反向切伦科夫辐射的谱密度远大于较高频率时的谱密度。随着损耗的增加，谱密度在辐射频段变得更加平坦。为了研究损耗和不同等效等离子体频率对总辐射能量的影响，进行了相应的数值积分。数值结果如图 3-7(a)和(b)所示。其中情形 1、情形 2 和情形 3 分别对应图 3-7(a)中的 $\omega_{pz} = 14\pi \times 10^9$ rad/s $< \omega_{p\rho}$、$\omega_{pz} = 20\pi \times 10^9$ rad/s $= \omega_{p\rho}$ 和

$\omega_{pz} = 26\pi \times 10^9 \, \text{rad/s} > \omega_{p\rho}$。情形 2 意味着各向异性双负材料退化为各向同性双负材料。从图 3-7(a) 可以看出，对于各向异性和各向同性的双负材料，总辐射能量都随着损耗的减小而增大。然而，当损耗值不变时，情形 1 的各向异性双负材料的总辐射能量大于情形 2 的各向同性的双负材料，而情形 3 的各向异性双负材料的总辐射能量小于情形 2 的各向同性的双负材料。当损耗增大时，各向异性与各向同性的双负材料中总辐射能量的差值变小。这是总辐射能量分布趋于重叠的结果。另外，图 3-7(b) 所示的总辐射能量是等效等离子体频率在 z 方向上的递减函数。其原因是在给定的工作频率下，$\text{Re}(\varepsilon_{rz})$ 的绝对值随频率 ω_{pz} 的增加而增大，且 k_ρ 相差很小。因此，可以通过构建合适的双负材料来确定辐射谱密度和总辐射能量。各向异性双负材料的总辐射能量与各向同性双负材料的总辐射能量是不同的，这是由于不同材料的电磁性质不同导致的。

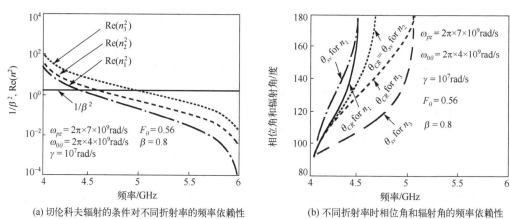

(a) 切伦科夫辐射的条件对不同折射率的频率依赖性　　　(b) 不同折射率时相位角和辐射角的频率依赖性

图 3-5　反向切伦科夫辐射的条件以及相位角和辐射角

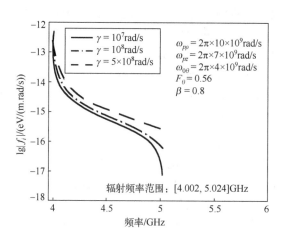

图 3-6　不同损耗下反向切伦科夫辐射谱密度与频率的关系

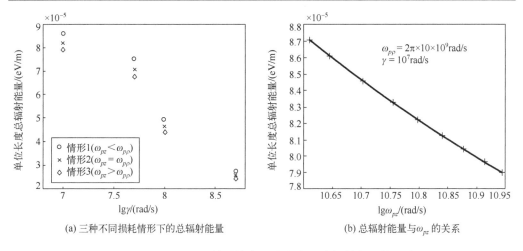

(a) 三种不同损耗情形下的总辐射能量　　　　(b) 总辐射能量与 ω_{pz} 的关系

图 3-7　损耗和不同等效等离子体频率对总辐射能量的影响

3.2　半无界双负材料中的反向切伦科夫辐射

3.2.1　单粒子模型的理论分析

上一节分析了无界空间中填充各向异性双负材料时单个带电粒子激发的反向切伦科夫辐射。在此基础之上，本小节将分析在半无界空间中填充各向同性双负材料下，单个带电粒子激发的反向切伦科夫辐射。

考虑单个带电粒子沿边界运动的一般情形，其物理模型如图 3-8 所示。q 为单个粒子的电荷，υ 为粒子运动速度，d 为粒子与边界的距离。一半的空间填充各向同性的双负材料，另一半空间保持真空环境。双负材料的等效电磁参数用直角坐标系 (x, y, z) 描述如下[26]：

$$\varepsilon_2(\omega) = 1 - \frac{\omega_p^2}{\omega^2 + \mathrm{j}\gamma_e\omega} \tag{3-22}$$

$$\mu_2(\omega) = 1 - \frac{F\omega^2}{\omega^2 - \omega_0^2 + \mathrm{j}\gamma_m\omega} \tag{3-23}$$

其中，ω 为电磁波的角频率，ω_p 为"电"等离子体频率，γ_e 代表材料"电"耗散的碰撞频率，ω_0 为"磁"谐振频率，γ_m 代表材料"磁"损耗的碰撞频率，F 为开口谐振环单元的填充因子。带电粒子在填充双负材料的半无界空间中沿 z 方向以速度 υ 运动。因此，其电荷密度为：

$$\rho(\boldsymbol{r}, t) = q\delta(x)\delta(y)\delta(z - \upsilon t) \tag{3-24}$$

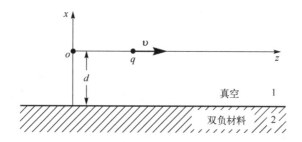

图 3-8　单带电粒子在填充各向同性双负材料的半无界空间中运动的示意图

根据电磁势的定义，对于高斯单位制，电场和磁场分别为：

$$E = -\frac{1}{c}\frac{\partial A}{\partial t} - \nabla\varphi \tag{3-25}$$

$$B = \nabla \times A \tag{3-26}$$

其中，A 是矢量势，φ 是标量势，c 是真空中的光速。在这里选择一组满足洛伦兹规范的 (A, φ) 进行理论分析。通过使用麦克斯韦方程，利用电磁势法，就可以推导出达朗贝尔方程。同时，假设 A 和 φ 具有如下的傅里叶积分形式：

$$A(r,t) = \int_{-\infty}^{+\infty}\int_{-\infty}^{+\infty}\int_{-\infty}^{+\infty}\int_{-\infty}^{+\infty} A(k,\omega)e^{j(k\cdot r - \omega t)}dk_x dk_y dk_z d\omega \tag{3-27}$$

$$\rho(r,t) = \int_{-\infty}^{+\infty}\int_{-\infty}^{+\infty}\int_{-\infty}^{+\infty}\int_{-\infty}^{+\infty} \rho(k,\omega)e^{j(k\cdot r - \omega t)}dk_x dk_y dk_z d\omega \tag{3-28}$$

其中：

$$A(k,\omega) = \frac{1}{(2\pi)^4}\int_{-\infty}^{+\infty}\int_{-\infty}^{+\infty}\int_{-\infty}^{+\infty}\int_{-\infty}^{+\infty} A(r,t)e^{-j(k\cdot r - \omega t)}dxdydzdt \tag{3-29}$$

$$\rho(k,\omega) = \frac{1}{(2\pi)^4}\int_{-\infty}^{+\infty}\int_{-\infty}^{+\infty}\int_{-\infty}^{+\infty}\int_{-\infty}^{+\infty} \rho(r,t)e^{-j(k\cdot r - \omega t)}dxdydzdt \tag{3-30}$$

将式 (3-24) 代入达朗贝尔方程，并利用上述傅里叶积分，得到矢量势 A 的表达式：

$$A(r,\omega) = \hat{z}\frac{q}{2\pi^2}\frac{1}{c_0}\int_{-\infty}^{+\infty}dk_y e^{jk_y y}e^{j\frac{\omega}{\upsilon}z}\int_{-\infty}^{+\infty}\frac{\mu e^{jk_x x}}{k_x^2 - k_{x1}^2}dk_x = \frac{\mu\pi j}{k_{x1}}e^{jk_{x1}|x|} \tag{3-31}$$

其中，$k_{x1} = j\sqrt{k_y^2 + \omega^2/\upsilon^2 - \varepsilon_1\mu_1\omega^2/c_0^2}$ 是波矢 k_1 的 x 分量。因此，式 (3-31) 在无界真空中被简化为：

$$A_0(r,\omega) = \hat{z}A_{0z} = \hat{z}\frac{q}{2\pi}\frac{j}{c_0}\int_{-\infty}^{+\infty}\frac{dk_y}{k_{x1}}e^{j\left(k_{x1}|x| + k_y y + \frac{\omega}{\upsilon}z\right)} \tag{3-32}$$

对于如图 3-8 所示的情形，在真空中的部分 $A_1(r,\omega)$ 可以写成以下形式：

$$A_1\left(r,\omega\right) = \mathrm{j}\int_{-\infty}^{+\infty} a_1 \mathrm{d}k_y \mathrm{e}^{\mathrm{j}(2k_{x1}d+k_{x1}x+k_y y+\frac{\omega}{v}z)} \tag{3-33}$$

其中，$a_1 = a_{1x}\hat{x} + a_{1y}\hat{y} + a_{1z}\hat{z}$ 为真空部分待定场系数。显然，因为切伦科夫辐射不发生，带电粒子在真空中激发的电磁波必然是表面波，且该表面波与界面处 $x=-d$ 的距离呈指数衰减。在填充双负材料的空间中，$A_2(r,\omega)$ 可以用下列形式表示：

$$A_2\left(r,\omega\right) = \mathrm{j}\int_{-\infty}^{+\infty} a_2 \mathrm{d}k_y \mathrm{e}^{\mathrm{j}[k_{x1}d+k_{x2}(x+d)+k_y y+\frac{\omega}{v}z]} \tag{3-34}$$

其中，$a_2 = a_{2x}\hat{x} + a_{2y}\hat{y} + a_{2z}\hat{z}$ 是填充双负材料区域中的待定场系数。波矢量 k_2 的 x 分量应为：

$$k_{x2}^2 = \frac{\omega^2}{c_0^2}\varepsilon_2\mu_2 - \frac{\omega^2}{v^2} - k_y^2 = \frac{\omega^2}{c_0^2}[\varepsilon_2'\mu_2' - \varepsilon_2''\mu_2'' + \mathrm{j}(\varepsilon_2''\mu_2' + \varepsilon_2'\mu_2'')] - \frac{\omega^2}{v^2} - k_y^2 \tag{3-35}$$

其中，$\varepsilon_2' = \mathrm{Re}(\varepsilon_2)$，$\varepsilon_2'' = \mathrm{Im}(\varepsilon_2)$，$\mu_2' = \mathrm{Re}(\mu_2)$ 和 $\mu_2'' = \mathrm{Im}(\mu_2)$。在任一无源的电磁媒质中，有 $\varepsilon_2'' > 0$ 和 $\mu_2'' > 0$。因此，在双负材料中，$\mathrm{Im}(k_{x2}^2) < 0$。如果考虑双负材料中的传播波，即 $-\pi/2 < \arg k_{x2}^2 < 0$。因此，这里有两种选择：① $-\pi/4 < \arg k_{x2} < 0$；② $3\pi/4 < \arg k_{x2} < \pi$。第一个选择满足要求 $\mathrm{Im}(k_{x2}) < 0$，而第二个选择则不满足。所以，对于正的频率而言，$-\pi/4 < \arg k_{x2} < 0$ 意味着 $\mathrm{Re}(k_{x2}) > 0$。群速度和能流密度都与波矢 k_2 方向相反。因此，这些矢量在 x 轴上有负的投影。在双负频段的色散曲线清楚地表明了这一物理特性，如图 3-9 所示。

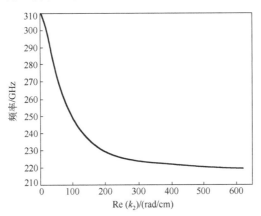

图 3-9　双负频段的色散关系

此外，标量势表示如下：

$$\varphi_0\left(r,\omega\right) = \frac{c}{v}A_{0z}\left(r,\omega\right) \tag{3-36}$$

$$\varphi_1(r,\omega) = 0 \tag{3-37}$$

$$\varphi_2(r,\omega) = 0 \tag{3-38}$$

真空半空间中的电磁场由 φ_0 和 $A_0 + A_1$ 决定,而填充双负材料的半空间中的电磁场由 A_2 决定。因此,通过匹配边界 $x = -d$ 处的场可以获得真空半空间和填充双负材料的半空间中的场分量[7]。

由单个带电粒子在无界空间中的场和由于边界的存在而产生的场组成单个粒子在半无界空间的总场,由此可计算出单位路径长度电荷的总辐射能量:

$$\frac{dW_t}{dz} = qE_{1z}\bigg|_{\substack{x=y=0 \\ z \to \upsilon t}} = \frac{q}{c_0^2}\int_{-\infty}^{\infty}d\omega\int_{-\infty}^{\infty}dk_y\left[\frac{q}{2\pi k_{x1}}\left(\frac{c_0^2}{\upsilon^2}-1\right)-c_0 a_{1z}\omega e^{j2k_{x1}d}\right]$$

$$= \frac{2q}{c_0^2}\mathrm{Re}\left\{\int_0^{\infty}d\omega\int_{-\infty}^{\infty}dk_y\left[\frac{q}{2\pi k_{x1}}\left(\frac{c_0^2}{\upsilon^2}-1\right)-c_0 a_{1z}\omega e^{j2k_{x1}d}\right]\right\} \tag{3-39}$$

由于式(3-39)的花括号中的第一项对切伦科夫辐射没有贡献[7],单位路径长度电荷的反向切伦科夫辐射能量可以表示为:

$$\frac{dW}{dz} = -\frac{2q}{c_0}\mathrm{Re}\left(\int_0^{\infty}d\omega\int_{-\infty}^{\infty}dk_y a_{1z}\omega e^{j2k_{x1}d}\right) \tag{3-40}$$

k_y 的积分区域上限由 $k_y^2 < \omega^2/c^2\left(\varepsilon_2'\mu_2' - \varepsilon_2''\mu_2''\right) - \omega^2/\upsilon^2$ 确定,其中式(3-40)的被积函数称为辐射谱密度。

3.2.2 单粒子模型的数值计算

为了分析上述电磁辐射的物理特性,采用以下参数进行数值计算:处于太赫兹频段的工作频率 ω,"电"等离子体频率 $\omega_p = 2\pi \times 500 \times 10^9\,\mathrm{rad/s}$,碰撞频率 $\gamma_e = \gamma_m = 1 \times 10^{10}\,\mathrm{rad/s}$,"磁"谐振频率 $\omega_0 = 2\pi \times 219 \times 10^9\,\mathrm{rad/s}$,开口谐振环单元的填充因子 $F = 0.5$,电子速度 $\upsilon = 0.2c$ 和距离 $d = 0.05\mathrm{mm}$。因此,在 219.10~226.60 GHz 频段内的电子可以激发反向切伦科夫辐射,且该频率范围属于双负区(219.05~309.65 GHz)。与图 3-10 所示的右手材料情形相比,本例结果清楚地显示了双负材料中切伦科夫辐射的反向特性,如带箭头的实线所示,而蒸馏水等普通媒质中的切伦科夫辐射则表现为"前向"特性,如带箭头的虚线所示。该结果与 3.2.1 节中提出的理论预测完全一致。无界各向同性双负材料中的切伦科夫辐射角是关于 z 轴对称的[24]。然而,在本例的情形下,真空中电子激发的表面波不是关于 z 轴对称的,见图 3-10,并且其振幅在远离真空和双负材料的界面时呈指数衰减。

其次,研究反向切伦科夫辐射谱密度。图 3-11 表明本例与无界情形有类似的连续分布谱密度[24]。随后,研究了电子速度和距离 d 等重要参数对反向切伦科夫辐射能量的影响。从图 3-12 中可知,当粒子速度增加时,单位长度的切伦科夫辐射能量增加。这是因为反向切伦科夫辐射带宽随着粒子速度的增大而扩大，与无界情形完全相似。在电子速度一致时，半无界的反向切伦科夫辐射能量远大于无界情形下的辐射能量，如图 3-12 所示。

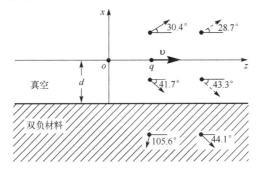

图 3-10　在双负材料和真空中的时间平均坡印亭矢量的方向

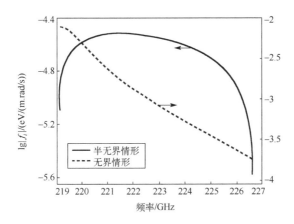

图 3-11　半无界和无界情形下辐射频段的谱密度

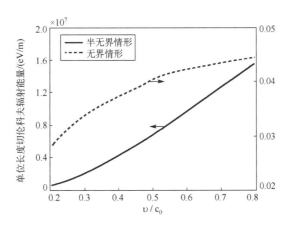

图 3-12　半无界和无界情形下反向切伦科夫辐射能量与归一化电子速度的关系

　　距离 d 对反向切伦科夫辐射能量的影响的数值结果如图 3-13 所示。从图中可以看出，总辐射能量随着距离 d 的减小而增大。这是由表面波的性质决定的。换言之，当距离 d 增加时，电磁场呈指数衰减。因此，可以增大带电粒子的速度或让带电粒子尽可能接近界面，即通过减小距离 d 来增强反向切伦科夫辐射。

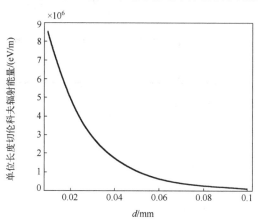

图 3-13　总辐射能量与距离 d 的关系

　　最后，选择上述参数和以 220 GHz 作为工作频率，研究了半无界真空中表面波的幅值。相比普通电磁媒质的情形（即双负材料被右手材料取代），对于该表面波在 $x = d/2$ 处的时间平均坡印亭矢量的幅值增大了 3×10^3 到 5×10^3 倍，如图 3-14 所示。其中，$|<\boldsymbol{S}_{vd}>|$ 和 $|<\boldsymbol{S}_{vn}>|$ 分别表示半无界真空和右手材料情形下 $x = d/2$ 处的时间平均坡印亭矢量的幅值。当右手材料的相对介电常数小于 25 时，不满足切伦科夫辐射的条件。与一些普通的右手材料（如 BaO，其相对介电常数为 34±1）相比，使用双负材料可以极大地提高表面波的幅值。该方法有利于电磁波的产生，特别是太赫兹波的产生。

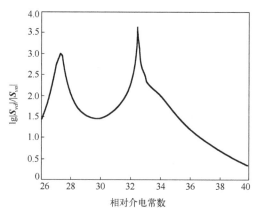

图 3-14　半无界双负材料与半无界右手材料情形的表面波的时间平均坡印亭矢量幅值之比

3.2.3 多粒子模型的理论分析

在分析半无界各向同性的左手材料中的反向切伦科夫辐射时，采用的是单粒子模型。由于是单个带电粒子，所以激发的反向切伦科夫辐射的总能量必然很小，为了有效提升其辐射能量，本小节将采用多粒子模型来研究在半无界情形下所激发的反向切伦科夫辐射。这里的多粒子模型选用带状注[43-45]，其尺寸为 $2x_0 \times 2y_0 \times 2z_0$。有关带状注的产生与聚焦将在 4.2 节介绍。采用直角坐标系，其坐标原点为带状注的中心，如图 3-15 所示。与文献[46]中的情形类似，如果带电粒子被压缩成小于一个工作波长的带状注，就会发生相干场的叠加。为了简单起见，假设带电粒子均匀分布在带状注内，并以速度 υ 沿 $+z$ 方向运动。由于电流密度的限制，增加总电流的最好方法之一是增加带状注的横向尺寸 $2y_0$，同时保持 $2x_0$ 不变。带状注的电荷密度由下式给出：

$$\rho(\pmb{r},t) = \frac{Nq_0}{8x_0 y_0 z_0} X(x)Y(y)T(t,z) \tag{3-41}$$

其中，$\pmb{r}$ 为位置矢量，q_0 为单带电粒子的电荷，N 为带状注中带电粒子的总数，$X(x)$、$Y(y)$ 和 $T(t,z)$ 分别表示如下：

$$X(x) = Y(y) = T(t,z) = \begin{cases} 1, & (|x| < x_0, |y| < y_0, |z - \upsilon t| < z_0) \\ 0, & \text{其他} \end{cases} \tag{3-42}$$

各向同性且均匀的双负材料的电磁性质由其宏观等效媒质参数表示如下[24]：

$$\varepsilon_{r2}(\omega) = 1 - \frac{\omega_p^2}{\omega^2 + \mathrm{j}\gamma_e \omega} \tag{3-43}$$

$$\mu_{r2}(\omega) = 1 - \frac{F\omega^2}{\omega^2 - \omega_0^2 + \mathrm{j}\gamma_m \omega} \tag{3-44}$$

其中，ω 为电磁波角频率，ω_p 为"电"等离子体频率，γ_e 代表材料"电"耗散的碰撞频率，ω_0 为"磁"谐振频率，γ_m 代表材料"磁"损耗的碰撞频率，F 为构成双负材料的开口谐振环单元的填充因子。

把产生负磁导率（$\mu_{r2}(\omega)$）的开口谐振环阵列和产生负介电常数（$\varepsilon_{r2}(\omega)$）的金属细线阵列进行适当的组合，可以实现各向同性的双负材料[47]。特别是这种具有几个波长厚度的双负材料可以通过使用一种超构表面来实现[48]。超构表面不需依靠支撑物，而且是全金属，所以不存在介质放气的问题，容易实现高真空环境。

把研究的空间分为两个区域：①是真空区域 1（$x > -d$）；②是填充双负材料的区域 2（$x \leqslant -d$），并采用时间因子 $\mathrm{e}^{-\mathrm{j}\omega t}$ 进行傅里叶变换。结合电磁势（A, φ），利用广义安培定律和法拉第定律，将式(3-41)中定义的电流密度（$\pmb{J} = \rho\upsilon$）代入到广义安培定律，并选择洛伦兹规范 $\nabla \cdot \boldsymbol{A} + \dfrac{1}{c_0}\dfrac{\partial \varphi}{\partial t} = 0$（$c_0$ 是真空中的光速），得到了区域 1 的波动方程。

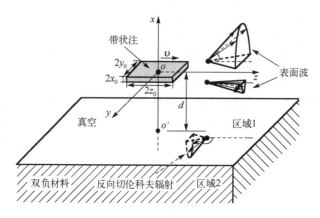

图 3-15　在半无界情形下多粒子模型所激发的电磁辐射

同样地，由于在区域 2 中 $\boldsymbol{J}=0$，可以推导出相应的波动方程。利用格林函数分别求解区域 1 和区域 2 的非齐次和齐次微分方程，得到其通解。注意，这里只关注在双负材料中反向切伦科夫辐射条件被满足的情形[29]。然后利用 $x = -d$ 处的边界条件，可以确定待定系数，从而可以得到矢量和标量势（$\boldsymbol{A},\varphi$）的特解。根据场和势之间的关系：$\boldsymbol{B} = \nabla \times \boldsymbol{A}$ 和 $\boldsymbol{E} = -\nabla \varphi + \mathrm{j}\omega \boldsymbol{A}/c_0$，区域 1 和区域 2 中具有相当复杂的解析表达式的场分量可以通过烦琐的数学处理来确定。

最后，分别得到了区域 1 中用时间平均坡印亭矢量（$<\boldsymbol{S}_1>$）表征的表面波的功率密度，区域 2 中用时间平均坡印亭矢量（$<\boldsymbol{S}_2>$）表征的反向切伦科夫辐射的功率密度，以及单位路径长度电荷的总辐射能量（$\mathrm{d}W/\mathrm{d}z$）。其中，真空区域中的时间平均坡印亭矢量（$<\boldsymbol{S}_1>$）可以表示如下：

$$
\begin{aligned}
<\boldsymbol{S}_1> ={} & \frac{1}{2}\mathrm{Re}\Big[\boldsymbol{E}_1(\boldsymbol{r},\omega)\times\boldsymbol{H}_1^*(\boldsymbol{r},\omega)\Big] = \frac{1}{2}\mathrm{Re}\Big\{\hat{\boldsymbol{x}}\Big[E_{1y}(\boldsymbol{r},\omega)H_{1z}^*(\boldsymbol{r},\omega)-E_{1z}(\boldsymbol{r},\omega)H_{1y}^*(\boldsymbol{r},\omega)\Big]\Big\} \\
& + \frac{1}{2}\mathrm{Re}\Big\{\hat{\boldsymbol{y}}\Big[E_{1z}(\boldsymbol{r},\omega)H_{1x}^*(\boldsymbol{r},\omega)-E_{1x}(\boldsymbol{r},\omega)H_{1z}^*(\boldsymbol{r},\omega)\Big]\Big\} \\
& + \frac{1}{2}\mathrm{Re}\Big\{\hat{\boldsymbol{z}}\Big[E_{1x}(\boldsymbol{r},\omega)H_{1y}^*(\boldsymbol{r},\omega)-E_{1y}(\boldsymbol{r},\omega)H_{1x}^*(\boldsymbol{r},\omega)\Big]\Big\}
\end{aligned} \tag{3-45}
$$

对于 $x>0$ 和 $-d<x<0$，真空区域中电磁场分量的表达式会有所不同。

（1）$x>0$ 时：

$$
E_{1x}(\boldsymbol{r},\omega)=\frac{c_0}{\upsilon}\int_{-\infty}^{+\infty}a_{0z}k_{x1}\mathrm{d}k_y\mathrm{e}^{\mathrm{j}\left(k_{x1}x+k_yy+\frac{\omega}{\upsilon}z\right)}-\frac{1}{c_0}\int_{-\infty}^{+\infty}a_{1x}\omega\mathrm{d}k_y\mathrm{e}^{\mathrm{j}\left(2k_{x1}d+k_{x1}x+k_yy+\frac{\omega}{\upsilon}z\right)} \tag{3-46}
$$

$$E_{1y}\left(\boldsymbol{r},\omega\right)=\frac{c_0}{\upsilon}\int_{-\infty}^{+\infty}a_{0z}k_y\mathrm{d}k_y\mathrm{e}^{\mathrm{j}\left(k_{x1}x+k_yy+\frac{\omega}{\upsilon}z\right)}-\frac{1}{c_0}\int_{-\infty}^{+\infty}a_{1y}\omega\mathrm{d}k_y\mathrm{e}^{\mathrm{j}\left(2k_{x1}d+k_{x1}x+k_yy+\frac{\omega}{\upsilon}z\right)} \tag{3-47}$$

$$E_{1z}\left(\boldsymbol{r},\omega\right)=\int_{-\infty}^{+\infty}\left(\frac{1}{\upsilon^2}-\frac{1}{c_0^2}\right)c_0\omega a_{0z}\mathrm{d}k_y\mathrm{e}^{\mathrm{j}\left(k_{x1}x+k_yy+\frac{\omega}{\upsilon}z\right)}$$
$$-\frac{1}{c_0}\int_{-\infty}^{+\infty}a_{1z}\omega\mathrm{d}k_y\mathrm{e}^{\mathrm{j}\left(2k_{x1}d+k_{x1}x+k_yy+\frac{\omega}{\upsilon}z\right)} \tag{3-48}$$

$$H_{1x}\left(\boldsymbol{r},\omega\right)=-\int_{-\infty}^{+\infty}\left(a_{1z}k_y-a_{1y}\frac{\omega}{\upsilon}\right)\mathrm{d}k_y\mathrm{e}^{\mathrm{j}\left(2k_{x1}d+k_{x1}x+k_yy+\frac{\omega}{\upsilon}z\right)}$$
$$-\int_{-\infty}^{+\infty}a_{0z}k_y\mathrm{d}k_y\mathrm{e}^{\mathrm{j}\left(k_{x1}x+k_yy+\frac{\omega}{\upsilon}z\right)} \tag{3-49}$$

$$H_{1y}\left(\boldsymbol{r},\omega\right)=\int_{-\infty}^{+\infty}\left(a_{1z}k_{x1}-a_{1x}\frac{\omega}{\upsilon}\right)\mathrm{d}k_y\mathrm{e}^{\mathrm{j}\left(2k_{x1}d+k_{x1}x+k_yy+\frac{\omega}{\upsilon}z\right)}$$
$$+\int_{-\infty}^{+\infty}a_{0z}k_{x1}\mathrm{d}k_y\mathrm{e}^{\mathrm{j}\left(k_{x1}x+k_yy+\frac{\omega}{\upsilon}z\right)} \tag{3-50}$$

$$H_{1z}\left(\boldsymbol{r},\omega\right)=-\int_{-\infty}^{+\infty}(a_{1y}k_{x1}-a_{1x}k_y)\mathrm{d}k_y\mathrm{e}^{\mathrm{j}\left(2k_{x1}d+k_{x1}x+k_yy+\frac{\omega}{\upsilon}z\right)} \tag{3-51}$$

（2） $-d<x<0$ 时：

$$E_{1x}\left(\boldsymbol{r},\omega\right)=-\frac{c_0}{\upsilon}\int_{-\infty}^{+\infty}a_{0z}k_{x1}\mathrm{d}k_y\mathrm{e}^{\mathrm{j}\left(-k_{x1}x+k_yy+\frac{\omega}{\upsilon}z\right)}-\frac{1}{c_0}\int_{-\infty}^{+\infty}a_{1x}\omega\mathrm{d}k_y\mathrm{e}^{\mathrm{j}\left(2k_{x1}d+k_{x1}x+k_yy+\frac{\omega}{\upsilon}z\right)} \tag{3-52}$$

$$E_{1y}\left(\boldsymbol{r},\omega\right)=\frac{c_0}{\upsilon}\int_{-\infty}^{+\infty}a_{0z}k_y\mathrm{d}k_y\mathrm{e}^{\mathrm{j}\left(-k_{x1}x+k_yy+\frac{\omega}{\upsilon}z\right)}-\frac{1}{c_0}\int_{-\infty}^{+\infty}a_{1y}\omega\mathrm{d}k_y\mathrm{e}^{\mathrm{j}\left(2k_{x1}d+k_{x1}x+k_yy+\frac{\omega}{\upsilon}z\right)} \tag{3-53}$$

$$E_{1z}\left(\boldsymbol{r},\omega\right)=\int_{-\infty}^{+\infty}\left(\frac{1}{\upsilon^2}-\frac{1}{c_0^2}\right)c_0\omega\mathrm{d}k_y\mathrm{e}^{\mathrm{j}\left(-k_{x1}x+k_yy+\frac{\omega}{\upsilon}z\right)}$$
$$-\frac{1}{c_0}\int_{-\infty}^{+\infty}a_{1z}\omega\mathrm{d}k_y\mathrm{e}^{\mathrm{j}\left(2k_{x1}d+k_{x1}x+k_yy+\frac{\omega}{\upsilon}z\right)} \tag{3-54}$$

$$H_{1x}\left(\boldsymbol{r},\omega\right)=-\int_{-\infty}^{+\infty}\left(a_{1z}k_y-a_{1y}\frac{\omega}{\upsilon}\right)\mathrm{d}k_y\mathrm{e}^{\mathrm{j}\left(2k_{x1}d+k_{x1}x+k_yy+\frac{\omega}{\upsilon}z\right)}$$
$$-\int_{-\infty}^{+\infty}a_{0z}k_y\mathrm{d}k_y\mathrm{e}^{\mathrm{j}\left(-k_{x1}x+k_yy+\frac{\omega}{\upsilon}z\right)} \tag{3-55}$$

$$H_{1y}(\boldsymbol{r},\omega)=\int_{-\infty}^{+\infty}\left(a_{1z}k_{x1}-a_{1x}\frac{\omega}{\upsilon}\right)\mathrm{d}k_y\,\mathrm{e}^{\mathrm{j}\left(2k_{x1}d+k_{x1}x+k_y y+\frac{\omega}{\upsilon}z\right)}$$

$$-\int_{-\infty}^{+\infty}a_{0z}k_{x1}\mathrm{d}k_y\,\mathrm{e}^{\mathrm{j}\left(-k_{x1}x+k_y y+\frac{\omega}{\upsilon}z\right)} \tag{3-56}$$

$$H_{1z}(\boldsymbol{r},\omega)=-\int_{-\infty}^{+\infty}(a_{1y}k_{x1}-a_{1x}k_y)\mathrm{d}k_y\,\mathrm{e}^{\mathrm{j}\left(2k_{x1}d+k_{x1}x+k_y y+\frac{\omega}{\upsilon}z\right)} \tag{3-57}$$

注意到 $\boldsymbol{k}_1=k_{x1}\hat{\boldsymbol{x}}+k_y\hat{\boldsymbol{y}}+k_z\hat{\boldsymbol{z}}$ 和 $\boldsymbol{k}_2=k_{x2}\hat{\boldsymbol{x}}+k_y\hat{\boldsymbol{y}}+k_z\hat{\boldsymbol{z}}$ 分别是真空区域和双负材料区域中的波矢，真空区域中的场系数可表示如下：

$$a_{0z}=\frac{q_0 N}{2\pi c_0}\frac{\sin(k_{x1}x_0)}{k_{x1}^2 x_0}\frac{\sin(k_y y_0)}{k_y y_0}\frac{\sin\left(\dfrac{\omega}{\upsilon}z_0\right)}{\dfrac{\omega}{\upsilon}z_0} \tag{3-58}$$

$$a_{1x}=-\frac{k_y(-k_{x2}^2 M_2+k_y M_3)+\dfrac{\omega}{\upsilon}\left(\dfrac{\omega}{\upsilon}M_3-k_{x2}^2 M_1+\mu_2 k_{x1}k_{x2}a_{0z}\right)}{(k_{x1}+\mu_2 k_{x2})\left(k_y^2+\dfrac{\omega^2}{\upsilon^2}\right)+k_{x1}k_{x2}(k_{x2}+\mu_2 k_{x1})} \tag{3-59}$$

$$a_{1y}=\frac{-(k_{x1}+\mu_2 k_{x2})k_y\dfrac{\omega}{\upsilon}\left(\dfrac{\omega}{\upsilon}M_3-k_{x2}^2 M_1+\mu_2 k_{x1}k_{x2}a_{0z}\right)}{(k_{x1}+\mu_2 k_{x2})(k_{x2}+\mu_2 k_{x1})\left(k_{x2}k_y^2+k_{x2}\dfrac{\omega^2}{\upsilon^2}\right)+k_{x1}k_{x2}^2(k_{x2}+\mu_2 k_{x1})^2}$$

$$+\frac{(-k_{x2}^2 M_2+k_y M_3)\left[\dfrac{\omega^2}{\upsilon^2}(k_{x1}+\mu_2 k_{x2})+k_{x1}(k_{x2}^2+\mu_2 k_{x1}k_{x2})\right]}{(k_{x1}+\mu_2 k_{x2})(k_{x2}+\mu_2 k_{x1})\left(k_{x2}k_y^2+k_{x2}\dfrac{\omega^2}{\upsilon^2}\right)+k_{x1}k_{x2}^2(k_{x2}+\mu_2 k_{x1})^2} \tag{3-60}$$

$$a_{1z}=\frac{(k_{x1}+\mu_2 k_{x2})k_y^2(-k_{x2}^2 M_1+\mu_2 k_{x1}k_{x2}a_{0z})+k_y\dfrac{\omega}{\upsilon}(k_{x1}+\mu_2 k_{x2})k_{x2}^2 M_2}{(k_{x1}+\mu_2 k_{x2})(k_{x2}+\mu_2 k_{x1})\left(k_{x2}k_y^2+k_{x2}\dfrac{\omega^2}{\upsilon^2}\right)+k_{x1}k_{x2}^2(k_{x2}+\mu_2 k_{x1})^2}$$

$$+\frac{k_{x1}(k_{x2}^2+\mu_2 k_{x1}k_{x2})\left(\dfrac{\omega}{\upsilon}M_3-k_{x2}^2 M_1+\mu_2 k_{x1}k_{x2}a_{0z}\right)}{(k_{x1}+\mu_2 k_{x2})(k_{x2}+\mu_2 k_{x1})\left(k_{x2}k_y^2+k_{x2}\dfrac{\omega^2}{\upsilon^2}\right)+k_{x1}k_{x2}^2(k_{x2}+\mu_2 k_{x1})^2} \tag{3-61}$$

其中，M_1、M_2 和 M_3 的表达式分别为：

$$M_1 = \left(1 - \frac{c_0^2}{\upsilon^2}\right) a_{0z} \tag{3-62}$$

$$M_2 = -\frac{k_y c_0^2}{\omega \upsilon} a_{0z} \tag{3-63}$$

$$M_3 = -\frac{\omega}{\upsilon} M_1 - k_y M_2 \tag{3-64}$$

类似地，可以推导出双负材料区域中的时间平均坡印亭矢量（$<S_2>$）。双负材料区域中的电磁场分量可以表示如下：

$$E_{2x}(r,\omega) = -\frac{1}{c}\int_{-\infty}^{+\infty} a_{2x}\omega \mathrm{d}k_y \mathrm{e}^{\left[k_{x1}d+k_{x2}(x+d)+k_y y+\frac{\omega}{\upsilon}z\right]} \tag{3-65}$$

$$E_{2y}(r,\omega) = -\frac{1}{c}\int_{-\infty}^{+\infty} a_{2y}\omega \mathrm{d}k_y \mathrm{e}^{\left[k_{x1}d+k_{x2}(x+d)+k_y y+\frac{\omega}{\upsilon}z\right]} \tag{3-66}$$

$$E_{2z}(r,\omega) = -\frac{1}{c}\int_{-\infty}^{+\infty} a_{2z}\omega \mathrm{d}k_y \mathrm{e}^{\left[k_{x1}d+k_{x2}(x+d)+k_y y+\frac{\omega}{\upsilon}z\right]} \tag{3-67}$$

$$H_{2x}(r,\omega) = -\frac{1}{\mu_2}\int_{-\infty}^{+\infty}\left(a_{2z}k_y - a_{2y}\frac{\omega}{\upsilon}\right)\mathrm{d}k_y \mathrm{e}^{\left[k_{x1}d+k_{x2}(x+d)+k_y y+\frac{\omega}{\upsilon}z\right]} \tag{3-68}$$

$$H_{2y}(r,\omega) = \frac{1}{\mu_2}\int_{-\infty}^{+\infty}\left(a_{2z}k_{x2} - a_{2x}\frac{\omega}{\upsilon}\right)\mathrm{d}k_y \mathrm{e}^{\left[k_{x1}d+k_{x2}(x+d)+k_y y+\frac{\omega}{\upsilon}z\right]} \tag{3-69}$$

$$H_{2z}(r,\omega) = -\frac{1}{\mu_2}\int_{-\infty}^{+\infty}(a_{2y}k_{x2} - a_{2x}k_y)\mathrm{d}k_y \mathrm{e}^{\left[k_{x1}d+k_{x2}(x+d)+k_y y+\frac{\omega}{\upsilon}z\right]} \tag{3-70}$$

其中，双负材料区域中的场系数可求出：

$$a_{2x} = \frac{k_{x1}a_{1x} + M_3}{k_{x2}} \tag{3-71}$$

$$a_{2y} = a_{1y} + M_2 \tag{3-72}$$

$$a_{2z} = a_{1z} + M_1 \tag{3-73}$$

最后，单位路径长度电荷的总反向切伦科夫辐射能量可由下式得到[7]：

$$\frac{\mathrm{d}W}{\mathrm{d}z} = \frac{2q_0 N}{c^2}\mathrm{Re}\left\{\int_0^\infty \mathrm{d}\omega\int_{-\infty}^\infty \mathrm{d}k_y\left[\left(\frac{c^2}{\upsilon^2}-1\right)ca_{0z}\omega - ca_{1z}\omega \mathrm{e}^{\mathrm{j}\{2k_{x1}d\}}\right]\right\} \tag{3-74}$$

对于基于半空间双负材料和带状注的物理模型来产生增强的电磁辐射，其物理机理为：在工作频率处的时变磁场，使开口谐振环发生谐振，并分两个阶段产生电磁辐射：首先在双负材料中以反向切伦科夫辐射的形式出现，然后由于反向切伦科夫辐射在双负材料与真空界面耦合而出现表面波。而对于 Smith-Purcell 效应[49]来说，其轴向电场直接产生电磁辐射。

　　表面波和反向切伦科夫辐射的辐射方向如图 3-15 所示。从图中可以看出，表面波向前辐射，并且不是关于 z 轴对称。然而，在双负材料中的反向切伦科夫辐射集中于半切伦科夫辐射角，并且是半方位角对称。

3.2.4　多粒子模型的数值计算

　　对于上述的理论分析，这里给出一个例子来说明通过与增强的反向切伦科夫辐射耦合，从而导致表面波的幅值增强。数值计算所使用的参数为 $\omega_p = 2\pi \times 450 \times 10^9$ rad/s，$\omega_0 = 2\pi \times 213 \times 10^9$ rad/s，$\gamma_e = \gamma_m = \gamma = 2\pi \times 1.5 \times 10^{10}$ rad/s，$F = 0.6$，$x_0 = 0.1$ mm，$y_0 = 0.4$ mm，$z_0 = 0.5$ mm，$\upsilon = 0.8c$，$N = 5 \times 10^{11}$ 和 $d = 0.5$ mm。图 3-16 显示了在 $x = -d/2$ 的 $|\langle \boldsymbol{S}_1 \rangle|$ 和在 $x = -3d/2$ 的 $|\langle \boldsymbol{S}_2 \rangle|$ 的归一化幅值随电子速度 υ 的变化。从图中可以看出，当电子速度 υ 小于相速度 υ_p 时，$|\langle \boldsymbol{S}_1 \rangle|$ 可以忽略，而 $|\langle \boldsymbol{S}_2 \rangle|$ 为零。一旦反向切伦科夫辐射条件得到满足，$|\langle \boldsymbol{S}_2 \rangle|$ 就会有和正常的前向切伦科夫辐射类似的阈值效应。此外，由于反向切伦科夫辐射和表面波的耦合，$|\langle \boldsymbol{S}_1 \rangle|$ 和 $|\langle \boldsymbol{S}_2 \rangle|$ 随着电子速度的增加而增加，这表明了表面波的增强。为了清楚地在图 3-16 中显示 $|\langle \boldsymbol{S}_1 \rangle|$ 和 $|\langle \boldsymbol{S}_2 \rangle|$ 与速度的关系，分别根据在 $\upsilon/\upsilon_p = 1.5$ 的值对 $|\langle \boldsymbol{S}_1 \rangle|$ 和 $|\langle \boldsymbol{S}_2 \rangle|$ 进行了归一化。$|\langle \boldsymbol{S}_1 \rangle|$ 和 $|\langle \boldsymbol{S}_2 \rangle|$ 在 $\upsilon/\upsilon_p = 1.49$ 的值分别大于在 $\upsilon/\upsilon_p = 1.01$ 的值的 10^3 和 10^5 倍。上述结果表明了表面波增强的物理机制是由于双负材料产生增强的反向切伦科夫辐射，而该反向切伦科夫辐射与真空界面耦合而产生增强的表面波。

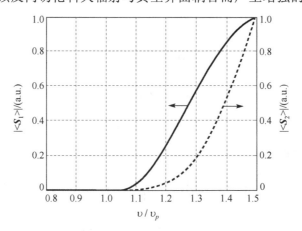

图 3-16　区域 1 和区域 2 中归一化的时间平均坡印亭矢量

接下来，讨论影响增强表面波和反向切伦科夫辐射的关键因素。可以通过调节双负材料的参数使 $|\text{Re}(\varepsilon_{r2})|$ 和 $|\text{Re}(\mu_{r2})|$ 大于 1，可以在任何所需的太赫兹频段提供谐振频谱，如图 3-17 所示。为了增强开口谐振环的谐振，一种可行的方法是增大填充因子 F。为了方便起见，使用工作频率在 230GHz 处的时间平均坡印亭矢量 $|<\boldsymbol{S}_1>|$ 的幅值来表征表面波的幅值。图 3-18 表明在 $x=-d/2$ 处的 $|<\boldsymbol{S}_1>|$ 和 $\mathrm{d}W/\mathrm{d}z$ 均随 F 增大而增大。根据负的等效磁导率理论[46]，当填充因子增大时，谐振频率和损耗均减小。因此，增大填充因子 F 可以增强表面波和反向切伦科夫辐射的幅值，这相当于减小双负材料的损耗。这是由于双负材料中的谐振增强而产生反向切伦科夫辐射增强，由此增强的反向切伦科夫辐射可以更有效地耦合形成增强的表面波。正如上文的讨论，在理论上可以自由地操控双负材料中折射率实部，使其绝对值远大于 1，从而导致反向切伦科夫辐射产生的粒子速度阈值 $\upsilon_t=c/\sqrt{\text{Re}(\varepsilon_{r2})\text{Re}(\mu_{r2})}$ 远小于真空中的光速 c。与右手材料相比，这是一个明显的优势，由此可以利用较低的电子注电压产生增强的反向切伦科夫辐射和表面波。

最后，讨论带状注对表面波和反向切伦科夫辐射的影响。随着电子数目的增加，表面波（在 $x=-d/2$ 处的 $|<\boldsymbol{S}_1>|$）和反向切伦科夫辐射的幅值都增加，如图 3-19 所示。此外，在图 3-20 中，在保持电子注的电流密度不变的情形下，当横向尺寸 $2y_0$ 增大 10 倍时，在 $x=-d/2$ 处表面波的幅值和反向切伦科夫辐射的能量分别增大约 32 倍和 78 倍。为了避免带状注的不稳定性，其 y_0/x_0 应小于～50[30]。

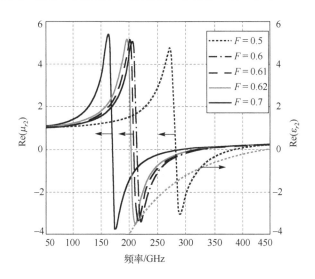

图 3-17 不同填充因子 F 的相对介电常数和磁导率与频率的关系

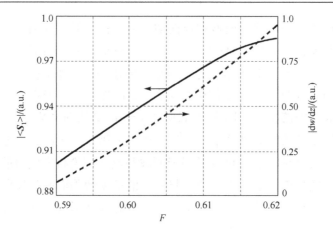

图 3-18 填充因子 F 对区域 1 表面波幅值和区域 2 反向切伦科夫辐射能量的影响

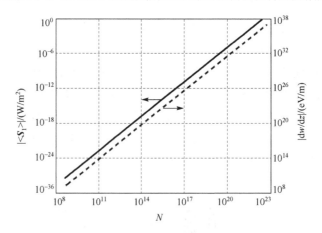

图 3-19 电子数 N 对区域 1 表面波幅值和区域 2 反向切伦科夫辐射能量的影响

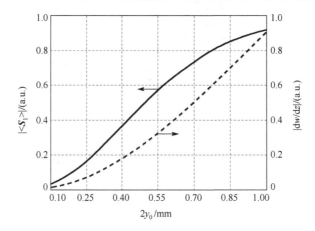

图 3-20 横向尺寸 $2y_0$ 对区域 1 表面波幅值和区域 2 反向切伦科夫辐射能量的影响

3.3　填充双负材料的圆波导中的反向切伦科夫辐射

3.3.1　单粒子情形的理论分析

对于无界和半无界双负材料的反向切伦科夫辐射，都是理想化的情形。为了便于实验上的实现，本小节将分析填充各向异性的双负材料的圆波导中的单粒子激发的反向切伦科夫辐射。对于在 $0 < \rho < a$ 区域内填充线性、均匀、各向异性双负材料的圆波导，双负材料具有由 Drude 模型表征的负介电常数张量 $\boldsymbol{\varepsilon}$ 和由 Lorentz 模型表征的负磁导率张量 $\boldsymbol{\mu}$ [41]。其中 a 是圆波导的半径，其材料为理想电导体（PEC）。如图 3-21 所示，一个电荷为 q 的带电粒子沿着圆波导的轴向以 $\boldsymbol{\upsilon} = \hat{z}\upsilon$ 匀速运动。在柱坐标系 (ρ,θ,z) 下，各向异性双负材料的介电常数张量和磁导率张量分别为：

$$\boldsymbol{\varepsilon} = \varepsilon_0 \begin{bmatrix} \varepsilon_{r\rho} & 0 & 0 \\ 0 & \varepsilon_{r\theta} & 0 \\ 0 & 0 & \varepsilon_{rz} \end{bmatrix} = \begin{bmatrix} \varepsilon_\rho & 0 & 0 \\ 0 & \varepsilon_\theta & 0 \\ 0 & 0 & \varepsilon_z \end{bmatrix} \tag{3-75}$$

$$\varepsilon_{r\rho}(\omega) = 1 - \frac{\omega_{p\rho}^2}{\omega^2 + \mathrm{j}\gamma_{e\rho}\omega} \tag{3-76}$$

$$\varepsilon_{r\theta}(\omega) = 1 - \frac{\omega_{p\theta}^2}{\omega^2 + \mathrm{j}\gamma_{e\theta}\omega} \tag{3-77}$$

$$\varepsilon_{rz}(\omega) = 1 - \frac{\omega_{pz}^2}{\omega^2 + \mathrm{j}\gamma_{ez}\omega} \tag{3-78}$$

其中，ω 为电磁波的角频率；$\omega_{p\rho}$、$\omega_{p\theta}$ 和 ω_{pz} 分别为在 ρ、θ 和 z 方向上的等效等离子体频率，且有：

$$\boldsymbol{\mu} = \mu_0 \begin{bmatrix} \mu_{r\rho} & 0 & 0 \\ 0 & \mu_{r\theta} & 0 \\ 0 & 0 & \mu_{rz} \end{bmatrix} = \begin{bmatrix} \mu_\rho & 0 & 0 \\ 0 & \mu_\theta & 0 \\ 0 & 0 & \mu_z \end{bmatrix} \tag{3-79}$$

$$\mu_{r\rho}(\omega) = 1 - \frac{F_\rho \omega^2}{\omega^2 - \omega_{0\rho}^2 + \mathrm{j}\gamma_{m\rho}\omega} \tag{3-80}$$

$$\mu_{r\theta}(\omega) = 1 - \frac{F_\theta \omega^2}{\omega^2 - \omega_{0\theta}^2 + \mathrm{j}\gamma_{m\theta}\omega} \tag{3-81}$$

$$\mu_{rz}(\omega) = 1 - \frac{F_z \omega^2}{\omega^2 - \omega_{0z}^2 + \mathrm{j}\gamma_{mz}\omega} \tag{3-82}$$

这里 $\gamma_{e\rho}$、$\gamma_{e\theta}$、和 γ_{ez} 分别代表三个方向上的双负材料"电"损耗的碰撞频率；$\gamma_{m\rho}$、$\gamma_{m\theta}$ 和 γ_{mz} 分别代表三个方向上的双负材料"磁"损耗的碰撞频率；$\omega_{0\rho}$、$\omega_{0\theta}$ 和 ω_{0z} 为"磁"谐振频率；F_ρ、F_θ 和 F_z 分别为三个方向上的开口谐振环单元的填充因子。当 $\varepsilon_{r\rho}(\omega) = \varepsilon_{r\theta}(\omega) = \varepsilon_{rz}(\omega)$ 和 $\mu_{r\rho}(\omega) = \mu_{r\theta}(\omega) = \mu_{rz}(\omega)$ 时，各向异性的双负材料退化为各向同性双负材料。

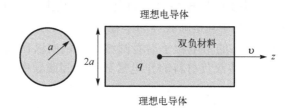

图 3-21   填充各向异性双负材料的圆波导中的反向切伦科夫辐射的示意图

一方面，采用矢量势，即 $\boldsymbol{B} = \nabla \times \mathbf{A}_z$，并应用边界条件 $E_z(\rho = a) = 0$，可以得到满足反向切伦科夫辐射条件（$\mathrm{Re}(\varepsilon_{r\rho}\mu_{r\theta}) > 1/\beta^2$）时的标量格林函数 $g(\rho)$：

$$g(\rho) = -\frac{1}{4}N_0(k_\rho\rho) + \alpha J_0(k_\rho\rho), \quad 0 < \rho \leqslant a \tag{3-83}$$

其中，$\beta = \upsilon/c_0$，$\mathrm{Re}()$ 为实部算子，$J_0(k_\rho\rho)$ 和 $N_0(k_\rho\rho)$ 分别为零阶第一类和第二类贝塞尔函数，$k_\rho = \sqrt{\omega^2\varepsilon_z\mu_\theta - \varepsilon_z/\varepsilon_\rho\omega^2/\upsilon^2}$ 为径向波数，且 $\alpha = N_0(k_\rho a)/(4J_0(k_\rho a))$。因此，电磁场分量可以表示为：

$$\boldsymbol{E}_z(\boldsymbol{r},\omega) = \hat{z}\frac{\mathrm{j}qk_\rho}{2\pi\omega\varepsilon_z}\mathrm{e}^{\mathrm{j}\omega z/\upsilon}\left\{\begin{array}{l}\left[-\dfrac{1}{4}(N_0(k_\rho\rho) - N_2(k_\rho\rho)) + \alpha(J_0(k_\rho\rho) - J_2(k_\rho\rho))\right]\dfrac{k_\rho}{2} + \\[2mm] \left[-\dfrac{1}{4}N_1(k_\rho\rho) + \alpha J_1(k_\rho\rho)\right]\dfrac{1}{\rho}\end{array}\right\} \tag{3-84}$$

$$\boldsymbol{E}_\rho(\boldsymbol{r},\omega) = \hat{\rho}\frac{qk_\rho}{2\pi\varepsilon_\rho\upsilon}\mathrm{e}^{\mathrm{j}\omega z/\upsilon}\left[-\frac{1}{4}N_1(k_\rho\rho) + \alpha J_1(k_\rho\rho)\right] \tag{3-85}$$

$$\boldsymbol{H}_\theta(\boldsymbol{r},\omega) = \hat{\theta}\frac{qk_\rho}{2\pi}\mathrm{e}^{\mathrm{j}\omega z/\upsilon}\left[-\frac{1}{4}N_1(k_\rho\rho) + \alpha J_1(k_\rho\rho)\right] \tag{3-86}$$

正如理论预言那样，如果圆波导中填充的各向异性双负材料退化为各向同性，则场分量的表达式就退化为参考文献[40]中的表达式。根据定义[7]，可推导出单位长度电荷的辐射能量的计算公式：

$$\frac{\mathrm{d}W}{\mathrm{d}z} = qE_z\Big|_{z\to\upsilon t,\,\rho\to 0}$$

$$= \frac{q^2}{\pi}\mathrm{Re}\left\{\int_0^\infty \mathrm{d}\omega\,\frac{\mathrm{j}k_\rho}{\varepsilon_z\omega}\left\{\begin{array}{l}\left[-\dfrac{1}{4}(N_0(k_\rho\rho_0)-N_2(k_\rho\rho_0))+\alpha(J_0(k_\rho\rho_0)-J_2(k_\rho\rho_0))\right]\dfrac{k_\rho}{2}+\\[3mm]\left[-\dfrac{1}{4}N_1(k_\rho\rho_0)+\alpha J_1(k_\rho\rho_0)\right]\dfrac{1}{\rho_0}\end{array}\right\}\right\}$$

$$(3\text{-}87)$$

其中，ρ_0 是与场源的最小平均距离。

电场和磁场的表达式(3-84)、式(3-85)和式(3-86)表明：当能量的方向由介电常数张量 ε 的非零元素的实部符号决定时，可以观察到反向切伦科夫辐射。例如，当 $\mathrm{Re}(\varepsilon_\rho)>0$ 时，能量的流动方向与粒子沿 z 轴运动的方向相同，而 $\mathrm{Re}(\varepsilon_\rho)<0$ 时，能量流动方向与粒子沿 z 轴运动的方向相反。

另一方面，当 $\mathrm{Re}(\varepsilon_{r\rho}\mu_{r\theta})<1/\beta^2$ 时，只存在由单粒子运动激发的凋落波，不会产生切伦科夫辐射。

3.3.2　单电子情形的数值计算

在微波频率范围内，双负材料可以通过开口谐振环阵列和金属细线阵列来实现，这里分别使用 Drude 和 Lorentz 模型进行近似。根据参考文献[41]的实验结果，选择双负材料的本构参数 $\omega_{p\rho}=2\pi\times10^{10}$ rad/s，$\omega_{pz}=2\pi\times7\times10^9$ rad/s，$\omega_{0\theta}=2\pi\times4\times10^9$ rad/s，$F_\theta=0.56$，$\gamma_{e\rho}=\gamma_{ez}=\gamma_{m\theta}=\gamma=10^7$ rad/s。同时，对于单电子而言，$\beta=0.8$，$a=1\mathrm{cm}$。在本例研究的频率范围内，所有的值都是在相同的距离 $\rho_0=1\mu\mathrm{m}$ 上计算的。为了探讨各向异性和各向同性双负材料中切伦科夫辐射性质的差异，本小节将 $\omega_{0\theta}$ 和 F_θ 设为常数。

首先，研究了电子速度对反向切伦科夫辐射条件的影响，同时考虑了媒质特性对其影响。根据上述参数，可以得到不同电子速度下的反向切伦科夫辐射条件与频率的关系，如图 3-22 所示。可以看出，满足反向切伦科夫辐射条件的工作频带随着粒子速度的降低而减小。例如，如果 $1/\beta^2=0.2$，工作频带为 $4.002\sim4.118\mathrm{GHz}$；如果 $1/\beta^2=0.8$，则工作频带为 $4.002\sim5.024\mathrm{GHz}$。

其次，研究了反向切伦科夫辐射在工作频带上的辐射谱密度，并且讨论了损耗和 z 向的等效等离子体频率对其影响。较小和较大损耗的辐射谱密度分别如图

3-23(a)和(b)所示，其中 f_i 表示的是关于 ω 的辐射谱密度。情形1、情形2和情形3分别为 $\omega_{pz} < \omega_{p\rho}$，$\omega_{pz} = \omega_{p\rho}$ 和 $\omega_{pz} > \omega_{p\rho}$，并在情形1中 $\omega_{pz} = 2\pi \times 7 \times 10^9\,\mathrm{rad/s}$，在情形2中 $\omega_{pz} = 2\pi \times 10^{10}\,\mathrm{rad/s}$，在情形3中 $\omega_{pz} = 2\pi \times 13 \times 10^9\,\mathrm{rad/s}$。情形1和3对应的是不同的各向异性双负材料，而情形2对应的是一种各向同性双负材料[40]。从图3-23(a)和(b)中可以发现，当同时考虑色散和损耗时，辐射谱密度是连续，并且辐射谱密度在不同频率时有不同的对应于无损耗情形的峰值。例如，在某些频率，情形2有一个峰值，而情形1和情形3没有峰值。此外，进一步的数值计算结果表明，随着损耗的增加，不同的峰值都变宽了，峰值的幅值变小，在谐振频率附近的峰值的间距也越来越小。这是因为在谐振频率附近的损耗很高，以至于贝塞尔函数的宗量的虚部离零点更远。显然，在不同的情形下，相同的频率存在不同的辐射谱密度。因此，这一特性有助于获得特定频率最大辐射谱密度或工作频带内的最大辐射能量。

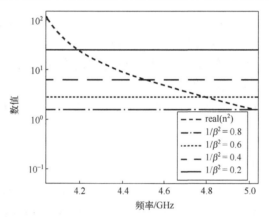

图 3-22　不同电子速度下反向切伦科夫辐射条件与工作频率的关系

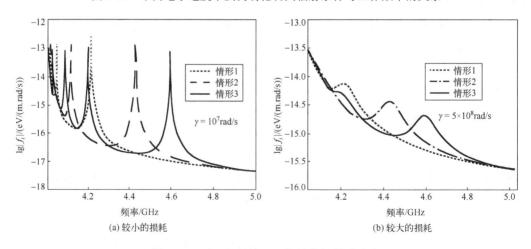

(a) 较小的损耗　　　　　　　　　　　(b) 较大的损耗

图 3-23　不同损耗情况下能量的辐射谱密度

随后，探讨了波导与无界媒质情形中辐射谱密度的差异。在固定损耗的情形下，其数值结果如图 3-24 所示。从图 3-24(a)可以看出，辐射谱密度在填充不同各向异性双负材料的波导中，在不同频率处有不同的峰值，而在无界各向异性双负材料中不出现峰值。此外，峰的数目随着 ω_{pz} 增加而增加；进一步的数值计算结果表明，随着损耗的增加，峰变得更宽，辐射谱密度越来越接近无界情形下的辐射谱密度，波导与无界媒质中的谱密度差异也变得越来越小。这一特性表明，在一定频率下，波导比无界媒质更容易获得较大的辐射能量。

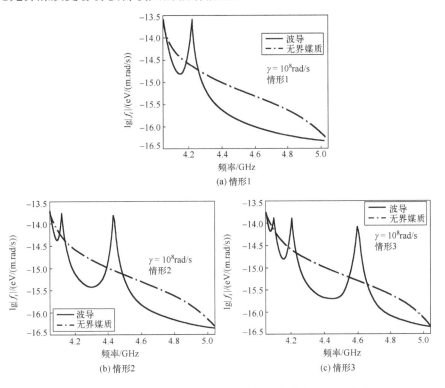

图 3-24　在固定的损耗下波导和无界媒质情形中的辐射谱密度

最后，讨论了波导半径、电子速度、z 向的损耗和等效等离子体频率对单位长度电荷的总辐射能量的影响。波导半径对单位长度总辐射能量的影响如图 3-25 所示。从图 3-25(a)中可以看到，在较小的损耗时，对所有的情形(不同各向异性的双负材料)，单位长度电荷的总辐射能量随着半径的增加而出现峰值。从图 3-25(b)中可以发现，在较大损耗的情形下，情形 1 的单位长度电荷的总辐射能量随波导半径的增大先快速增大后缓慢增大；对于情形 2 和情形 3，单位长度电荷的总辐射能量均随波导半径的增大先迅速增大后缓慢降低。总而言之，当波导半径与工作波长相比拟时，波导半径对总辐射能量的影响相对较小。综上所述，可以理解为当损耗较小时，辐射谱有一些峰；当损耗较大时，辐射谱成为频率的平滑函数。同时，图 3-26(a)

和(b)分别讨论了在较小和较大损耗时,电子速度对单位长度电荷的总辐射能量的影响。可以发现对所有情形,随着电子速度的增加,单位长度电荷的总辐射能量也增加。正如图 3-22 所示,随着电子速度的增加,满足反向切伦科夫辐射条件的工作频带增大,因此总辐射能量也随之增加。此外,对于较小的损耗,总辐射能量在 ω_{pz} 的特殊值处有一些峰,如图 3-27(a)所示。然而,对于较大的损耗,总辐射能量是一个关于 ω_{pz} 的递减函数,如图 3-27(b)所示。在不同的损耗下,总辐射能量随 ω_{pz} 变化的差异来源于辐射谱密度在损耗较小时不是平滑函数,而在损耗较大时是平滑函数的原因。在 MATLAB 中分别采用两种数值积分,在较小的损耗时得到的数值结果是不同的。一种是递归自适应 Simpson 求积算法,这种算法在低精度或被积函数不光滑的情形下更有效;另一种是递归自适应 Lobatto 求积算法,它在较高的精度和被积函数平滑的情形下更有效。因此,在较小的损耗时,选择前者的数值结果。然而,在较大的损耗时,两种算法可以得到相同的数值结果。

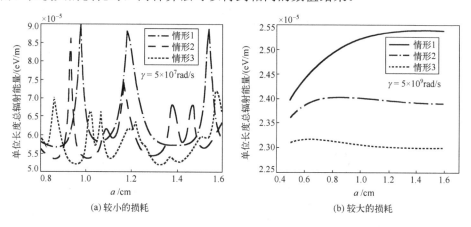

图 3-25　单位长度电荷的总辐射能量与波导半径的关系

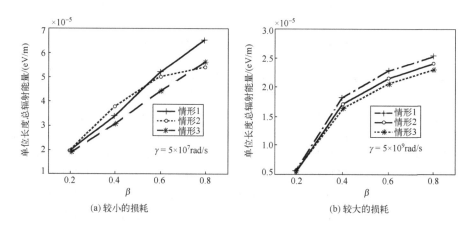

图 3-26　单位长度电荷的总辐射能量与电子速度的关系

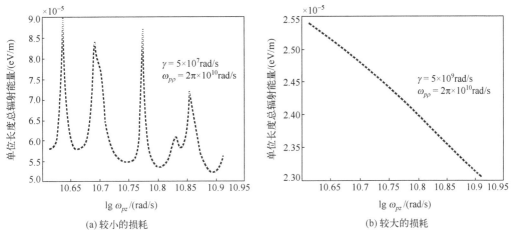

(a) 较小的损耗　　　　　　　　　　(b) 较大的损耗

图 3-27　单位长度电荷的总辐射能量与 ω_{pz} 的关系

需要说明的是，详细讨论电磁损耗对总辐射能量的影响是有意义的。从图 3-28 中可以看出，随着损耗的增加，对于所有情形，总辐射能量都在减小，并且三种情形之间的差异也越来越小，这是由于损耗增加导致辐射能量谱密度趋于重叠。换言之，在高损耗媒质中的粒子辐射能量后，电磁波衰减得非常快。因此，被理想电导体反射的电磁波非常弱，不能在圆波导内形成强谐振。由于受到理想电导体波导的限制，也没有凋落波产生。如前所述，虽然总辐射能量对双负材料的性质不敏感，但不同双负材料的辐射谱密度有明显的不同。

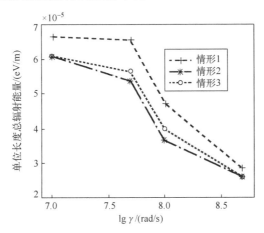

图 3-28　各向异性和各向同性双负材料中的总辐射能量与损耗的关系

3.3.3　圆形注模型的理论分析

为了有效提升反向切伦科夫辐射的能量，采用圆形电子注来代替单电子。如图

3-29 所示，对于局部填充各向异性双负材料的圆波导中总电荷为 q 的圆形注通过中心通道（真空部分）而产生的场分量，这里使用了两组圆柱坐标，其中（ρ',θ',z'）为源所在位置，而（ρ,θ,z）为计算的场所在的位置。各向异性双负材料可由介电常数张量和磁导率张量表征，其元素分别由文献[26]中的公式（1）和（2）表示。为了简单起见，假设空间电荷效应可以忽略，且带电粒子均匀分布，径向半径为 ρ_0 和轴向长度为 $2z_0$ 的圆形注以恒定的速度 $\boldsymbol{v}_0 = \hat{z}v$ 沿 z 轴匀速运动。其中，圆形注轴向长度应该满足条件：$2z_0 < \lambda_{cp}$，$\lambda_{cp} = v / f$ 为带电粒子波长，f 为工作频率。电荷密度 ρ_P 和电流密度 $\boldsymbol{J}$ 可以写成以下形式：

$$\rho_p = \frac{q_0 N}{2\pi\rho_0^2 z_0} T(t, z') \tag{3-88}$$

$$\boldsymbol{J}(z', t) = \hat{z}v \frac{q_0 N}{2\pi\rho_0^2 z_0} T(t, z') \tag{3-89}$$

其中，$T(t,z') = 1, (z' \in (vt - z_0, vt + z_0))$，$q_0$ 是单个电子的电荷，N 是总电子数。

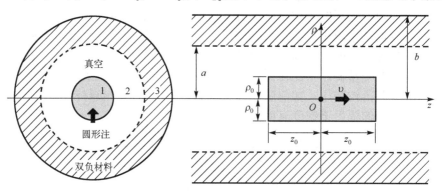

图 3-29　圆形注在局部填充各向异性双负材料的圆波导中运动的示意图

对圆形注的电流密度进行傅里叶变换，得到其频域形式：

$$\boldsymbol{J}(z', \omega) = \frac{1}{2\pi}\int_{-\infty}^{\infty} \mathrm{d}t \boldsymbol{J}(z', t)\mathrm{e}^{\mathrm{j}\omega t} = \hat{z}\frac{vq_0 N}{2\pi^2\rho_0^2 z_0}\mathrm{e}^{\mathrm{j}\omega z'/v}\frac{1}{\omega}\sin\frac{\omega z_0}{v} \tag{3-90}$$

图 3-29 所示的圆波导的横截面分为三部分。第一部分为填充的圆形注（$0 < \rho \leqslant \rho_0$），第二部分为真空（$\rho_0 < \rho \leqslant a$），第三部分为填充的各向异性双负材料（$a < \rho \leqslant b$）。

对于第一个部分，采用分离变量法，根据电磁势法[26,27]，使用麦克斯韦方程组，得到标量波动方程：

$$\left[\frac{1}{\rho}\frac{\partial}{\partial\rho}\left(\rho\frac{\partial}{\partial\rho}\right) + k_\rho^2\right] A_z(\rho, z, \omega) = -\mu_0 \frac{vq_0 N}{2\pi^2\rho_0^2 z_0}\frac{1}{\omega}\sin\frac{\omega z_0}{v}\mathrm{e}^{\frac{\mathrm{j}\omega}{v}z'} = -p(z', \omega) \tag{3-91}$$

其中，$k_\rho^2 = \omega^2 \varepsilon_0 \mu_0 - \omega^2 / \upsilon^2$ 是径向波数，A_z 是矢量位的 z 分量，ε_0 和 μ_0 分别表示真空中的介电常数和磁导率。

波动方程 (3-91) 式的解析解为[50]：

$$A_z(\rho, z, \omega) = \int_V G(\rho, \rho', z, z', \omega) p(z', \omega) \, dV \tag{3-92}$$

其中，$G(\rho, \rho', z, z', \omega)$ 是非均匀亥姆霍兹方程 (3-91) 的格林函数解，且其解满足下列方程[26,27]：

$$\left[\frac{1}{\rho} \frac{\partial}{\partial \rho} \left(\rho \frac{\partial}{\partial \rho} \right) + k_\rho^2 \right] G(\rho, \rho', z, z', \omega) = -\frac{1}{2\pi\rho} \delta(\rho - \rho') \delta(z - z') \tag{3-93}$$

一旦得到式 (3-93) 的解，基于电磁势法就可以推导出场分量的解析表达式。

同样，通过求解式 (3-91) 对应的齐次方程，得到了第二部分和第三部分的场分量。本小节只关注反向切伦科夫辐射条件满足时第三部分中的反向切伦科夫辐射[8]。因此，根据在 $\rho = \rho_0$、$\rho = a$ 和 $\rho = b$ 处的边界条件，可以得到不同部分的待定系数。这样可以完全确定三部分中的所有场分量。一旦知道场分量，就可以根据时间平均坡印亭矢量 $<S>$ 来表征第三部分中的反向切伦科夫辐射，并且可以推导出单位长度电荷的总辐射能量。从解析表达式中，可以发现当圆形注长度 $2z_0$ 远小于反向切伦科夫辐射的波长时，总辐射能量正比于电子数 N 的平方。这个结果表明，短的电子注的总辐射能量可以被极大地增强，从而使反向切伦科夫辐射易于观测。

3.3.4　圆形注模型的数值计算

为了验证在本节中提到的增强反向切伦科夫辐射，给出了一个典型的例子。在 10.50～10.99GHz 频率范围内，各向异性超构材料表现出"双负"特性。电子速度为 $0.8c_0$，其中 c_0 是自由空间中的光速；ρ_0 和 z_0 分别为 0.1mm 和 2.5mm；由于电子数越少，空间电荷效应就越弱，这里选取 $N = 5.0 \times 10^7$，所以可以忽略空间电荷效应。本例中的电子注长度小于相关辐射电磁波的波长。图 3-29 所示的参数 a 和 b 分别设为 1mm 和 10mm。因此，反向切伦科夫辐射在窄频段 10.50～10.95GHz 内产生。在第三部分中，$<S>$ 的反向辐射特性表明：由于双负材料的各向异性，不同位置处的辐射方向各不相同，如图 3-30 所示。反向切伦科夫辐射角可以通过采用不同的双负材料或改变电子速度而改变。在确定折射率 n 的正或负符号后，根据斯涅耳定律，可以计算在两个媒质不连续性处的坡印亭矢量的反射和传输。

主要影响反向切伦科夫辐射的是谱密度函数 f_i 极点处的峰，如图 3-31 所示。峰的影响随着媒质损耗的减小而增大。也就是说，随着损耗的增加，在辐射频段，峰的数量减少，辐射谱密度变得更加平滑。因此，可以得到在满足同步辐射条件时，对应于峰所在的频率处的最大相干辐射。此外，数值结果表明：正如无界双负材料中的情形一样，电子注的辐射谱密度对各向异性不敏感[24]。

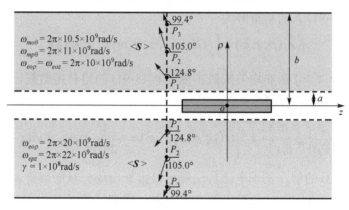

图 3-30 不同位置处的功率流密度

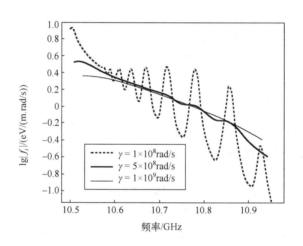

图 3-31 辐射频带上的辐射能量谱密度

电子速度和媒质损耗对单位长度电荷的总辐射能量的影响如图 3-32 所示。总辐射能量是电子速度的递增函数，这是因为增加电子速度时，反向切伦科夫辐射的工作频带就被拓宽。同样，在辐射谱密度中，总辐射能量随损耗的增加而减小。

最后，研究电子注半径 ρ_0 及其长度 $2z_0$ 对总辐射能量的影响。当保持电子注的电荷密度不变时，数值结果分别如图 3-33 (a) 和 (b) 所示。单位长度电荷的总辐射能量随圆形注半径 ρ_0 增大而增大。这是因为电子注半径 ρ_0 增大时，意味着电子数 N 也增大。因此，单位长度电荷的总辐射能量可以被极大增强，这是因为它正比于 N^2。然而，总辐射能量随电子注长度 $2z_0$ 的增加而减小，这使得电子注中电子的辐射越来越不相干。

以上的分析结果表明：与单粒子的情形相比，短电子注的反向切伦科夫辐射更强[8]。例如，当 N 和 γ 分别为 5×10^7 和 $5\times10^8\,\mathrm{rad/s}$ 时，$z_0=2.5\mathrm{mm}$ 和 $\rho_0=0.1\mathrm{mm}$ 的电子注的反向切伦科夫辐射比单粒子的辐射强度增强了 $\sim2.3\times10^{15}$ 倍（接近 N^2）。因此，容易通过使用频谱分析仪等检测到反向切伦科夫辐射。此外，为了进一步提高总辐射能量，双负材料可以工作到更高的频率[8]。

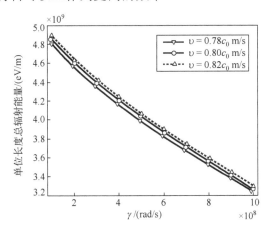

图 3-32　单位长度电荷的总辐射能量在不同的电子速度时与损耗的关系

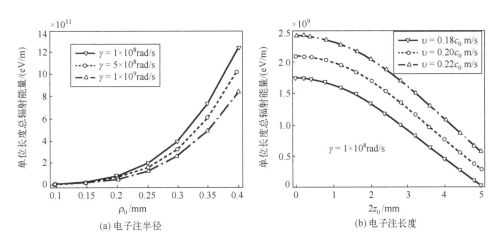

(a) 电子注半径

(b) 电子注长度

图 3-33　圆形注的总辐射能量与电子注半径和长度的关系

参 考 文 献

[1]　Nahin P J. Oliver Heaviside: The Life, Work, and Times of an Electrical Genius of the Victorian Age[M]. Second Edition. Baltimore: Johns Hopkins University Press, 2002: 125-126.

[2] L'Annunziata M F. Radioactivity: Introduction and History, From the Quantum to Quarks[M]. Second Edition. Amsterdam: Elsevier, 2016: 547-548.

[3] Sengupta P. Classical Electrodynamics[M]. New Delhi: New Age International Publishers, 2000: 189.

[4] Marguet S. The Physics of Nuclear Reactors[M]. Berlin: Springer, 2018: 191.

[5] Cherenkov P A. Visible luminescence of pure liquids under the influence of γ-radiation[J]. Doklady Akademii Nauk SSSR, 1934, 2(8): 451-454.

[6] Tamm I Y, Frank I M. Coherent radiation of fast electrons in a medium[J]. Doklady Akademii Nauk SSSR, 1937, 14(3): 107-112.

[7] Bolotovskii B M. Theory of Cerenkov radiation (III)[J]. Soviet Physics Uspekhi, 1962, 4(5): 781-811.

[8] Zrelov V P. Cherenkov Radiation in High-Energy Physics[M]. Jerusalem: Israel Program for Scientific Translations, 1970:1-48.

[9] Jelley J V. Cerenkov radiation and its applications[J]. British Journal of Applied Physics, 1955, 6(7): 227-232.

[10] Chamberlain O, Segrè E, Wiegand C, et al. Observation of antiprotons[J]. Physical Review, 1955, 100(3): 947-950.

[11] Aubert J J, Becker U, Biggs P J, et al. Experimental observation of a heavy particle J[J]. Physical Review Letters, 1974, 33(23): 1404-1406.

[12] Tsimring S E. Electron Beams and Microwave Vacuum Electronics[M]. Eleventh Edition. Hoboken: John Wiley & Sons, 2006: 298.

[13] Hruszowiec M, Nowak K, Szlachetko B, et al. The microwave sources for EPR spectroscopy[J]. Journal of Telecommunications and Information Technology, 2017, 2: 18-25.

[14] Nusinovich G S, Sinitsyn O V, Rodgers J C, et al. Phase locking in backward-wave oscillators with strong end reflections[J]. Physics of Plasmas, 2007, 14(5): 053109.

[15] Duan Z Y, Gong Y B, Wang W X, et al. Effect of attenuation on backward-wave oscillation start oscillation condition[J]. IEEE Transactions on Plasma Science, 2004, 32(6): 2184-2188.

[16] Duan Z Y, Gong Y B, Wei Y Y, et al. Impact of attenuator models on computed traveling wave tube performances[J]. Physics of Plasmas, 2007, 14(9): 093103.

[17] Carusotto I, Artoni M, La Rocca G C, et al. Slow group velocity and Cherenkov radiation[J]. Physical Review Letters, 2001, 87(6): 064801.

[18] Luo C Y, Ibanescu M, Johnson S G, et al. Cerenkov radiation in photonic crystals[J]. Science, 2003, 299(5605): 368-371.

[19] Afanasiev G N, Kartavenko V G, Zrelov V P. Fine structure of the Vavilov-Cherenkov radiation[J]. Physical Review E, 2003, 68(6): 066501.

[20] Liu S G, Zhang Y X, Yan Y, et al. Cherenkov radiation by an electron bunch moving in Hermitian medium[J]. Journal of Applied Physics, 2007, 102(4): 044901.

[21] Chen H S, Chen M. Flipping photons backward: Reversed Cherenkov radiation[J]. Materials Today, 2011, 14(1-2): 34-41.

[22] Smith D R, Padilla W J, Vier D C, et al. Composite medium with simultaneously negative permeability and permittivity[J]. Physical Review Letters, 2000, 84(18): 4184-4187.

[23] Lu J, Grzegorczyk T M, Zhang Y, et al. Čerenkov radiation in materials with negative permittivity and permeability[J]. Optics Express, 2003, 11(7): 723-734.

[24] Duan Z Y, Wu B I, Lu J, et al. Reversed Cherenkov radiation in unbounded anisotropic double-negative metamaterials[J]. Journal of Physics D: Applied Physics, 2009, 42(18): 185102.

[25] Antipov S, Spentzouris L, Liu W, et al. Wakefield generation in metamaterial-loaded waveguides[J]. Journal of Applied Physics, 2007, 102(3): 034906.

[26] Duan Z Y, Wu B I, Lu J, et al. Reversed Cherenkov radiation in a waveguide filled with anisotropic double-negative metamaterials[J]. Journal of Applied Physics, 2008, 104(6): 063303.

[27] Duan Z Y, Wu B I, Lu J, et al. Cherenkov radiation in anisotropic double-negative metamaterials[J]. Optics Express, 2008, 16(22): 18479-18484.

[28] Duan Z Y, Guo C, Chen M. Enhanced reversed Cherenkov radiation in a waveguide with double-negative metamaterials[J]. Optics Express, 2011, 19(15): 13825-13830.

[29] Duan Z Y, Guo C, Zhou J, et al. Novel electromagnetic radiation in a semi-infinite space filled with a double-negative metamaterial[J]. Physics of Plasmas, 2012, 19(1): 013112.

[30] Duan Z Y, Guo C, Guo X, et al. Double negative-metamaterial based terahertz radiation excited by a sheet beam bunch[J]. Physics of Plasmas, 2013, 20(9): 093301.

[31] Averkov Y O, Yakovenko V M. Cherenkov radiation by an electron bunch that moves in a vacuum above a left-handed material[J]. Physical Review B, 2005, 72(20): 205110.

[32] Galyamin S N, Tyukhtin A V, Kanareykin A, et al. Reversed Cherenkov-transition radiation by a charge crossing a left-handed medium boundary[J]. Physical Review Letters, 2009, 103(19): 194802.

[33] Galyamin S N, Tyukhtin A V. Electromagnetic field of a moving charge in the presence of a left-handed medium[J]. Physical Review B, 2010, 81(23): 235134.

[34] Kats A V, Savel'ev S, Yampol'skii V A, et al. Left-handed interfaces for electromagnetic surface waves[J]. Physical Review Letters, 2007, 98(7): 073901.

[35] Duan Z Y, Wu B I, Xi S, et al. Research progress in reversed Cherenkov radiation in double-negative metamaterials[J]. Progress in Electromagnetics Research, 2009, 90: 75-87.

[36] Bliokh Y P, Savel'ev S, Nori F. Electron-beam instability in left-handed media[J]. Physical Review Letters, 2008, 100(24): 244803.

[37] So J K, Won J H, Sattorov M A, et al. Cerenkov radiation in metallic metamaterials[J]. Applied Physics Letters, 2010, 97(15): 151107.

[38] Zhou J, Duan Z Y, Zhang Y X, et al. Numerical investigation of Cherenkov radiations emitted by an electron beam bunch in isotropic double-negative metamaterials[J]. Nuclear Instruments and Methods in Physics Research Section A: Accelerators, Spectrometers, Detectors and Associated Equipment, 2011, 654(1): 475-480.

[39] Kong J A. Electromagnetic Wave Theory[M]. Second Edition. Hoboken: Wiley-Interscience Publication, 1990: 489.

[40] Lu J. Novel electromagnetic radiation in left-handed materials[D]. Cambridge: Massachusetts Institute of Technology, 2006.

[41] Shadrivov I V, Sukhorukov A A, Kivshar Y S. Guided modes in negative-refractive-index waveguides[J]. Physical Review E, 2003, 67(5): 057602.

[42] Ziolkowski R W, Kipple A D. Causality and double-negative metamaterials[J]. Physical Review E, 2003, 68(2): 026615.

[43] Nguyen K T, Pasour J A, Antonsen T M, et al. Intense sheet electron beam transport in a uniform solenoidal magnetic field[J]. IEEE Transactions on Electron Devices, 2009, 56(5): 744-752.

[44] Booske J H, Basten M A, Kumbasar A H, et al. Periodic magnetic focusing of sheet electron beams[J]. Physics of Plasmas, 1994, 1(5): 1714-1720.

[45] Booske J H, Kumbasar A H, Basten M A. Periodic focusing and ponderomotive stabilization of sheet electron beams[J]. Physical Review Letters, 1993, 71(24): 3979-3982.

[46] Smorenburg P W, Root op't W P E M, Luiten O J. Direct generation of terahertz surface plasmon polaritons on a wire using electron bunches[J]. Physical Review B, 2008, 78(11): 115415.

[47] Marqués R, Martín F, Sorolla M. Metamaterials with Negative Parameters: Theory, Design, and Microwave Applications[M]. Hoboken: John Wiley & Sons, 2011.

[48] Moser H O, Jian L K, Chen H S, et al. All-metal self-supported THz metamaterial–the meta-foil[J]. Optics Express, 2009, 17(26): 23914-23919.

[49] Smith S J, Purcell E M. Visible light from localized surface charges moving across a grating[J]. Physical Review, 1953, 92(4): 1069.

[50] Shiozawa T. Classical Relativistic Electrodynamics: Theory of Light Emission and Application to Free Electron Lasers[M]. Heidelberg: Springer, 2004: 130-133.

第4章　反向切伦科夫辐射的实验研究

正如第 1 章所言，反向切伦科夫辐射是左手材料的一种新奇电磁特性[1,2]。自 D. R. Smith 等人首次实现左手材料以来[3]，该领域得到了快速的发展，其中反向切伦科夫辐射也得到了国内外众多学者的广泛研究[4-7]。这种新型的电磁辐射在真空电子学、粒子物理，以及光学等领域具有重要的应用价值[7,8]。

国内外多个研究单位开展了关于左手材料中反向切伦科夫辐射的实验验证工作。最早的可以追溯到 2002 年，加拿大多伦多大学 G. V. Eleftheriades 研究小组提出了一种由共面波导微带传输线构成的左手材料，在 15GHz 频点附近具有负的等效折射率，单元的周期长度约为 0.2λ（λ 为自由空间中的波长），如图 4-1 所示。他们在实验中观测到一种类似于反向切伦科夫辐射的返波现象[9]。

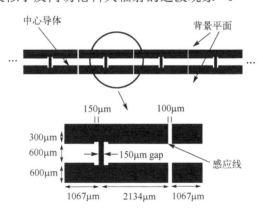

图 4-1　共面波导传输线构成的左手材料示意图

美国麻省理工学院的 J. A. Kong 研究小组 2007 年提出了一种新型的左手材料，用于验证左手材料中的反向切伦科夫辐射[10]。对于 TM 模式，该结构单元在 x 和 y 方向上具有负的等效介电常数，在 z 方向上具有负的等效磁导率。他们利用天线阵列来模拟运动带电粒子辐射的单频电磁波。研究结果表明这种左手材料可以用于反向切伦科夫辐射的实验验证。浙江大学的 S. Xi 等人于 2009 年在美国麻省理工学院 B. I. Wu 等人的工作基础之上，制备出一种左手材料[11]，该左手材料在 8.1～9.5GHz 频率范围内具有负的等效折射率。他们采用相控天线阵列来模拟运动的带电粒子，从而产生全频谱辐射。他们报道在负折射率频率范围内，通过实验观测到了左手材料中的反向切伦科夫辐射。美国加州大学伯克利分校的 S. Zhang 等人在其评述性文章[12]中指出，S. Xi 等人的工作可以认为是负折射率实验的一种特殊情况，更直接的验证反向切伦科夫辐射的方法应该是利用带电粒子与左手材料相互作用，观测其电磁辐射特性。

美国阿贡国家实验室的 S. Antipov 等人在 2008 年提出了一种填充双负材料的矩形波导，如图 4-2(a) 所示，并首次利用电子束脉冲开展实验研究[13]。他们在双负材料的负折射率频带范围内观测到了辐射波信号，为负折射率材料中产生的切伦科夫辐射提供了一些证据。但遗憾的是，他们在实验中并未能确定电磁波的辐射方向。同年，美国洛斯阿拉莫斯国家实验室的 D. Y. Shchegolkov 等人报道了一种在双负材料填充的圆波导中观察反向切伦科夫辐射的方法[14]，但是一直没有公开的实验报道。美国得州大学奥斯汀分校的 N. A. Estep 等人在 2015 年设计了适合于真空环境的左手材料，如图 4-2(b) 所示。他们仅仅开展了传输特性实验[15]，利用 S 参数得到了该结构的色散曲线，证明了在左手材料的负折射率频率范围内，传播的电磁波的相速度与群速度方向相反。但是，他们并没有开展带电粒子直接产生反向切伦科夫辐射的实验工作。

(a) 左手材料

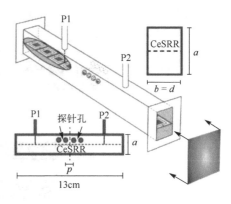

(b) 实验装置的示意图

图 4-2　左手材料和实验装置示意图

上述研究成果有力地推动了反向切伦科夫辐射的实验研究工作。从上述的研究进展中可以发现，采用真实的带电粒子从实验上来验证超构材料中的反向切伦科夫辐射难以成功的原因主要有两点：①带电粒子的高速运动需要高真空环境，没有提出适用于高真空环境的全金属超构材料；②没有提出有效的信号输出装置来提取带电粒子在左手材料中产生的反向切伦科夫辐射信号[16]。

段兆云课题组在 2012 年前后意识到这两个问题后，在他们前期大量理论工作的基础之上(详见本书第 3 章)，开展了卓有成效的探索工作[17-22]，通过与美国麻省理工学院 R. J. Temkin 研究小组和陈敏教授的通力合作，最终创造性地提出了一种全新的平板型全金属超构材料单元[23]，并将其周期加载到空的方金属波导中，构造出一种适合于高真空环境的左手材料；另外，提出了一种适合这种全金属左手材料的同轴信号输出装置，成功检测到带电粒子在超构材料中激励起的反向切伦科夫辐射信号[24]。下面详细介绍反向切伦科夫辐射的实验研究。

4.1　超构材料慢波结构

　　直接利用带电粒子开展实验研究超构材料中的反向切伦科夫辐射，需要观测带电粒子与超构材料的相互作用，其前提条件是创造性地提出一种适合于高真空环境、具有"双负"特性的左手材料。然而，传统的由金属细线和开口谐振环构成的左手材料，需要将金属细线和开口环谐振单元固定在介质基板上，由金属细线阵列实现负的等效介电常数，由开口谐振环阵列实现负的等效磁导率，由此实现"双负"特性[3]。由于介质基底易于放气，难以适应高真空环境，同时基底材料不可避免地存在电磁损耗。因此，这类左手材料并不适用于真空电子器件。

4.1.1　超构材料的等效电磁参数

　　我们与美国麻省理工学院的研究人员合作提出了一种平板型互补电开口谐振环（CeSRR），如图 4-3（a）所示[23]。从中不难看出，该 CeSRR 单元结构具有轴对称特性，在 S 波段易于加工制造。通过将多个 CeSRR 单元沿 z 轴方向周期排列，周期长度为 p，从而构成一个 CeSRR 阵列。将所构建的 CeSRR 阵列内置于空金属矩形波导 y 方向的中间位置，且平行于 x-z 平面，即形成了一种新型的全金属双负超构材料慢波结构，如图 4-3（b）所示，超构材料的结构参数见表 4-1。所谓的慢波结构，就是这种电磁结构能传输相速度低于真空中光速的电磁波。从图 4-3（b）中可以看出，该超构材料慢波结构具有两个天然的带状注通道，当带状注在 CeSRR 阵列表面沿 z 方向运动时，可与 CeSRR 阵列表面的纵向电场相互作用，实现能量的充分交换。

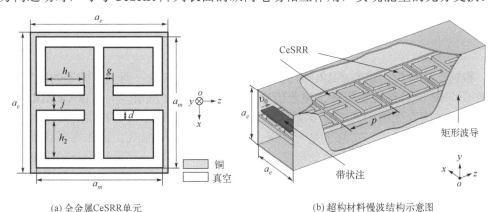

(a) 全金属CeSRR单元　　　　　　　　(b) 超构材料慢波结构示意图

图 4-3　超构材料单元结构和慢波结构示意图

扫码见彩图

表 4-1　超构材料单元结构参数

参数	数值/mm	参数	数值/mm
a_e, p	14.5	a_m	13.5
h_1	4	h_2	4.25
g	1	d	1
j	1.5	t	1.2

该 CeSRR 单元结构的谐振频率约为 3GHz，其对应的自由空间中的波长 λ 约为 10cm。通过对比表 4-1 的数据可知，CeSRR 的单元尺寸远小于自由空间中的波长 λ，约为 $\lambda/7$，即该 CeSRR 具有明显的亚波长特性。根据等效媒质理论[25,26]，利用第 2 章介绍的基于 Kramers-Kronig 关系的 S 参数提取法获得其等效电磁参数[27]，得到 CeSRR 单元的 ε_{zz} 和 μ_{xx} 随频率的变化关系，如图 4-4(a) 所示。从图中可以看出，在谐振频率 3GHz 附近，极化方向为 z 方向的 ε_{zz} 和 μ_{xx} 约等于 1。同理，可得到极化方向为 x 方向的 ε_{xx} 和 μ_{zz} 随频率的变化关系，如图 4-4(b) 所示。从图中可以看出，在谐振频率 3GHz 附近，ε_{xx} 小于 0，μ_{zz} 约等于 1。

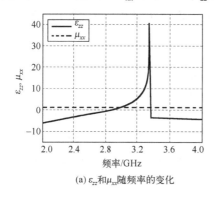
(a) ε_{zz} 和 μ_{xx} 随频率的变化

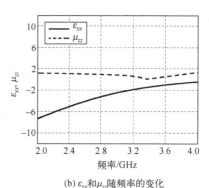
(b) ε_{xx} 和 μ_{zz} 随频率的变化

图 4-4　提取的等效电磁参数

根据上述分析，该 CeSRR 阵列具有负的等效介电常数，而无负的等效磁导率。因为 CeSRR 的对称性使得环上电流所产生的磁响应相互抵消[23]，所以 CeSRR 单元仅具有电响应而无磁响应[28]。文献[23]从理论上预言了该超构材料中所传输电磁波的模式为准 TM 模式，实际上是一种混合模式。对于 TM 模式，工作在截止频率以下的空金属波导可以视为一维的等离子体[29-31]，因此可以计算得到空金属矩形波导的相对等效磁导率随频率的变化曲线（图 4-5 中的黑色虚线）。同时为了便于比较，图 4-5 也给出了 CeSRR 的相对等效介电常数随频率变化的曲线。从图 4-5 中可知，在 2.83～3.05GHz 频率范围内，超构材料具有负的 ε_{xx} 和负的 μ_{eff}。负的 ε_{xx} 来源于 CeSRR 的电响应，负的 μ_{eff} 来源于工作在 TM 模式截止频率以下的空矩形波导。因此，该超构材料慢波结构具有"双负"或"左手"特性，即可以视为一种左手材料。

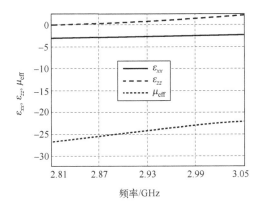

图 4-5　相对等效介电常数 ε_{xx}，ε_{zz} 和相对等效磁导率 μ_{eff} 随频率的变化

4.1.2　超构材料慢波结构的电磁特性

基于上述提出的超构材料慢波结构，下面利用 HFSS 仿真软件研究其电磁特性。HFSS 仿真模型如图 4-6 所示，它由 CeSRR 单元和边长为 a_e 的真空立方体所构成。由于超构材料的 x 和 y 方向实际上是方金属波导的波导壁，因此我们将 x 和 y 方向的端面设置为理想电边界；同时为了模拟超构材料在 z 方向的周期性特点，我们将 z 方向的端面设置为主从边界条件，在主边界和从边界之间设置相移 ϕ。

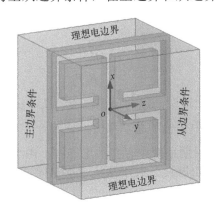

图 4-6　HFSS 高频特性仿真模型

色散特性是表征慢波结构的重要参量，它描述了在该慢波结构中传播的电磁波的相速度随频率的变化关系。这里为了更清楚地反映相速度与群速度的关系，我们采用布里渊图，即频率-相移曲线来描述色散特性。利用上述的 HFSS 仿真模型，对相移进行参数扫描，得到了相移在 $0 \sim 2\pi$ 之间变化时的色散曲线，如图 4-7 中实线

所示。从图中可以看出，该超构材料慢波结构的零次空间谐波具有返波特性，即相速度与群速度的方向相反，这表明电子注激励起的电磁波的传播方向与电子注的运动方向相反，这与反向切伦科夫辐射的特征一致。工作点选择在 CeSRR 的谐振频率 3GHz 附近，其对应的电压约为 160kV，即图中三角虚线所示的电子注线。方块虚线则对应 99.7kV 电子注线。

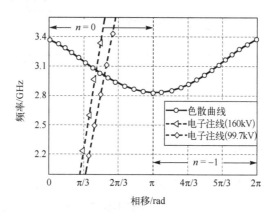

图 4-7　超构材料慢波结构的色散特性曲线

耦合阻抗是表征慢波结构的另一个重要参量，它表征了电子注与慢波结构中的高频场互作用的强度。根据耦合阻抗的定义[32,33]，对于基模零次空间谐波，得到耦合阻抗 K_c 的表达式为：

$$K_c = \frac{|E_{z0}|^2}{2\beta_0^2 P_w} \tag{4-1}$$

其中，$|E_{z0}|$ 为基模零次空间谐波的纵向电场幅值，$\beta_0 = \varphi / p$ 是基模零次空间谐波的相位常数，P_w 为慢波结构中传输的总功率流。

由弗洛奎定理可知：周期系统中存在的电磁波，由于其结构上具有周期性，因此可以分解为无穷多个空间谐波。对于基模零次空间谐波的纵向电场 E_{z0}，具有如下的表达式[33]：

$$E_{z0} = E_z(x, y, z) \mathrm{e}^{-\mathrm{j}\beta_0 z} \tag{4-2}$$

在一个周期 p 内，对 E_{z0} 求平均，有：

$$E_{z0} = \frac{1}{p} \int_0^p E_z(x, y, z) \mathrm{e}^{-\mathrm{j}\beta_0 z} \mathrm{d}z = \frac{1}{p} \int_0^p \left[\mathrm{Re}(E_z) + \mathrm{j}\mathrm{Im}(E_z)\right] \mathrm{e}^{-\mathrm{j}\beta_0 z} \mathrm{d}z \tag{4-3}$$

对式 (4-3) 中 E_{z0} 的模取平方，可得：

$$|E_{z0}|^2 = \left\{ \frac{1}{p} \int_0^p \left[\mathrm{Re}(E_z)\cos(\beta_0 z) + \mathrm{Im}(E_z)\sin(\beta_0 z) \right] \mathrm{d}z \right\}^2$$
$$+ \left\{ \frac{1}{p} \int_0^p \left[\mathrm{Re}(E_z)\sin(\beta_0 z) - \mathrm{Im}(E_z)\cos(\beta_0 z) \right] \mathrm{d}z \right\}^2 \tag{4-4}$$

此外，慢波结构中传播的总功率流为：

$$P_w = \iint_S \mathrm{Re}(S_z)\mathrm{d}S \tag{4-5}$$

其中，$\mathrm{Re}(S_z)$ 为坡印亭矢量 $\boldsymbol{S}$ 的 z 分量的实部。

通过仿真计算出慢波结构中的电场和功率流，并结合色散曲线，利用式(4-1)，使用 MATLAB 软件便可计算得到耦合阻抗随频率的变化关系。为了更好地反映出电子注与慢波结构中电磁场的互作用程度，通常情况下采用慢波结构中电子注横截面上的平均耦合阻抗来表征注波互作用的程度。在没有特别说明的情况下，本章提到的耦合阻抗均指平均耦合阻抗的绝对值。

对于具有表 4-1 参数的超构材料慢波结构，以横截面尺寸为 12mm×2mm 的矩形截面带状注为例，通过分别计算横截面上 9 个黑点位置处的耦合阻抗(图 4-8 的内插图所示)，再求其算术平均值，即得到平均耦合阻抗，如图 4-8 所示。从图中可以看出，超构材料慢波结构的平均耦合阻抗大于 750Ω，远大于 S 波段的普通螺旋线慢波结构(100~200Ω)[32,34] 和耦合腔慢波结构(300~400Ω)[35] 的耦合阻抗。这是因为 CeSRR 单元的谐振特性使得 CeSRR 表面具有很强的纵向电场分量[23]。通过以上分析发现，作为一种新型的慢波结构，超构材料慢波结构具有一些显著优点：①全金属结构，具有高真空和高功率容量特性；②小型化，这是因为 CeSRR 的亚波长特性以及空方金属波导工作在截止频率以下的特点所决定的[36,37]；③高耦合阻抗，这是因为 CeSRR 的强谐振特性导致出现局部电场增强效应；④微波频段加工简单。

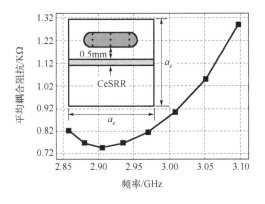

图 4-8　超构材料慢波结构的平均耦合阻抗随频率的变化曲线

4.2 带状注的产生和传输

带状电子注，简称带状注，是指束流截面近似为矩形或椭圆形的电子注，且具有大的宽高比。相对于传统的圆形电子注（简称圆形注），带状注具有很多优点，例如大电流和大互作用面积等。采用带状注作为电子源的真空电子器件在功率、效率、增益及小型化等方面具有显著优势。带状注的引入为真空电子器件的发展提供了一条新路径，深受研究人员的青睐。带状注现已成功应用于高频段如 W 波段和 G 波段的真空电子器件中[38]。

4.2.1 带状注电子枪

为保证带状注真空电子器件的性能优势，带状注的产生至关重要。带状注的产生主要有两种，分别为直接法和间接法[38]。直接法即直接利用电子枪产生带状注，无需额外部件的辅助。其通过利用圆形截面阴极或直接利用近似矩形或椭圆形截面阴极，在热发射机理和空间电荷限制下，直接发射出平面对称的带状电子流。通过将传统皮尔斯电子枪的聚焦极开口形状设计为矩形或椭圆形，利用阴极与聚焦极之间的静电场对带状电子流进行压缩，最终得到具有高电流密度的带状注[39]。间接法是指在常规圆形注电子枪后端增加束流转换部件，利用束流转换部件中的磁体对圆形注进行压缩，从而得到高椭圆率的带状注。具有代表性的压缩方式有两种，分别为磁四极子压缩[40]和椭圆螺线管压缩[41]。

在反向切伦科夫辐射的实验验证工作中，应用矩形截面石墨阴极来产生带状注[42]。详见本章第 4.4.4 节中的介绍。

4.2.2 带状注在超构材料慢波结构中的传输

由于带状注在均匀轴向磁场聚焦下的传输不稳定性[43]，其相关的研究一直未得到充分的重视。直到 20 世纪 90 年代后，带状注才逐渐得到关注，其主要原因是：①PCM（periodic cusped magnet）磁聚焦系统被发现能有效聚焦带状注[44-46]；②研究发现提高带状注的高度填充比可以有效地抑制带状注传输不稳定性[47,48]；③带状注具有更大的互作用区域，有利于改善器件性能，如器件功率、效率、增益等[38]。但是，带状注在传输过程中易出现 Diocotron 不稳定性[49,50]，难以保持长距离稳定的传输，从而导致带状注的技术优势难以发挥。因此，合理的聚焦方式极为重要，通常采用磁场聚焦带状注。常见的磁聚焦方式有均匀磁场聚焦[51]和周期磁场聚焦。其中，周期磁场聚焦方式主要包括周期摇摆磁场（Wiggler 磁场）[52]和周期会切磁场（PCM 磁场）[44]，而 PCM 磁场又包括多种改进型结构[38]。

　　在均匀轴向磁场与空间电荷场水平分量的共同作用下，带状注在传输的过程中会逐渐扭曲变形[38]，如图 4-9 所示。扭曲程度可以利用带状注边缘附近的竖直偏移量 Δx 来描述[53]：

$$\Delta x = \frac{\left| E_{y\max} \right|}{B_z} \frac{L}{\upsilon_z}　　　　(4-6)$$

其中，B_z 表示轴向均匀磁场的磁感应强度大小，L 表示带状注的传输距离，υ_z 表示带状注轴向速度，$\left| E_{y\max} \right|$ 表示带状注边缘的空间电荷场水平分量。

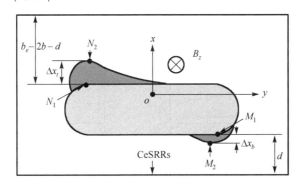

图 4-9　带状注在均匀轴向磁场聚焦下的不稳定性示意图

　　由于在实际的带状注传输过程中，竖直偏移量一般较小。因此，可以认为带状注从 M_1 变化到 M_2（或者 N_1 变化到 N_2）的过程中，空间电荷场水平分量近似地保持不变。于是，将 M_1 和 N_1 点的空间电荷场带入式(4-6)，分别得到带状注边缘上表面的 Δx_t 和下表面的 Δx_b：

$$\Delta x_t = \frac{\left| E_{yt}(N_1) \right|}{B_z} \frac{L}{\upsilon_z}　　　　(4-7)$$

$$\Delta x_b = \frac{\left| E_{yb}(M_1) \right|}{B_z} \frac{L}{\upsilon_z}　　　　(4-8)$$

　　选取传输距离 L=145mm，利用式(4-7)和式(4-8)可计算得到竖直偏移量与轴向磁感应强度以及 d 的变化关系。图 4-10(a)、(b)、(c)分别为 d=0.3mm，d=0.5mm，d=0.7mm 的三种计算结果。从图中可以看出，在 d 不变的情况下，轴向磁感应强度增加将导致竖直偏移量减小，即带状注的传输不稳定性得到了一定的抑制。然而在实际的器件中，增大磁场意味着增加螺线管磁聚焦系统的电流，即增大能耗，从而降低器件的总效率，因此应综合考虑磁场的增大。另外，通过对比图 4-10(a)、(b)、(c)中的黑色曲线可知，当轴向磁感应强度相同时，带状注的竖直偏移量随着 d 的减小而减小。这是因为减小 d 将降低带状注空间电荷场的水平分量的绝对值。该结果

说明减小 d 在一定程度上也能抑制带状注的传输不稳定性。此外，从文献[23]可知，越接近 CeSRR 阵列表面，超构材料慢波结构中的纵向电场越强，即越有利于注波互作用。因此，在采用该超构材料慢波结构的器件中，减小 d 不仅有利于带状注的传输，而且有利于提高器件的效率。然而，d 也不是越小越好。这是因为在实际器件中，由于加工精度以及装配误差等原因，如果 d 太小，很有可能导致带状注直接被 CeSRR 阵列截获，使得带状注的流通率大大降低。综合考虑，这里将 d 设为 0.5mm。

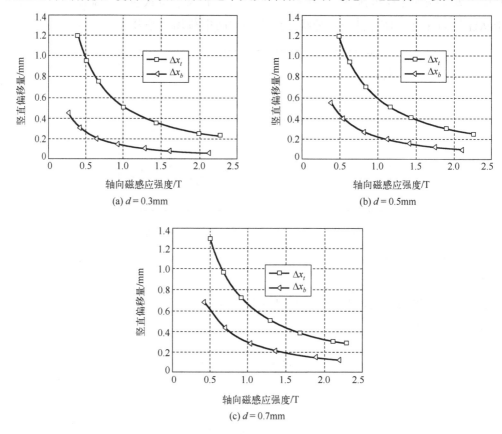

图 4-10 带状注边缘的竖直偏移量随轴向磁感应强度的变化

为了验证上述计算的正确性，在 CST 中建立了如图 4-11(a)所示的仿真模型，模拟在均匀轴向磁场下带状注的传输过程。图中坐标系的 y-z 平面为 CeSRR 阵列上表面。在该模型中，宽 12mm 和高 2mm 的圆角矩形阴极用于产生如图 4-11(b)所示的带状注；CeSRR 阵列加载空方波导构成的超构材料慢波结构长 L=145mm(共有 10 个 CeSRR 周期长度)。如上所述，带状注与 CeSRR 阵列的间距 d=0.5mm。带状注的注电压和注电流分别设置为 160kV 和 100A。

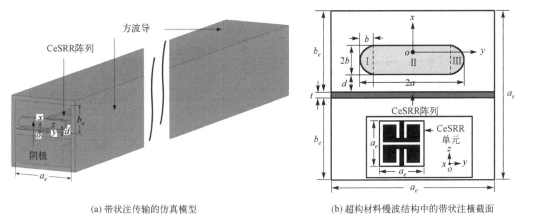

(a) 带状注传输的仿真模型　　　　　　　(b) 超构材料慢波结构中的带状注横截面

图 4-11　带状注在超构材料慢波结构传输的仿真模型和带状注截面示意图

利用上述设置，仿真得到带状注在超构材料慢波结构中的电子轨迹，如图 4-12 所示。从图中可以看出，带状注未被调制。同时，在传输过程中，带状注速度只有微小的变化，这也符合理论分析中将带状注轴向速度近似看作常数。

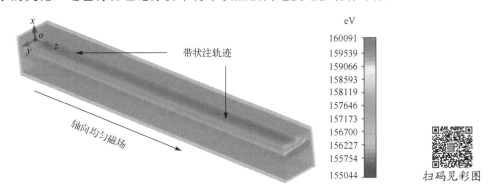

图 4-12　带状注的电子轨迹

为了更清楚地观察传输过程中带状注的扭曲情况，需要监测带状注传输的起点（$z=0$）和终点（$z=145$mm）位置处的横截面形状。当均匀轴向磁场的磁感应强度为 1T 时，分别仿真得到 $d=0.3$mm，$d=0.5$mm 和 $d=0.7$mm 时的带状注横截面形状，如图 4-13（a）、（b）、（c）所示。从图中可以看出，当传输到 145mm 时，三种情况下带状注都有不同程度的扭曲变形。为了更好地和理论计算结果对比，我们将仿真和理论得到的竖直偏移量列于表 4-2 中。通过对比不难发现，仿真结果进一步验证了理论分析：即增大轴向磁感应强度和减小 d 均能减小带状注的竖直偏移量，从而在一定程度上抑制带状注的传输不稳定性。同时应注意到，仿真结果与理论结果也并非完全一致，这种差异来源于理论中的近似处理与仿真中的计算误差。

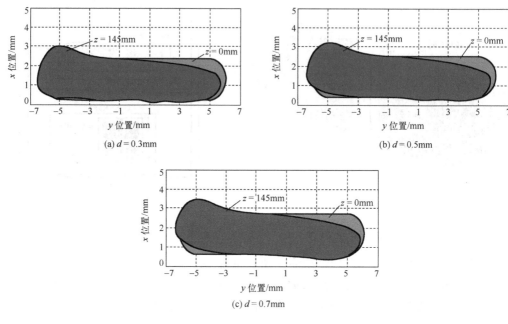

(a) $d = 0.3$mm

(b) $d = 0.5$mm

(c) $d = 0.7$mm

图 4-13　带状注的横截面形状

表 4-2　理论和仿真结果的对比

参数	结果			
B_z/T	1	1	1	2
d/mm	0.3	0.5	0.7	0.7
仿真 Δx_t/mm	0.60	0.67	0.70	0.33
理论 Δx_t/mm	0.50	0.58	0.64	0.32
仿真 Δx_b/mm	0.11	0.18	0.25	0.15
理论 Δx_b/mm	0.13	0.21	0.29	0.14

　　为了进一步研究超构材料慢波结构中的 CeSRR 阵列对带状注传输的影响,一方面,保持轴向磁感应强度为 1T 不变,将 d 增大至 2.325mm,即带状注中心与上带状注通道的中心重合,得到带状注横截面形状如图 4-14(a)所示。该结果进一步说明带状注的扭曲程度将随着 d 的增加而增大。另一方面,保持轴向磁感应强度为 1T 和 $d=0.5$mm 不变,去掉 CeSRR 阵列,仿真得到 $z=145$mm 时带状注横截面形状,如图 4-14 中的浅灰色部分所示。从图中可知,随着 CeSRR 阵列的去除,带状注的不稳定性也将增大。另外,在这种情况下,同时大幅度减小轴向磁感应强度至 0.2T,得到 $z=145$mm 时带状注横截面形状,如图 4-14(b)中的深灰色部分所示。由图可知,带状注的传输不稳定性急剧增加。

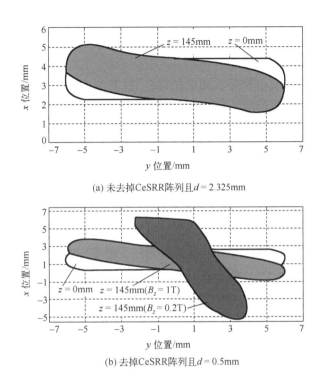

(a) 未去掉CeSRR阵列且$d = 2.325$mm

(b) 去掉CeSRR阵列且$d = 0.5$mm

图 4-14　带状注的横截面形状

为了进一步验证上述结论的正确性，在 $L=145$mm，B_z =1T，$d=0.5$mm 的条件下，分别在不同的带状注参数下进行了理论计算和仿真模拟。这里给出两组不同的带状注参数：例 A 中，$U=200$kV，$I=150$A，$a=6.5$mm，$b=1.3$mm；例 B 中，$U=140$kV，$I=80$A，$a=5.5$mm，$b=0.8$mm。

理论和仿真结果见表 4-3。通过对比表中的数据可知，两组例子中的理论和仿真结果吻合良好，从而进一步表明上述理论分析的正确性。

表 4-3　例 A 和例 B 的理论和仿真结果对比

参数	例 A	例 B
Φ_0 /V	−251	−205
仿真 Δx_t /mm	0.83	0.60
理论 Δx_t /mm	0.85	0.52
仿真 Δx_b /mm	0.19	0.21
理论 Δx_b /mm	0.22	0.22

4.3　反向切伦科夫辐射的仿真分析

4.1 节通过利用经典组合及其拓展法,将一种新型的全金属平板型超构材料单元结构(CeSRR)与空方波导结合,实现了一种适合于高真空环境的左手材料,并研究了其电磁特性。4.2 节提出了一种新型的带状注电子枪,并分析了带状注的传输特性。在此基础之上,本节分析真实的带电粒子(此处为带状注)与左手材料相互作用,从而激发反向切伦科夫辐射的物理机理。

4.3.1　注波互作用

利用 CST 模拟研究了带状注与超构材料的注波互作用特性。在传输与反射特性的仿真基础上,增加了阴极(用于产生真实的自由电子,即带状注)和收集极(用于回收完成互作用的剩余电子),得到注波互作用的仿真模型,如图 4-15 所示。在仿真设置中,将 x、y 和 z 方向除去波端口的位置均设置为理想电边界。为了保证仿真条件尽可能地与实验条件相吻合,在仿真中做了如下的处理:①将带状注和超构材料区域的网格进行加密;②通过考虑金属损耗来模拟实验部件的表面粗糙度以及装配误差带来的影响;③将总轴向磁感应强度导入该注波互作用模型中。另外,带状注电压设置为 160kV,阴极发射的带状注电流设置为 1.55kA,上升沿时间为 5ns。

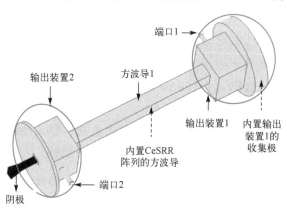

图 4-15　注波互作用的 CST 仿真模型

在设置好仿真模型后,进行注波互作用分析。得到端口 2 和端口 1 上归一化信号电压随时间的变化,如图 4-16(a)所示。进一步将信号进行处理,得到信号的峰值输出功率随时间的变化,如图 4-16(b)所示。由图可知,端口 2 的峰值输出功率达到了兆瓦量级,而端口 1 的峰值输出功率则远小于端口 2。对时域信号进行快速傅里叶变换,得到两个端口信号的频谱图,如图 4-16(c)所示。

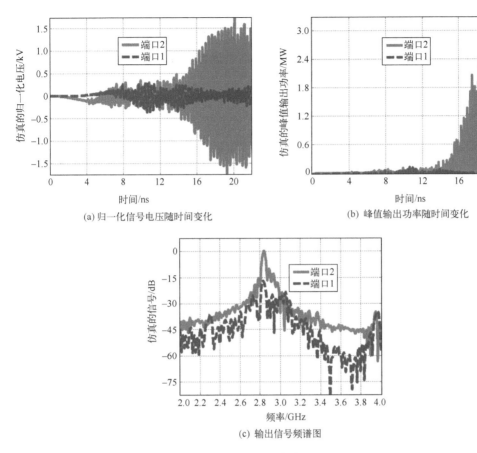

(a) 归一化信号电压随时间变化

(b) 峰值输出功率随时间变化

(c) 输出信号频谱图

图 4-16   仿真结果

从图 4-16 可以看出，端口 2 的信号频率约为 2.836GHz，端口 1 的信号频率约为 2.829GHz，频率偏差仅为 7MHz。因此，在仿真计算误差可接受的范围内，两个端口信号的频率可以认为是相同的。这个信号是在带状注的速度略大于电磁波的相速度时，才能产生的。如果改变带状注的电压，使之不满足此条件，该信号就不会产生。此事实表明这个电磁辐射是切伦科夫辐射。

为了确定这个切伦科夫辐射信号的传播方向，在仿真中分析了超构材料中的归一化功率流沿 z 轴的分布。如图 4-17(a)所示给出了 20ns 时刻，归一化功率流在轴线([x=0，y=2.1mm，z=−50mm], [x=0，y=2.1mm，z=350mm])上的分布情况。从图中可以看出，信号归一化功率流幅值沿着与带状注运动的反方向逐渐增加，说明产生的信号传播方向与带状注的运动方向相反。这个结果表明此切伦科夫辐射具有"反向"特性。

此外，还仿真研究了描述反向切伦科夫辐射的一个重要参数，即切伦科夫辐射角。通过仿真监测超构材料中不同位置上的信号辐射方向，我们得到不同位置上的切伦科夫辐射角，如图 4-17(b)所示。从图中可知，切伦科夫辐射角随位置变化而变化，且大于 150°。以上现象表明，该左手材料是各向异性的，其中传播的电磁波的相速度和群速度的方向并非完全相反，而是近似相反。该现象揭示出各向异性左手材料中反向切伦科夫辐射的基本物理特性。

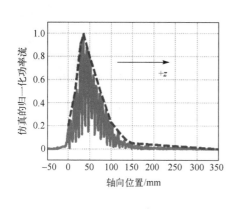

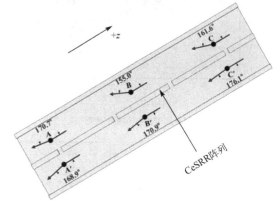

(a) 归一化功率流沿z轴的分布　　　　　(b) 切伦科夫辐射角随位置的变化

图 4-17　仿真结果

4.3.2　超构材料中的模式分析

在第 2 章中，利用 Drude 模型分析工作在截止频率以下的矩形波导的等效磁导率时需要满足一个重要前提条件，即超构材料中电磁波的传输模式为准 TM 模式。如果传播模式为准 TE 模式，则空矩形波导可以视为具有负等效介电常数的超构材料，由于准 TE 模式的纵向电场很弱，这不利于进行有效的注波互作用。因此，分析超构材料中电磁波的传播模式显得非常重要。

文献[23]从理论上分析了该超构材料中的模式为准 TM 模。为了进一步说明其合理性，我们利用 CST 粒子工作室仿真分析了超构材料中的电磁场分布情况。图 4-18(a) 和(b) 分别为超构材料中电场和磁场在 x=0mm 平面上的分布情况。从图中可以看出，电场具有明显的 z 分量而磁场的 z 分量几乎为 0。该事实说明了该超构材料中传输的电磁波模式确实为准 TM 模。另外，为了证明该超构材料的等效电磁参数，利用仿真分析了真实左手材料中的电磁场分布。基于此，利用 CST 微波工作室建立了一种左手材料模型，模型中左手材料的介电常数和磁导率采用了图 4-5 中的结果。仿真得到该左手材料中的电场和磁场在 x=0mm 平面上的分布情况，分别如图 4-18(c) 和(d)所示。

通过对比图 4-18(a)、(b) 和图 4-18(c)、(d)，不难发现，基于等效媒质的左手材料中的电磁场分布与所提出的超构材料中的电磁场分布类似。因此，其电磁波传播模式也为准 TM 模。该仿真结果进一步证实了此超构材料可以视为一种左手材料。

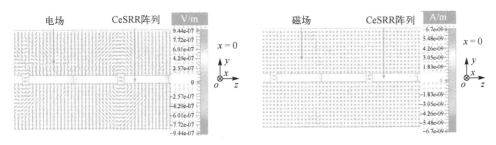

(a) 所提出超构材料中的电场分布　　　　　　　(b) 所提出超构材料中的磁场分布

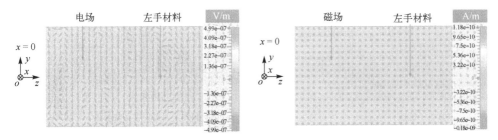

(c) 基于等效媒质的左手材料中的电场分布　　　　(d) 基于等效媒质的左手材料中的磁场分布

图 4-18　真实的超构材料和基于等效媒质的左手材料中的电磁场分布

扫码见彩图

4.3.3　结果分析与讨论

根据图 4-16 并结合色散曲线，不难发现所产生的信号频率低于 160kV 电压线对应的频率，说明实际进行注波互作用的注电压要低于 160kV。通过分析，发现主要由以下两个原因所致：①有效注波作用需要满足同步条件，即带状注速度应略大于电磁波相速[33]，因而导致信号频率偏低；②当带状注从阴极发射出来到达超构材料的入口处的这段空间中，在自身空间电荷场的作用下，自身电压会降低，这是所谓的电压下垂效应[54]，从而使得实际进行互作用的带状注电压会低于设定值 160kV，导致信号频率下降。为此，仿真分析了超构材料入口处带状注的实际电压。带状注在进入超构材料前电子轨迹分布如图 4-19(a) 所示，带状注离开阴极表面后，在传输的过程中，动能有一定程度的降低。

为了定量分析参与注波互作用的带状注的实际动能，为此导出了超构材料入口处带状注截面的速度数据，得到了不同速度的电子所占的比例，如图 4-19(b) 所示。图中的横坐标表示用真空中光速归一化的电子速度。可用如下公式计算带状注的平均速度 $\langle \boldsymbol{v}_0 \rangle$：

$$\langle \boldsymbol{v}_0 \rangle = \frac{1}{N} \sum_{n=1}^{N} \upsilon_n \hat{\boldsymbol{z}} \tag{4-9}$$

其中，N 为入口处带状注截面的总电子数，υ_n 为第 n 个电子的速度。这样，得到超构材料入口处的带状注的平均动能为 99.7keV，即实际参与注波互作用的带状注的注电压应为 99.7kV。上述分析表明：实际进行注波互作用的带状注电压从设定值 160kV 降到了 99.7kV，所激发产生的反向切伦科夫辐射信号的频率低于色散曲线中 160kV 电子注线与色散曲线的交点所对应的频率。

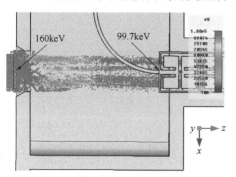

(a) 电子轨迹

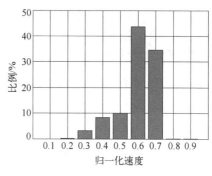

(b) 超构材料入口处电子速度分布　　扫码见彩图

图 4-19　带状注电压下垂示意图

另外，为了证明图 4-15 中的输出端口同轴线能够承受所产生的输出功率，分别从场击穿和热击穿两方面分析了该同轴线的承受能力。

同轴线上的传输功率和场强的关系为[33]：

$$P = E^2 \frac{\pi \sqrt{\varepsilon_r} r_{cli}^2}{\sqrt{\mu_0 / \varepsilon_0}} \ln\left(\frac{r_{clo}}{r_{cli}}\right) \tag{4-10}$$

输出端口同轴线的相关参数如下：同轴线的内半径 r_{cli} =0.6mm；同轴线的外半径 r_{clo} =2.7mm；同轴线中的支撑介质为聚四氟乙烯，其相对介电常数为 ε_r = 2.1。另外，由文献[55]可知，聚四氟乙烯的击穿场强范围为 25～40kV/mm。以击穿场强为 25kV/mm 为例，计算得到该同轴线的击穿功率约为 4MW。对比可知，该击穿功率大于仿真得到的输出功率。因此，输出端口同轴线不会发生场击穿现象。

另外，由于实验中采用的带状注为单脉冲且脉宽为纳秒量级，因此信号峰值输出功率所产生的热量仅为毫焦耳量级，不会发生热击穿现象。综上所述，输出端口同轴线能承受上述峰值输出功率。

4.4　反向切伦科夫辐射的实验验证

在 4.3 节所介绍的带状注与超构材料慢波结构互作用的基础之上，分别加工制作带状注电子枪、超构材料慢波结构、输出装置、螺线管磁聚焦系统以及收集极，然后完成整个实验装置的装配和建立测试平台，完成测试工作。下面分别介绍。

4.4.1　实验装置和实验平台

为了采用真实的带电粒子验证反向切伦科夫辐射是否存在,建立了如图 4-20(a)所示的实验装置。从图中可以看出,该装置包括了阴极、螺线管磁聚焦系统、超构材料慢波结构、两个输出装置和收集极。本实验的工作原理为:带状注由阴极发射后,在螺线管磁聚焦系统产生的均匀轴向磁场的聚焦下,顺利通过超构材料慢波结构的电子注通道,其间与轴向电场进行互作用,当满足产生反向切伦科夫辐射的同步条件时,就会激发出相干的电磁辐射,该电磁辐射将由输出装置 2(其端口命名为端口 2)或输出装置 1(其端口命名为端口 1)输出。最后,互作用完了的剩余电子被收集极回收。

阴极与特斯拉变压器的内导体连接,用于产生所需的带状注。阴极发射面的横截面形状为矩形,截面尺寸为 12mm×2mm。螺线管用于产生聚焦带状注的均匀轴向磁场,由具有法兰盘的圆柱形支撑筒和绕制在其外表面的线圈所构成。螺线管的一端与特斯拉变压器连接,另一端与挡板紧密连接。超构材料慢波结构由 20 个周期的 CeSRR 阵列和空方波导 SW1 构成,是发生注波互作用的场所。近阴极端的输出装置和近收集极端的输出装置可用于输出产生的电磁辐射,其局部放大图分别如图 4-20(b) 和(c)所示。收集极为长方体,尺寸为 55mm×55mm×20mm。

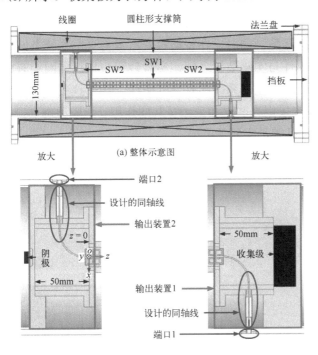

扫码见彩图

图 4-20　实验装置

此外，加工了阴极组件和收集极，分别如图 4-21(a) 和 (b) 所示。阴极组件包括阴极棒、阴极板和阴极；阴极棒的材料为不锈钢，阴极板的材料为硬铝，阴极的材料为石墨；阴极棒用于连接特斯拉变压器的内导体。收集极设计为平板型，由石墨制成，其上有两个通孔，用于将收集极固定于输出装置 1 中的深槽内。

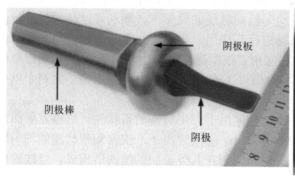 

(a) 阴极组件　　　　　　　　　　　　　　(b) 收集极

图 4-21　加工的零部件

搭建了如图 4-22 所示的实验平台，它由特斯拉变压器、真空系统、连接部件、实验部件、挡板等共同组成。连接部件作为连接特斯拉变压器和实验装置的过渡结构，用于保证整个系统的匹配。同时，在特斯拉变压器与真空系统之间、真空系统与连接部件之间、连接部件与实验装置之间、实验装置与挡板之间均有凹槽，分别放置有橡胶密封圈，用于保证整个系统的真空气密性。特斯拉变压器的工作电压约为 140～180kV；真空系统采用直联泵和分子泵共同作用，形成动态真空环境，其真空度可达 3.8×10^{-4}Pa，可以满足实验的需要。

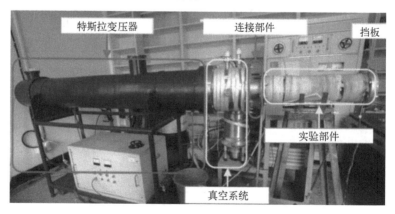

图 4-22　实验平台

4.4.2　输出装置的设计与传输特性分析

为了开展反向切伦科夫辐射的实验研究工作，需要合适的输出装置来馈出所产生的微波信号。为此，提出了一种新型的同轴输出装置[16]。为了研究具有该输出装置的超构材料的传输特性和反射特性，利用 CST 微波工作室建立了如图 4-23(a)所示的仿真模型，其在 y=0 平面的剖面图如图 4-23(b)所示。从图中可以看出，该仿真模型包括超构材料慢波结构、输出装置 1 和输出装置 2。

两个输出装置都包括一个波导组件和同轴组件。波导组件包括四分之一个 CeSRR 单元和一个短波导，横截面尺寸为 60mm×60mm，轴向长度为 50mm；同轴组件为一段同轴线，其内导体是一个 90°弧形探针，探针的外半径为 0.6mm，其外导体的内半径为 2.7mm，中间填充介质为聚四氟乙烯，其相对介电常数为 2.1，损耗角正切为 0.0002。两个输出装置不同点在于：输出装置 2 前端有一个方孔，作为预留的带状注通道，输出装置 1 的末端有一个预留的深槽，用于安装收集极。

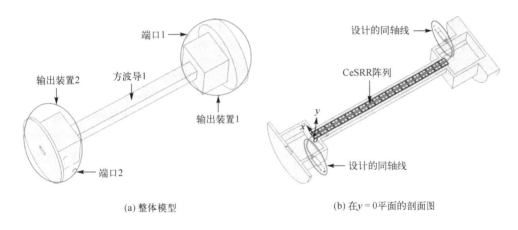

(a) 整体模型　　　　　　　　　(b) 在 y = 0 平面的剖面图

图 4-23　传输与反射特性的仿真模型

利用上述的仿真模型，对端口 1 和端口 2 之间的传输特性开展了仿真研究，模拟结果如图 4-24 所示。从图中可以看出，该装置在 2.83～3.05GHz 范围内有一个传输通带，在该通带内具有良好的传输特性和较小的反射损耗，例如，在 2.85GHz 频点附近，S_{12} 的幅值为约为-4dB，S_{22} 的幅值约为-10dB。因此，当激发的反向切伦科夫辐射信号由其中一个端口输出时，在另一个端口将会有很小的反射信号输出。上述研究为辨别反向切伦科夫辐射信号提供了一个重要依据，即信号大的端口输出的信号为反向切伦科夫辐射信号。

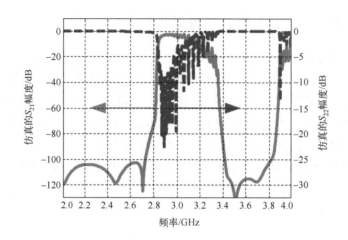

图 4-24　仿真得到的传输与反射的幅值随频率的变化

为了验证仿真结果的正确性，开展了传输特性与反射特性的实验工作。实验部件如图 4-25(a)所示。为便于加工，将输出装置 1 分成了挡板 1、方波导 2、法兰以及同轴线；将输出装置 2 分成了挡板 2、方波导 2、法兰以及同轴线。图中的 CeSRR 阵列、方波导 1、方波导 2、挡板 1、挡板 2 以及法兰的材料均为无氧铜。需要说明的是，CeSRR 阵列为实验装置的核心部件，其尺寸参数的变化对实验结果尤其是辐射频率的影响较大。因此，需采用高精度的加工方式来制作 CeSRR 阵列，尽可能地保证实验加工的 CeSRR 阵列尺寸与仿真模型中的一致。

利用上述加工方法制备出实验部件并进行精密装配。首先，在方波导的两端各嵌入一个法兰盘，通过钎焊进行固定；其次，利用螺钉将方波导 2 与法兰盘连接固定；然后，将 CeSRR 阵列固定，并利用锡焊焊接的方式，将所设计的同轴线的内导体与 CeSRR 阵列连接，同时装配上所设计的同轴线的外导体和填充介质；最后，将方波导嵌入挡板 2 和挡板 1，并使用适合于真空环境的 AB 胶黏合，从而完成装配工作。装配好后的测试装置如图 4-25(b)所示。需要注意的是，经过实验测定，少量的 AB 胶以及锡焊不会破坏整个系统的真空度。

完成装配后，建立如图 4-26 所示的测试平台，使用矢量网络分析仪 N5230A 测试了该实验装置的传输和反射特性。

传输特性实验分为三步开展：第一，对该矢量网络分析仪在 2～4GHz 频率范围内进行标准件校准；第二，将待测装置的两个端口与矢量网络分析仪进行连接；第三，开展测试，并从矢量网络分析仪中导出测试数据。

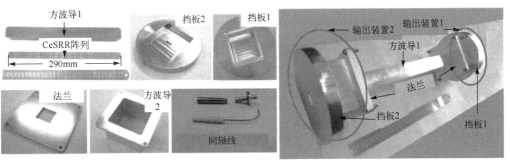

(a) 加工部件   (b) 测试装置

图 4-25 传输特性与反射特性的实验研究

扫码见彩图

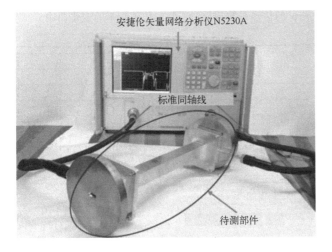

图 4-26 传输特性与反射特性的实验测试平台

扫码见彩图

对实验数据进行处理后，得到了 S 参数幅值随频率的变化曲线，如图 4-27 所示。通过对比实验结果与仿真结果后发现，虽存在细微差异，但两者吻合良好。这些差异主要来源于仿真模拟中网格划分等导致的计算误差、实验加工误差、装配误差等使得测试装置与仿真模型的尺寸存在偏差以及实验测试中不可避免的测试误差等。仿真和实验结果表明：①该装置具有 2.83～3.05GHz 的传输通带，该通带展示了超构材料的"左手"特性；②该装置在通带内具有良好的传输特性和较小的反射特性，有利于区分真正的反向切伦科夫辐射信号和其反射信号。该装置为下一步研究反向切伦科夫辐射奠定了基础。

根据前面的仿真和实验结果，也可以分别得到超构材料慢波结构的传输相移随频率的变化曲线，如图 4-28(a)和(b)所示。

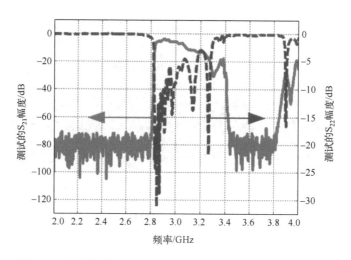

图 4-27　测试的传输系数与反射系数幅值随频率的变化曲线

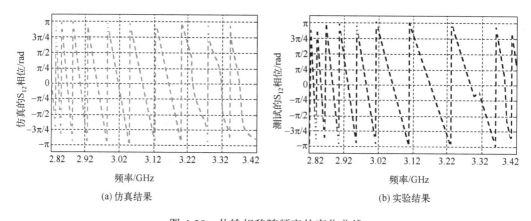

(a) 仿真结果　　　　　　　　　　　　　　　(b) 实验结果

图 4-28　传输相移随频率的变化曲线

以图 4-28(a)中的仿真结果为例，说明如何从传输系数的相位中得到色散曲线。首先，通过 CST 微波工作室，可以得到传输相移的另一种表示方式，如图 4-29(a)所示。在该方法中，传输相移是连续的而不是在 -π 到 π 之间变化；其次，将图 4-29(a)的传输相移除以 CeSRR 阵列的周期数 20，得到单周期 CeSRR 的传输相移随频率的变化，如图 4-29(b)，由图可知该相移在 -π 到 0 之间变化；最后，为了与 HFSS 软件仿真得到的色散曲线对比，将图 4-29(b)的曲线沿纵轴平移 π，使其传输相移落在 0 到 π 之间；再将横纵坐标对换，即得到如图 4-30 中的色散曲线(点线)。同理，利用图 4-28(b)中的实验传输相移可得图 4-30 中色散曲线(虚线)。通过对比三条色散曲线，不难发现，利用传输相移得到的色散曲线与 HFSS 仿真得到的色散曲线吻合良好，即在 2.83～3.05GHz 内具有"左手"或"返波"特性。

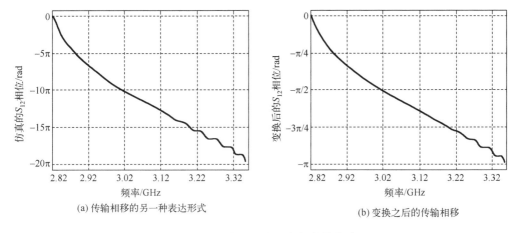

图 4-29　传输相移随频率的变化曲线

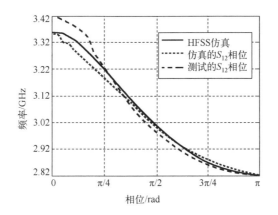

图 4-30　三种方法得到的色散曲线

4.4.3　螺线管磁聚焦系统的设计

在反向切伦科夫辐射验证实验中，需要研究带状注与超构材料中电磁波的互作用机理。因此，由 4.2.2 节可知，带状注在均匀磁场中传输存在 Diocotron 不稳定性，因此需要设计一种合适的聚焦系统，以便带状注可以在超构材料慢波结构中稳定传输，并与电磁波发生有效的互作用。由前文的理论分析可知，采用轴向均匀磁场聚焦带状注是可行的。同时，该实验采用的特斯拉变压器所产生的带状注具有大电流的特点，适合利用轴向均匀磁场聚焦。因此，本实验采用螺线管磁聚焦系统，它由螺线管和螺线管脉冲电源系统组成，后者为前者提供励磁电流。

根据图 4-25(b)所示的测试装置的特点，螺线管支撑筒上需要开两个圆孔，用来分别对接输出装置 2 和输出装置 1 的输出端口。另外，为了保证带状注的稳定传输，在互作用区域轴向磁场需要尽可能地保持均匀且磁感应强度在 1T 左右。根据上述需求，设计采用宽 w_1=6.4mm 和厚 t_1=3.4mm 的矩形截面扁铜导线绕制螺线管线圈。在绕制过程中，铜导线需要绕过两个输出端口，将导致螺线管线圈在轴向上不再均匀。因此，在理论计算时，需将螺线管线圈视为假想的三段，如图 4-31 所示。虽然在计算的时候被分为三段，但是它们实则为统一的整体，三段螺线管线圈中的励磁电流是一致的。

经过优化设计，三段螺线管线圈的结构参数分别如下：

第一段螺线管线圈共有 8 层，第 1 层到第 6 层，每层具有 18 匝线圈；第 7 层和第 8 层每层 8 匝线圈。第二段螺线管线圈共有 6 层，第 1 层到第 5 层，每层具有 51 匝线圈；在第六层上，分别在靠近阴极的输出端口附近和靠近收集极的输出端口附近绕制了 8 匝和 7 匝。第三段线圈共有 5 层，每层具有 18 匝线圈。

第一段螺线管线圈层数要明显多于其他两段，这样可以解决螺线管边缘磁场下降的问题，从而在实验装置中的带状注入口处，保证轴向磁场的均匀性。第二段螺线管线圈的两端增加了一层，也是为了补偿由于输出端口处线圈缺失所致的磁场降低，从而保证轴向磁场的均匀。第三段螺线管线圈的层数最少，这样可以使得轴向磁场在接近收集极时快速降低，有利于收集极回收互作用完了的剩余电子。

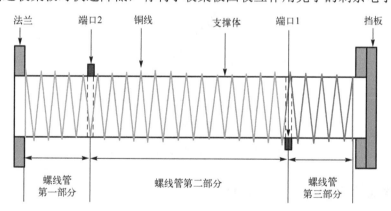

图 4-31　螺线管示意图

第 $j(j=1,2,3)$ 段螺线管线圈的内部中心轴线附近的轴向磁感应强度 B_{zj} 与轴向坐标 z_j 的关系可以表示为：

$$B_{zj} = \frac{\mu_0 n_1 n_2 I_L}{2}\left[\left(\frac{L_{sj}}{2}+z_j-z_{0j}\right)\ln\frac{r_{oj}+\sqrt{r_{oj}^2+\left(\frac{L_{sj}}{2}+z_j-z_{0j}\right)^2}}{r_{ij}+\sqrt{r_{ij}^2+\left(\frac{L_{sj}}{2}+z_j-z_{0j}\right)^2}}\right.$$

$$+\left(\frac{L_{sj}}{2}-z_j+z_{0j}\right)\ln\frac{r_{oj}+\sqrt{r_{oj}^2+\left(\frac{L_{sj}}{2}-z_j+z_{0j}\right)^2}}{r_{ij}+\sqrt{r_{ij}^2+\left(\frac{L_{sj}}{2}-z_j+z_{0j}\right)^2}} \tag{4-11}$$

其中，I_L 为螺线管的励磁电流，$n_1=1/w_1$ 和 $n_2=1/t_1$ 分别为单位长度上的线圈匝数和单位厚度上的线圈层数，z_{0j} 为第 j 段螺线管线圈的中间位置轴向坐标，r_{ij} 为第 j 段螺线管线圈的内半径，r_{oj} 为第 j 段螺线管线圈的外半径，L_{sj} 为第 j 段螺线管线圈的长度。螺线管线圈内部中心轴线附近总的磁感应强度为三段的叠加，即 $B_z=B_{z1}+B_{z2}+B_{z3}$。

当励磁电流的大小为 1.09kA 时，通过利用式(4-11)计算得到轴向磁感应强度随轴线上的位置的变化曲线，如图 4-32 所示。由图可知，产生的轴向磁场在互作用区域近似地保持均匀，且轴向磁感应强度约为 1.06T，满足实验要求。

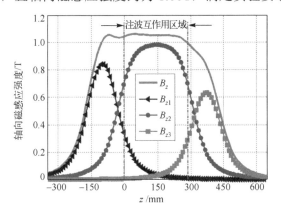

图 4-32　理论计算的轴向磁场结果

在理论分析的基础上，加工制作了螺线管，如图 4-33(a)所示。为了验证理论分析的正确性，进一步利用数字特斯拉计 SG-42 对螺线管内部中心轴线上的轴向磁感应强度进行了测试，如图 4-33(b)所示。

首先，将特斯拉计的探针固定在直尺上，探针的末端与直尺的零刻度线对齐，定义 z=0 位置为慢波结构入口处；其次，将探针固定在螺线管的内部中心轴线上，通过调节轴向位置使之在−350mm 到 650mm 之间变化；最后，调节恒流源，当励磁电流为 2A 或 4A 时，每间隔 10mm 测量一次磁感应强度，进而得到中心轴线上的轴向磁感应强度大小随轴向位置的变化，如图 4-34 所示。

为了更好地与理论计算结果对比，利用式(4-11)计算得到了当励磁电流为 2A 和 4A 时的理论值。通过对比发现，理论和实验结果吻合良好，这表明理论设计的正确性。

(a) 实物图

(b) 实验测试现场

图 4-33　螺线管实物图

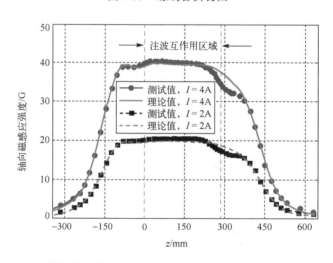

图 4-34　螺线管中心轴线上的轴向磁感应强度随轴向位置的变化曲线

在螺线管的实验测试中，采用了低恒流源为螺线管提供励磁电流。由于实际的励磁电流是时变的，很难在某一个特定时刻去测量轴向磁感应强度大小。但是，由于带状注的脉宽很窄，仅为 20ns，为了使得在这段时间内，轴向磁场保持均匀，这就要求所设计的励磁电流脉宽很宽，处于 ms 量级，这样励磁电流在 20ns 的时间内可以视为不变。这就是为什么采用恒流源去代替交流源测试轴向磁感应强度的原因。此外，根据式(4-11)，磁感应强度与励磁电流呈正比关系。因此，利用小电流去代替大电流进行测试在理论上是可行的。

为了给上述的螺线管提供励磁电流，本实验采用了如图 4-35 所示的螺线管脉冲电源系统。图中，L 为螺线管线圈的电感，R 为回路总电阻，C 和 U_C 分别为电容器的电容和峰值电压(击穿电压为 5kV)，R_1 为限流电阻，D 为二极管，T 为可调变压器。这里简要介绍螺线管脉冲电源的工作原理：首先，断开可控硅开关 S，利用

220V/50Hz 的普通电源对电容器充电；其次，充满电之后，闭合可控硅开关 S，利用二极管的单向导通性，电容器将对螺线管线圈回路进行快速放电，进而产生螺线管所需的励磁电流。

电容器的电压 $u_C(t)$ 随时间的变化可表示为：

$$u_C(t) = U_C e^{-\alpha t} \cos(\omega_d t) \tag{4-12}$$

利用 $u_C(t)$ 乘以电容 C 再对时间 t 求导，得到螺线管中的时变励磁电流 $i_L(t)$ 为[56,57]：

$$i_L(t) = -CU_C[\alpha e^{-\alpha t} \cos(\omega_d t) + \omega_d e^{-\alpha t} \sin(\omega_d t)] \tag{4-13}$$

其中，$\alpha = R/2L$ 为电路衰减系数，$R = 0.65\Omega$，$L = 8.05\text{mH}$，$C = 900\mu\text{F}$，U_C 为 $u_C(t)$ 的峰值（可通过可调变压器 T 调节），$\omega_d = (\omega_0 + \alpha)(\omega_0 - \alpha)/4$ 为衰减谐振角频率，$\omega_0 = 1/2LC$ 为谐振角频率，$i_L(t)$ 的峰值为 I_L。

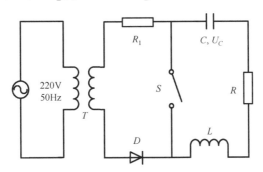

图 4-35　螺线管脉冲电源的工作原理图

为了尽可能地保护电容不被击穿烧毁（即不超过 5kV），同时也应保证螺线管能产生足够的励磁电流（约为 1.09kA），从而保证轴向均匀磁场满足实验条件。这里 $U_C = 3.8\text{kV}$。根据式（4-12）和式（4-13），并利用上述的数值得到电容放电电压和励磁电流随时间的变化关系，分别如图 4-36 中实线和短划线所示。为了验证理论计算的正确性，实验测试了电容的放电电压，得到放电电压随时间的变化，如图 4-36 中的虚线所示。从图中可以看出，实验测试的放电电压和理论计算的放电电压吻合良好。

从图 4-36 可知，螺线管中的励磁电流实际上是时变的，从而导致螺线管所产生的轴向磁场也是时变的。考虑到特斯拉变压器所产生的带状注为单脉冲，其脉宽在 20ns 左右，远远小于轴向磁场 ms 量级的周期。因此，尽管螺线管中的轴向磁场也是时变的，但在带状注脉冲周期内，完全可以视为是均匀的。在后续的实验中，通过触发器将单脉冲带状注的触发时间调节到 3.8ms 附近，以保证在电容器峰值电压为 3.8kV 时能产生所需要的聚焦磁场。

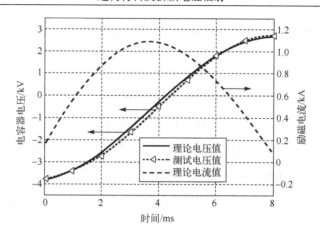

图 4-36　螺线管脉冲电源的理论值和测试值

4.4.4　实验测试与分析

在测试反向切伦科夫辐射之前，先测试了带状注的注电压、注电流以及横截面形状。首先，利用电阻分压和衰减器衰减的方法降低带状注电压，进而通过示波器测量其电压曲线。带状注电压的时域波形如图 4-37(a)所示。由图可知，电压曲线为阻尼振荡，工作点位于其第一个峰值附近，此时电压约为–160kV。曲线中的电压为负值，是因为特斯拉变压器的外导体接地，内导体产生的带状注电压为负高压。为便于描述，本章采用正值来描述带状注的注电压，即 160kV。其次，利用罗氏线圈获得特斯拉变压器内导体上变化电流产生的感应磁场，利用示波器测量出该感应磁场所激励起的电信号，从而反推出特斯拉变压器内导体上通过的带状注电流大小约为 1.55kA[58]。最后，将一张白纸固定于输出装置 2 的挡板 2 上。利用高速运动的电子在白纸上会留下烧灼痕迹，得到如图 4-37(b)所示的带状注横截面形状。从图中可知，带状注横截面尺寸约为 11mm×1.7mm，接近于阴极的横截面尺寸12mm×2mm。

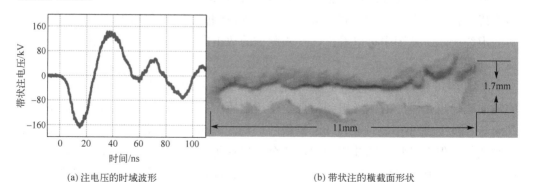

(a) 注电压的时域波形　　　　　　　　　　　(b) 带状注的横截面形状

图 4-37　带状注的实验测试结果

随后，将相关的测试仪器与图 4-22 的实验平台连接，得到了如图 4-38 所示的实验测试平台。为了测量所产生的信号，实验中采用的仪器有两个 50dB 衰减器，1个 10dB 衰减器，2 个检波器和 1 台示波器。

正如前面所述，带状注由特斯拉变压器和阴极共同产生，并在轴向均匀磁场的聚焦下，通过超构材料慢波结构的电子注通道，从而激励起相干的电磁波信号。在实验中，通过调节触发器使得带状注在螺线管的最大峰值励磁电流处产生。为了测量所产生的信号，分别做了两组实验。其实验框图如图 4-39 所示。

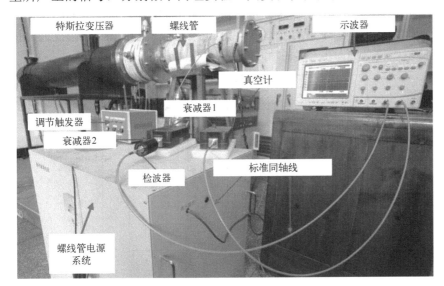

扫码见彩图

图 4-38　反向切伦科夫辐射的实验测试平台

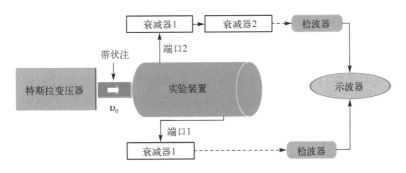

图 4-39　反向切伦科夫辐射的实验框图

在第一组实验中，实验装置的端口 2 的后面依次接上 50dB 衰减器、10dB 衰减器、检波器、示波器，各实验设备之间用同轴线连接，同轴线总衰减量约为 3dB。在实验装置的端口 1 后面依次接上 50dB 衰减器、检波器、示波器，各实验设备之间用同轴线连接,同轴线总衰减量约为 3dB。检波器将检出信号电压包络信息,从而通过对照检波器的输出功率——电压特性曲线(图 4-40),可以计算得到两个端口信号的输出功率。需要说明的是,利用检波器检出来的是信号电压的有效值,对应功率为平均输出功率(简称为输出功率)。由于峰值电压为有效电压的 $\sqrt{2}$ 倍,因此峰值输出功率为输出功率的 2 倍。

在第二组实验中,实验装置的端口 2 的后面依次接上 50dB 衰减器、10dB 衰减器、示波器,各实验设备之间用同轴线连接,同轴线总衰减量约为 3dB。在实验装置的端口 1 后面依次接上 50dB 衰减器、示波器,各实验设备之间用同轴线连接,同轴线总衰减量约为 3dB。由于没有检波器,得到的是时变电压信号,因此通过快速傅里叶变换从电压信号的时变信息中得到输出信号的频谱信息。

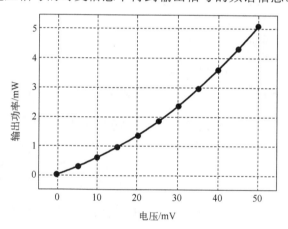

图 4-40　检波器的输出功率-电压特性曲线

首先,开展了第一组实验。通过示波器可以直接得到信号包络幅值随时间的变化,如图 4-41 所示。从图中可以看出,端口 1 上的信号相比端口 2 上的信号,有约 5.5ns 的延迟时间,该时间近似等于信号从端口 2 到端口 1 的传播时间。该结论从实验上进一步说明了端口 1 上的信号为端口 2 上的输出信号产生的反射信号。另外,根据图 4-40 可知,端口 2 的电压幅值 40mV 对应的输出功率为 3.6mW,考虑该输出功率为衰减 63dB 以后的结果,换算回去,端口 2 的实际输出功率约为 7.2kW,相应的峰值输出功率约为 14.4kW。同理可得端口 1 上的实际峰值输出功率约为 0.25kW。因此,端口 2 上的峰值输出功率远大于端口 1 上的峰值输出功率。

同时注意到实验与仿真的差异性,即实验测试得到的端口 2 的峰值输出功率远小于其仿真结果。其主要原因为:①实验加工以及装配等原因导致了实验中带状注的流通率比仿真的流通率低;②实验中的注电流小于仿真设置的注电流大小。由于平面阴极发射电流能力不足,实际发射的注电流远小于带状注测试实验中通过特斯拉变压器内导体上的电流,也小于仿真中的注电流。这样将使得返波起振的时间滞后，进而在脉冲时间内不能达到稳态，从而使得在实验中观测到的信号峰值输出功率远低于仿真结果。由于端口 2 上信号的峰值输出功率远大于端口 1 的信号的峰值输出功率，该事实与仿真结果一致。这确认了端口 2 上测试到的信号为反向切伦科夫辐射信号。

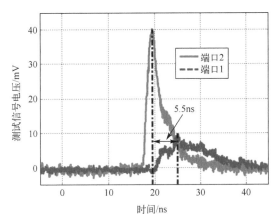

图 4-41　有检波器时的测试信号电压随时间的变化

随后，在与第一组实验的条件完全相同的情况下，开展了第二组实验。利用示波器，我们通过将衰减后的时域信号作快速傅里叶变换，得到信号的频谱信息，并结合第一组实验中两个端口信号的相对输出功率，我们得到了如图 4-42 所示的信号归一化频谱图。从图中可以看出，端口 2 和端口 1 上信号的频率分别为 2.850GHz 和 2.847GHz，两者频率几乎一致，仅有 3MHz 的实验测量误差，这与仿真结果吻合良好。上述实验结果说明了带状注与超构材料相互作用确实激励起了一个相干的反向切伦科夫辐射信号。

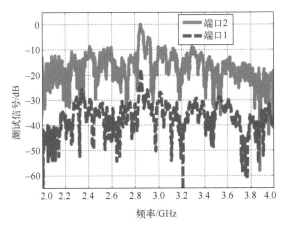

图 4-42　实验输出信号的频谱

　　最后，在其他条件不变的情况下，通过调节带状注的注电压，分别利用仿真和实验的方法得到了不同注电压下所产生的信号频率。图 4-43 给出了注电压分别为 150kV、160kV 和 170kV 时对应的信号频率。从图中可以看出，随着注电压增加，其相应的信号频率也随之增加，这正好与超构材料的色散特性吻合。

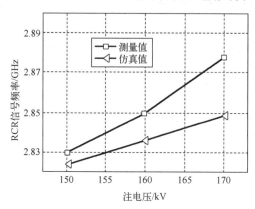

图 4-43　反向切伦科夫辐射信号的频率随注电压的变化曲线

　　上述实验结果和仿真分析确认了超构材料中存在反向切伦科夫辐射这一物理机理。作为超构材料中的一种新奇电磁特性，反向切伦科夫辐射得到了科学界的广泛关注。本章中介绍的实验工作强有力地证实了反向切伦科夫辐射的存在，为后续的应用研究奠定了坚实的基础。

　　近年来，国际上的研究小组报道了反向切伦科夫辐射的研究进展，例如南洋理工大学的罗宇研究小组利用拓扑结构实现了一种超构材料，并研究了其中存在的反向切伦科夫辐射[59]。随着材料学、拓扑学甚至机械工程（如 3D 打印技术）的发展，不断提出新的构造方式，制备出新的超构材料，从而推动反向切伦科夫辐射的研究工作不断向前发展[60]。

<h2 align="center">参 考 文 献</h2>

[1] Kats A V, Savel'ev S, Yampol'skii V A, et al. Left-handed interfaces for electromagnetic surface waves[J]. Physical Review Letters, 2007, 98(7): 073901.

[2] Bliokh Y P, Savel'ev S, Nori F. Electron-beam instability in left-handed media[J]. Physical Review Letters, 2008, 100(24): 244803.

[3] Shelby R A, Smith D R, Schultz S. Experimental verification of a negative index of refraction[J]. Science, 2001, 292(5514): 77-79.

[4] Galyamin S N, Tyukhtin A V, Kanareykin A, et al. Reversed Cherenkov-transition radiation by a charge crossing a left-handed medium boundary[J]. Physical Review Letters, 2009, 103(19): 194802.

[5] Vorobev V V, Tyukhtin A V. Nondivergent Cherenkov radiation in a wire metamaterial[J]. Physical Review Letters, 2012, 108(18): 184801.

[6] Ginis V, Danckaert J, Veretennicoff I, et al. Controlling Cherenkov radiation with transformation-optical metamaterials[J]. Physical Review Letters, 2014, 113(16): 167402.

[7] 段兆云, 唐先锋, 马新武, 等. 新型超常材料高功率微波源[P]. ZL 201510342200.X. 2017.

[8] Lu J, Grzegorczyk T M, Zhang Y, et al. Čerenkov radiation in materials with negative permittivity and permeability[J]. Optics Express, 2003, 11(7): 723-734.

[9] Grbic A, Eleftheriades G V. Experimental verification of backward-wave radiation from a negative refractive index metamaterial[J]. Journal of Applied Physics, 2002, 92(10): 5930-5935.

[10] Wu B I, Lu J, Kong J A, et al. Left-handed metamaterial design for Čerenkov radiation[J]. Journal of Applied Physics, 2007, 102(11): 114907.

[11] Xi S, Chen H S, Jiang T, et al. Experimental verification of reversed Cherenkov radiation in left-handed metamaterial[J]. Physical Review Letters, 2009, 103(19): 194801.

[12] Zhang S, Zhang X. Flipping a photonic shock wave[J]. Physics, 2009, 2: 91.

[13] Antipov S, Spentzouris L, Gai W, et al. Observation of wakefield generation in left-handed band of metamaterial-loaded waveguide[J]. Journal of Applied Physics, 2008, 104(1): 014901.

[14] Shchegolkov D Y, Azad A K, O'Hara J F, et al. A proposed measurement of the reverse Cherenkov radiation effect in a metamaterial-loaded circular waveguide[C]. International Conference on Infrared, Millimeter and Terahertz Waves, Pasadena, USA, 2008: 1-2.

[15] Estep N A, Askarpour A N, Alù A. Experimental demonstration of negative-index propagation in a rectangular waveguide loaded with complementary split-ring resonators[J]. IEEE Antennas and Wireless Propagation Letters, 2015, 14: 119-122.

[16] 唐先锋. 超材料带状注辐射源的机理研究[D]. 成都: 电子科技大学, 2017.

[17] Duan Z Y, Wu B I, Lu J, et al. Reversed Cherenkov radiation in a waveguide filled with anisotropic double-negative metamaterials[J]. Journal of Applied Physics, 2008, 104(6): 063303.

[18] Duan Z Y, Wu B I, Lu J, et al. Cherenkov radiation in anisotropic double-negative metamaterials[J]. Optics Express, 2008, 16(22): 18479-18484.

[19] Duan Z Y, Wu B I, Lu J, et al. Reversed Cherenkov radiation in unbounded anisotropic double-negative metamaterials[J]. Journal of Physics D: Applied Physics, 2009, 42(18): 185102.

[20] Duan Z Y, Guo C, Chen M. Enhanced reversed Cherenkov radiation in a waveguide with double-negative metamaterials[J]. Optics Express, 2011, 19(15): 13825-13830.

[21] Duan Z Y, Wang Y S, Mao X T, et al. Experimental demonstration of double-negative metamaterials partially filled in a circular waveguide[J]. Progress in Electromagnetics Research, 2011, 121: 215-224.

[22] Duan Z Y, Guo C, Zhou J, et al. Novel electromagnetic radiation in a semi-infinite space filled with a double-negative metamaterial[J]. Physics of Plasmas, 2012, 19(1): 013112.

[23] Duan Z Y, Hummelt J S, Shapiro M A, et al. Sub-wavelength waveguide loaded by a complementary electric metamaterial for vacuum electron devices[J]. Physics of Plasmas, 2014, 21(10): 103301.

[24] Duan Z Y, Tang X F, Wang Z L, et al. Observation of the reversed Cherenkov radiation[J]. Nature Communications, 2017, 8(1): 14901.

[25] Smith D R, Schultz S, Markoš P, et al. Determination of effective permittivity and permeability of metamaterials from reflection and transmission coefficients[J]. Physical Review B, 2002, 65(19): 195104.

[26] Smith D R. Analytic expressions for the constitutive parameters of magnetoelectric metamaterials[J]. Physical Review E, 2010, 81(3): 036605.

[27] Szabó Z, Park G H, Hedge R, et al. A unique extraction of metamaterial parameters based on Kramers–Kronig relationship[J]. IEEE Transactions on Microwave Theory and Techniques, 2010, 58(10): 2646-2653.

[28] Chen H T, O'Hara J F, Taylor A J, et al. Complementary planar terahertz metamaterials[J]. Optics Express, 2007, 15(3): 1084-1095.

[29] Xu H, Wang Z Y, Hao J M, et al. Effective-medium models and experiments for extraordinary transmission in metamaterial-loaded waveguides[J]. Applied Physics Letters, 2008, 92(4): 041122.

[30] Marqués R, Martel J, Mesa F, et al. Left-handed-media simulation and transmission of EM waves in subwavelength split-ring-resonator-loaded metallic waveguides[J]. Physical Review Letters, 2002, 89(18): 183901.

[31] Esteban J, Camacho-Peñalosa C, Page J E, et al. Simulation of negative permittivity and negative permeability by means of evanescent waveguide modes-theory and experiment[J]. IEEE Transactions on Microwave Theory and Techniques, 2005, 53(4): 1506-1514.

[32] Chernin D, Jr Antonsen T M, Levush B. Exact treatment of the dispersion and beam interaction impedance of a thin tape helix surrounded by a radially stratified dielectric[J]. IEEE Transactions on Electron Devices, 1999, 46(7): 1472-1483.

[33] 王文祥. 微波工程技术[M]. 北京: 国防工业出版社, 2009: 352-353.

[34] 电子管设计手册编辑委员会. O 型返波管设计手册[M]. 北京: 国防工业出版社, 1985: 69-79.

[35] 余尧. 耦合腔行波管慢波结构模拟研究与设计[D]. 南京: 东南大学, 2011.

[36] Shapiro M A, Trendafilov S, Urzhumov Y, et al. Active negative-index metamaterial powered by an electron beam[J]. Physical Review B, 2012, 86(8): 085132.

[37] Duan Z Y, Wu B I, Xi S, et al. Research progress in reversed Cherenkov radiation in double-negative metamaterials[J]. Progress in Electromagnetics Research, 2009, 90: 75-87.

[38] 吕志方, 张长青, 江胜坤, 等. 太赫兹带状注器件[J]. 红外与毫米波学报, 2023, 42(1): 26-36.

[39] 唐先锋, 段兆云, 王战亮, 等. 毫米波带状注电子枪的设计方法[J]. 红外与毫米波学报, 2014, 33(6): 619-624.

[40] Basten M A. Formation and transport of high-perveance electron beams for high-power, high-frequency microwave devices[D]. Madison: University of Wisconsin-Madison, 1996.

[41] Carlsten B E, Russell S J, Earley L M, et al. Technology development for a mm-wave sheet-beam traveling-wave tube[J]. IEEE Transactions on Plasma Science, 2005, 33(1): 85-93.

[42] 段兆云, 唐先锋, 刁鹏, 等. 椭圆形带状注电子枪[P]. ZL 201110455251.5. 2015.

[43] Knauer W. Diocotron instability in plasmas and gas discharges[J]. Journal of Applied Physics, 1966, 37(2): 602-611.

[44] Booske J H, Kumbasar A H, Basten M A. Periodic focusing and ponderomotive stabilization of sheet electron beams[J]. Physical Review Letters, 1993, 71(24): 3979-3982.

[45] Booske J H, McVey B D, Jr Antonsen T M. Stability and confinement of nonrelativistic sheet electron beams with periodic cusped magnetic focusing[J]. Journal of Applied Physics, 1993, 73(9): 4140-4155.

[46] Booske J H, Basten M A, Kumbasar A H, et al. Periodic magnetic focusing of sheet electron beams[J]. Physics of Plasmas, 1994, 1(5): 1714-1720.

[47] Nguyen K T, Pasour J A, Antonsen T M Jr, et al. Intense sheet electron beam transport in a uniform solenoidal magnetic field[J]. IEEE Transactions on Electron Devices, 2009, 56(5): 744-752.

[48] Pasour J, Nguyen K, Wright E, et al. Demonstration of a 100-kW solenoidally focused sheet electron beam for millimeter-wave amplifiers[J]. IEEE Transactions on Electron Devices, 2011, 58(6): 1792-1797.

[49] Kyhl R L, Webster H F. Breakup of hollow cylindrical electron beams[J]. IRE Transactions on Electron Devices, 1956, 3(4): 172-183.

[50] 韩明成, 江胜坤, 张宣铭, 等. 带状电子注传输中 Diocotron 的中文翻译初探[J]. 真空电子技术, 2022: 42-46.

[51] Jr Antonsen T M , Ott E. Velocity shear driven instabilities of an unneutralized electron beam[J]. The Physics of Fluids, 1975, 18(9): 1197-1208.

[52] Scharlemann E T. Wiggle plane focusing in linear wigglers[J]. Journal of Applied Physics, 1985, 58(6): 2154-2161.

[53] Panda P C, Srivastava V, Vohra A. Analysis of sheet electron beam transport under uniform magnetic field[J]. IEEE Transactions on Plasma Science, 2013, 41(3): 461-469.

[54] Pierce J R. Rectilinear electron flow in beams[J]. Journal of Applied Physics, 1940, 11(8): 548-554.

[55] 丁美平. 聚四氟乙烯改性及其性能研究[D]. 西安: 西北工业大学, 2006.

[56] Kroon D J. Electromagnets[M]. Boston: Boston Technical Publishers Inc., 1968: 23-39.

[57] Knoepfel H E. Pulsed High Magnetic Field[M]. Amsterdam: North-Holland Publishing Co., 1970: 19-22.

[58] Zhang Y B, Gong Y B, Wang Z L, et al. Study of high-power Ka-band rectangular double-grating sheet beam BWO[J]. IEEE Transactions on Electron Devices, 2014, 42(6): 1502-1508.

[59] Hu H, Lin X, Zhang J J, et al. Nonlocality induced Cherenkov threshold[J]. Laser & Photonics Reviews, 2020, 14(10): 2000149.

[60] Zhang T Y, Zhang X Q Y, Zhang Z C, et al. Tunable optical topological transition of Cherenkov radiation[J]. Photonics Research, 2022, 10(7): 1650-1660.

第 5 章　反向切伦科夫辐射振荡器和放大器

在真空电子学中，有一类基于切伦科夫辐射机理的振荡器，通常被称为返波管 (backward-wave oscillator，BWO)。返波管在满足切伦科夫辐射条件下，可以由电子注激励产生并放大电磁波[1]。近年来，随着太赫兹科技的快速发展，返波管作为一种高功率的太赫兹辐射源，受到了极大的重视。但是，其体积较大、重量较重、不易于集成等缺点限制了其在众多领域的应用。借助超构材料的自身优势以及反向切伦科夫辐射这一新奇电磁特性[2-5]，发展出一种类似于返波管的新型反向切伦科夫辐射振荡器 (reversed Cherenkov radiation oscillator, RCRO)。这种器件相比于传统的返波管而言，具有明显的小型化、高效率等优点，在大科学装置、生物医学成像、微波加热、微波杀菌消毒等领域具有重要的应用前景[6]。

另外，有一种基于切伦科夫辐射机理的放大器，通常被称为行波管 (traveling-wave tube，TWT)。它主要包括宽带的螺旋线行波管[7-11]以及窄带的耦合腔行波管[12-14]两类。螺旋线行波管广泛应用于雷达、电子对抗、通信等领域，作为微波功率放大的核心器件。随着卫星市场的需求激增，预计未来 5 年我国对基于螺旋线的空间行波管的需求将大幅增加。耦合腔行波管因其具有高峰值功率、高平均输出功率、高效率、大占空比等特点而广泛应用于火控、搜索、警戒雷达等领域[15,16]。类似地，因为一种新颖反向切伦科夫辐射放大器 (reversed Cherenkov radiation amplifier, RCRA) 具有小型化、高效率、高增益等特点，所以得到了学者的广泛关注。

本章将介绍超构材料和真空电子学的交叉融合，充分利用超构材料的自身优势，为真空电子学的发展提供一条全新的实现路径。下面主要介绍小型化的反向切伦科夫辐射振荡器和放大器。

5.1　新颖超构材料慢波结构

有一类重要的真空电子器件，被称为"O"型器件或线性注器件[15]。在线性注器件中，有一个重要的部件被称为慢波结构，它是电磁波和电子注进行能量交换的场所。当把超构材料创造性地引入到慢波结构中，这种新颖的慢波结构被称为超构材料慢波结构 (metamaterial slow wave structure, MSWS)。国内外多个研究单位已对超构材料慢波结构开展了研究[17-27]。本节主要介绍其电路理论、高频特性、传输特性以及冷测实验。

5.1.1　电路理论

段兆云课题组创造性地提出了一种全金属圆形双脊 CeSRR 单元结构[28-31]，如图 5-1(a)所示。通过周期加载 CeSRR 到空圆波导中，从而构成一种超构材料慢波结构，如图 5-1(b)所示。由于超构材料单元结构复杂，采用场论的方法分析其电磁特性极其困难。因此，这里采用等效电路的理论进行分析。

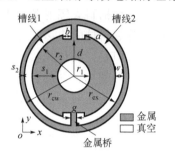

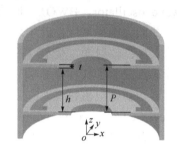

(a) 圆形双脊CeSRR单元结构　　　　　　(b) 超构材料慢波结构

图 5-1　圆形超构材料单元结构以及超构材料慢波结构示意图

CeSRR 作为一个亚波长谐振单元，具有特定的谐振频率，同时相邻的 CeSRR 单元结构之间会形成一个具有强耦合特性的谐振腔，该谐振腔同样具有腔体谐振频率。采用类似于耦合腔慢波结构的等效电路分析法[15]，基于腔体壁和 CeSRR 的结构特性，建立超构材料慢波结构的等效电路模型，如图 5-2 所示。其中，C_c 为腔体的电容，L_s 和 C_s 分别为一个 CeSRR 单元结构中槽线的电感和电容，L_g 和 C_g 分别为一个 CeSRR 单元结构中连接槽线内外环路的金属桥的电感和电容，L_c' 和 K' 分别为加载了 CeSRR 后被修正的腔体电感和耦合系数。

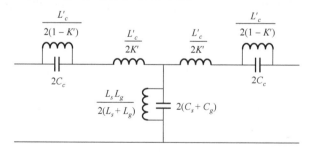

图 5-2　超构材料慢波结构的等效电路模型

对于槽线的谐振频率，可以将其视作一段短路传输线来计算[32]。由于该方法只能粗略估计槽线的有效长度，所以求得的槽线谐振频率会存在一定的误差。另外，在槽线不均匀、不规则的情况下，很难得到槽线的有效长度。为此，借助本征模仿真得到槽线中的高频电流分布,进而提出了一种计算 CeSRR 单元结构谐振频率的新方法。

在常规的计算方法中,CeSRR 单元结构中规则的槽线可以直接得到其有效电长度,从而计算出槽线的电感 L_s 和电容 C_s,最终得到其谐振频率。其电容和电感分别表示为:

$$C_s = \varepsilon_0 l_s \left(t + w_1 \right) / w_1 \tag{5-1}$$

$$L_s = \frac{\mu_0 l_s w_1}{\pi^2 \left(t + w_1 \right)} \tag{5-2}$$

其中,ε_0 和 μ_0 分别为真空中的介电常数和磁导率。l_s 为槽线的有效电长度,定义如下:

$$l_s = \pi \left(r_2 + w_1 / 2 \right) - g \tag{5-3}$$

根据式(5-1)、式(5-2)及式(5-3),可以得到槽线的谐振频率为:

$$f = \frac{1}{2\pi\sqrt{L_s C_s}} \tag{5-4}$$

对于 CeSRR 单元结构中存在不规则槽线的情况,不能直接利用式(5-1)和式(5-2)得到其集总参数。图 5-3 给出了模拟的单槽线和双槽线 CeSRR 单元结构上的高频电流分布,从中可以发现高频电流的路径沿着槽线的内壁流动,高频电流流动的有效路径为槽线的周长。更重要的是,无论槽线是否均匀或规则,槽线内壁的长度始终为高频电流的完整路径。

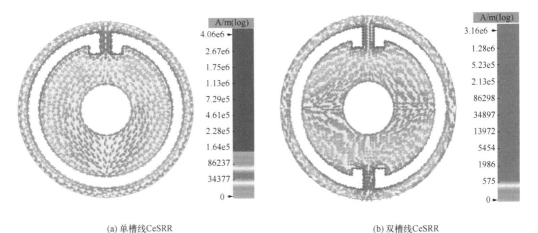

(a) 单槽线CeSRR　　　　　　　　　　　　　(b) 双槽线CeSRR

图 5-3　CeSRR 单元结构上的高频电流分布

扫码见彩图

根据传输线理论，当槽线的周长恰好为一个周期的高频电流的路径长度时，可以等效为一种短路传输线。因此，CeSRR 单元结构的谐振频率应为：

$$f_s = \frac{c_0}{C_{all}} \tag{5-5}$$

其中，c_0 为真空中的光速，C_{all} 为槽线内壁的周长。可以发现，无论槽线的形状规则与否，该方法都可以根据槽线的结构尺寸估算出 CeSRR 单元结构的谐振频率。需要说明的是，由于式 (5-5) 在计算过程中并没有考虑到 CeSRR 单元结构的厚度，因此当单元结构的厚度与槽线的长度两者在数值上相当时，该计算方法将不再适用。

从上述分析中可以看出，CeSRR 单元结构的槽线产生的电容和电感决定了 CeSRR 单元结构的谐振频率，而电容和电感又来自于结构本身的物理尺寸。采用等效电路理论对 CeSRR 单元结构进行分析较为容易。因此，在理论分析的基础上，继续采用电磁场仿真软件对该圆形双脊 CeSRR 单元结构进行全面分析。其尺寸参数如表 5-1 所示。

表 5-1　双脊 CeSRR 单元结构的尺寸参数

参数	数值/mm
r_1	7.1
r_2	14.2
r_{ex}	18
r_{cw}	20
b	3
g	2
a	3
s_1	7.1
s_2	2
w_1	3.8
t	1
P	12

采用 HFSS 电磁仿真软件对双脊 CeSRR 单元结构进行建模，其模型如图 5-4 所示。其中与 x 方向垂直的两个端面设置为波端口，与 z 方向垂直的两个端面设置为理想电边界，与 y 方向垂直的两个端面设置为理想磁边界，以模拟自由空间中传播的电磁波通过双脊 CeSRR 单元结构时的反射和透射情况，从而得到双脊 CeSRR 单元结构的 S 参数，如图 5-5 所示。利用第 2 章中介绍的基于 S 参数的反演算法，提取超构材料的等效电磁参数[33,34]，如图 5-6(a) 所示。

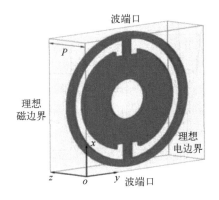

图 5-4　P=12mm 的双脊 CeSRR 单元 S 参数仿真模型

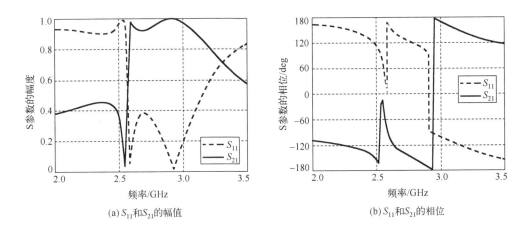

(a) S_{11}和S_{21}的幅值　　　　　　　　　　　(b) S_{11}和S_{21}的相位

图 5-5　双脊 CeSRR 单元结构的 S 参数

　　从图 5-6(a)不难看出,该双脊 CeSRR 单元结构构成的超构材料在 2.2～2.6GHz 频率范围内的等效介电常数的实部为负,而等效磁导率的实部为正。根据 R. Marqués 和 J. Esteban 等人的理论[35,36],工作在准 TM 模式的截止频率以下的空波导可以视为一维等离子体,其等效磁导率的实部为负。因此,根据第 2 章中提到的经典组合及其拓展法,将双脊 CeSRR 单元结构周期加载到空圆波导内则可以实现具有"双负"特性的超构材料,如图 5-1(b)所示,电磁波在这种"双负"材料中可以传播。最终提取得到该超构材料慢波结构的等效电磁参数,如图 5-6(b)所示。不难看出,该超构材料慢波结构在 2.2～2.6GHz 频率范围内具有负的等效介电常数和负的等效磁导率。

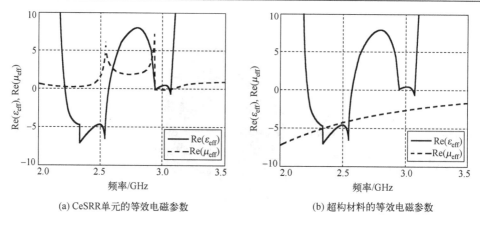

(a) CeSRR单元的等效电磁参数　　　　　　　　　(b) 超构材料的等效电磁参数

图 5-6　超构材料的等效电磁参数

5.1.2　高频特性

前文分析了双脊 CeSRR 单元结构的谐振频率和由其加载空圆波导构成的超构材料慢波结构的等效电磁参数，下面对超构材料慢波结构的色散特性和耦合阻抗进行研究。

由于双脊 CeSRR 单元结构是具有一定厚度的亚波长金属圆片状结构，所以可以利用共面波导电路参数的求解方法计算其等效电路参数。对于图 5-1(a)所示的圆形双脊 CeSRR 单元结构，将其视为非均匀共面波导来处理，得到其单位长度的电容为[32]：

$$C_{pul} = 4\varepsilon_0 \left(\frac{K(k')}{K(k)} + \frac{t}{4w_1} \right) \tag{5-6}$$

其中，$K(k)$ 为第一类完全椭圆积分，对于该超构材料单元结构而言，k' 可以写成：

$$k' = \frac{w_1}{s_1 + s_2 + w_1} \tag{5-7}$$

根据传输线理论，可以得到单位长度的电感表达式为：

$$L_{pul} = \frac{1}{c_0^2 C_{pul}} \tag{5-8}$$

单个槽线的张角 θ 为：

$$\theta = \pi - \frac{g}{r_2 + w_1/2} \tag{5-9}$$

则该双脊 CeSRR 单元结构的电容和电感分别为：

$$C_s = \frac{\theta r C_{pul}}{4} \tag{5-10}$$

$$L_s = \theta r_{av} L_{pul} \tag{5-11}$$

其中，r 和 r_{av} 分别为双脊 CeSRR 单元结构槽线的有效半径和平均半径。对于连接双脊 CeSRR 单元结构槽线内外环路的金属桥，其电感以直导体电感公式计算，电容可以根据平板电容公式近似得到[37]：

$$L_g = 2(r_{cw} - d)\left[\log\left(\frac{2(r_{cw} - d)}{g + t}\right) + 0.5 + 0.2335\frac{g + t}{r_{cw} - d}\right] \tag{5-12}$$

$$C_g = \varepsilon_0 \frac{t w_1}{g} \tag{5-13}$$

根据高频电流在双脊 CeSRR 结构上的分布，分别得到其槽线的电感和电容为：

$$\begin{cases} L'_s = \theta r_{av} L_{pul} + L_g \\ C'_s = \dfrac{\theta r C_{pul}}{4} + C_g \end{cases} \tag{5-14}$$

将式 (5-14) 代入到式 (5-4) 中，即可求得槽线的谐振频率。上述计算方法也可以直接求解无金属桥两侧凹槽的情况（即 $d=r_2$ 时）。事实上，由于连接双脊 CeSRR 内外环的金属桥两侧的凹槽结构的影响，从而引入了附加电容 C_i，它可由平板电容公式求得：

$$C_i = 2\varepsilon_0\left(\frac{at}{b} + \frac{bt}{a + d}\right) \tag{5-15}$$

这样，对于如图 5-1(a) 所示的双脊 CeSRR 单元结构，其槽线电容为：

$$C''_s = C'_s + C_i \tag{5-16}$$

将式 (5-16) 和式 (5-14) 代入到式 (5-4) 中，即可得到金属桥两侧带有凹槽的双脊 CeSRR 单元结构的谐振频率。

下面分析由两个双脊 CeSRR 单元结构构成的谐振腔的等效电路参数。K. Fujisawa 等人在研究速调管谐振腔的等效电路参数时，给出了高度为 H 的腔体的电感表达式[38]：

$$L_c = \frac{\mu_0 H}{2\pi}\ln\left(\frac{r_{cw}}{r_1}\right) \tag{5-17}$$

对于谐振腔的电容，在无内部漂移管存在的情况下，从电磁波储能的角度出发，根据谐振腔的具体尺寸参数计算，得到谐振腔的电容。对于 TM$_{010}$ 模式的圆柱形谐振腔，其电场储能为[1]：

$$U = \frac{\pi \varepsilon_0 E_0^2}{2} r_{cw}{}^2 H \left| J_1(2.405) \right|^2 \tag{5-18}$$

其中，$J_1(2.405)$为第一类一阶贝塞尔函数的第一个根。对于TM_{010}模式的圆柱形谐振腔，根据电场储能和谐振腔电容之间的关系[1]，可以求得腔体电容为：

$$C_c = \frac{\pi \varepsilon_0 r_{cw}^2}{H} \left| J_1(2.405) \right|^2 \tag{5-19}$$

考虑到槽线之间也存在耦合，会形成串联电感L_3，其表达式为：

$$L_3 = \frac{\mu_0 t}{4\pi K} \ln\left(\frac{r_2 + w_1}{r_2}\right) \tag{5-20}$$

此时，谐振腔的电感和耦合系数被改写为：

$$L_c' = L_c \left[1 - \frac{2K^2 L_3}{L_c + 2KL_3} \right]^{-1} \tag{5-21}$$

$$K' = \frac{K}{1 + 2K(1-K)L_3 / L_c} \tag{5-22}$$

根据耦合系数的定义[39]，该超构材料单元结构之间的耦合系数为：

$$K = 1 - \frac{g}{r_2 + w_1 / 2} \tag{5-23}$$

根据 Curnow 公式[40]，最终推导出该超构材料慢波结构的色散方程为：

$$\cos\varphi = 1 + \frac{\left(1 - \omega^2 / \omega_c^2\right)\left(1 - \omega^2 / \omega_s^2\right)}{k_0 \left(1 - K'\right)\left(1 - \omega^2 / \omega_k^2\right)} \tag{5-24}$$

其中，φ为相移，且有：

$$k_0 = \frac{K' L_s'}{L_c'}, \omega_k = \sqrt{\frac{1 - K'}{L_c' C_c}}, \omega_c = \sqrt{\frac{1}{L_c' C_c}}, \omega_s = \sqrt{\frac{1}{L_s' C_s''}} \tag{5-25}$$

这里$\omega_k, \omega_c, \omega_s$分别为局域角频率，腔体角频率和槽线角频率。

通过色散曲线判断该超构材料慢波结构是否具有"左手"特性，以及出现"左手"特性的频率范围。根据色散方程（5-25），求出超构材料慢波结构的耦合阻抗[40]：

$$K_c = \frac{-2\omega L_c^2 \left(1 - \left(\omega / \omega_s\right)^2\right)}{L_s' \sin(\varphi)\left(1 - K' - \left(\omega / \omega_c\right)^2\right)^2} \tag{5-26}$$

耦合阻抗[1]越大，电磁波和电子注互作用程度越高，能量交换越充分。

在对超构材料慢波结构的色散方程和耦合阻抗进行理论分析的基础上，为了得到更为精确的结果，进一步采用仿真软件 HFSS 和 CST，分析超构材料慢波结构的高频特性。

高频特性的仿真模型如图 5-7 所示。超构材料慢波结构的周期长度为 $P=12\text{mm}$，与 x 和 y 方向垂直的端面均设置为理想电边界。利用 HFSS 开展仿真时与 z 方向垂直的两个端面设置为主从边界条件；利用 CST 开展仿真时与 z 方向垂直的两端面设置为周期边界条件。其仿真结果如图 5-8 所示。

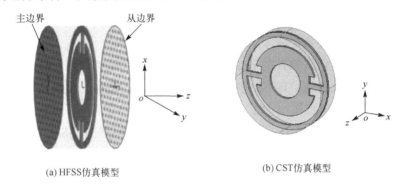

(a) HFSS仿真模型　　　　　　　　(b) CST仿真模型

图 5-7　高频特性的仿真模型

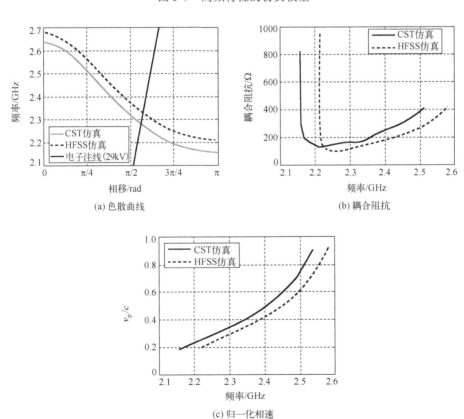

(a) 色散曲线　　　　　　　　(b) 耦合阻抗

(c) 归一化相速

图 5-8　高频特性的仿真结果

图 5-8(a)是分别用 CST 和 HFSS 仿真得到的色散曲线，其中 CST 仿真得到的色散曲线表明，该超构材料慢波结构在 2.16～2.64GHz 频率范围内具有"左手"特性；HFSS 仿真得到的色散曲线表明，该超构材料慢波结构在 2.21～2.68GHz 频率范围内具有"左手"特性。此外，由上节可知，该超构材料慢波结构在 2.2～2.6GHz 频率范围内具有负的等效介电常数和负的等效磁导率，这说明该超构材料慢波结构的色散通带与其负的等效电磁参数的频率范围吻合较好。

图 5-8(b)为通过仿真软件的后处理程序计算得到的超构材料慢波结构的耦合阻抗与频率之间的变化曲线。HFSS 的仿真结果表明，该超构材料慢波结构的耦合阻抗在 2.1～2.6GHz 频率范围内大于 110Ω；CST 的仿真结果显示，该超构材料慢波结构的耦合阻抗在 2.1～2.6GHz 频率范围内大于 130Ω。根据 HFSS 和 CST 仿真得到的色散曲线，可以分别得到归一化相速和频率的关系曲线，如图 5-8(c)所示。从图 5-8 可以看出，不同仿真软件的模拟结果虽有一定差异，但整体变化趋势吻合良好，这表明了理论分析的合理性。

5.1.3　传输特性

本节通过研究超构材料慢波结构的色散特性，确定了该超构材料慢波结构的传输通带，进一步研究该超构材料慢波结构在通带内的传输以及损耗特性。

传输特性很好地反映出电磁波通过超构材料慢波结构时的高频损耗以及与端口之间的匹配特性。在图 5-1(b)的基础上，考虑了 8 个双脊 CeSRR 单元结构周期加载空圆波导，构建了一个具有端口 1 和 2 的超构材料慢波结构。它的双脊 CeSRR 单元结构和空圆波导的材料均为无氧铜 TU1。同时，为了有效地耦合超构材料慢波结构中的电磁波，在考虑到输出功率的大小和聚焦磁场的装配的影响后，采用同轴输入输出装置，即端口 1 和 2。具有同轴输入输出装置的超构材料慢波结构如图 5-9 所示，其中，$r_5 = 0.525\text{mm}$，$r_6 = 1.7\text{mm}$，$r_7 = 1.9\text{mm}$。

电磁波在超构材料慢波结构中的损耗很大一部分来自于欧姆损耗，欧姆损耗与构成超构材料慢波结构的材料的电导率息息相关，而相同的材料在不同频率下的等效电导率又不尽相同。因此，在研究如图 5-9 所示的超构材料慢波结构的传输特性时，应该用无氧铜 TU1 的等效电导率来代替理想电导率进行计算。

金属在理想光滑表面情形下的电导率 σ_s 和粗糙表面情形下的等效电导率 σ_{eff} 之间的关系可以用修正系数 K_{rough} 来表示[41]：

$$\sigma_{\text{eff}} = \frac{\sigma_s}{K_{\text{rough}}^2} \qquad (5\text{-}27)$$

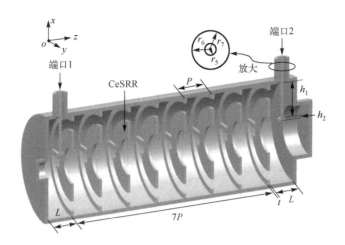

图 5-9　一种超构材料慢波结构

H-B 模型[42]和 Groiss 模型[43]是目前考虑金属材料等效电导率与表面粗糙度之间关系最常用的两种物理模型。这两种模型的修正系数 K_{rough} 的计算公式分别为：

$$K_{\text{rough-HB}} = 1 + \frac{2}{\pi}\arctan\left[1.4\left(\frac{\Delta}{\delta}\right)^2\right] \qquad (5\text{-}28)$$

$$K_{\text{rough-G}} = 1 + \exp\left[-\left(\frac{\delta}{2\Delta}\right)^{1.6}\right] \qquad (5\text{-}29)$$

其中，Δ 为表面粗糙度，$\delta = 1/\sqrt{\pi f \mu \sigma}$ 为电磁波的趋肤深度。

由于在超构材料慢波结构和同轴输入输出装置中采用了无氧铜、铁镍钴合金、钼以及镍铜合金，这些金属材质的表面粗糙度都会对电磁波的传输产生影响。因此，采用上述两种理论公式分别计算无氧铜(其电导率的理论值约为 $5.8\times10^7\text{S/m}$)、铁镍钴定膨胀瓷封合金 4J34(其电导率的理论值约为 $2.22\times10^6\text{S/m}$)、钼(其电导率的理论值约为 $1.82\times10^7\text{S/m}$)以及镍铜合金 NCu40-2-1(其电导率的理论值约为 $1.86\times10^6\text{S/m}$)的等效电导率，计算结果如图 5-10 所示。以无氧铜为例，在 2.1～2.7GHz 频率范围内，H-B 模型计算得到的等效电导率为 $4.03\sim4.32\times10^7\text{S/m}$，Groiss 模型计算得到的等效电导率为 $3.23\sim3.61\times10^7\text{S/m}$。

接下来，将理想电导率替换为由 H-B 模型和 Groiss 模型预测的等效电导率，分别利用 CST 和 HFSS 模拟此超构材料慢波结构的传输特性。通过与冷测实验对比发现，在微波频段，Groiss 模型预测的等效电导率与冷测结果更为接近。因此，此处仅介绍利用 Groiss 模型预测的等效电导率得到的仿真结果。

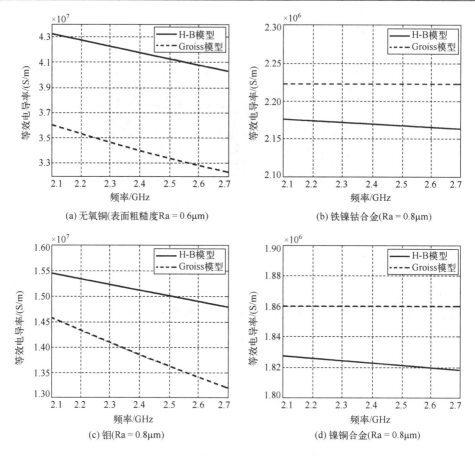

(a) 无氧铜(表面粗糙度Ra = 0.6μm)

(b) 铁镍钴合金(Ra = 0.8μm)

(c) 钼(Ra = 0.8μm)

(d) 镍铜合金(Ra = 0.8μm)

图 5-10　不同模型计算得到的等效电导率

CST 的仿真结果如图 5-11 所示。其中，实线表示采用理想电导率进行仿真的结果，虚线表示采用 Groiss 模型在 2.3GHz 时预测的等效电导率的仿真结果。

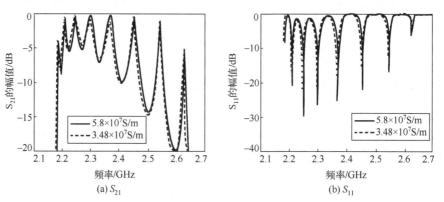

(a) S_{21}

(b) S_{11}

图 5-11　传输特性曲线

从图 5-11(a)可以看出,采用等效电导率模拟得到的传输特性相比理想电导率的模拟结果稍差,传输损耗略大,但是整体变化趋势一致。当无氧铜 TU1 采用理想电导率 5.8×10^7 S/m 时, 在 2.3GHz 时 S_{21} 的最大值约为–0.45dB;而当采用等效电导率 3.48×10^7 S/m 后, 在 2.3GHz 时 S_{21} 的最大值约为–0.89dB。

为了对比分析,也利用 HFSS 仿真软件模拟该超构材料慢波结构的传输特性。在 HFSS 中设置表面粗糙度为 0.6μm 后重新进行仿真,结果如图 5-12 所示。当采用理想电导率 5.8×10^7 S/m 时, 在 2.33GHz 时 S_{21} 的最大值约为–1.4dB;当考虑表面粗糙度的影响后, 在 2.33GHz 时 S_{21} 的最大值约为–1.81dB。

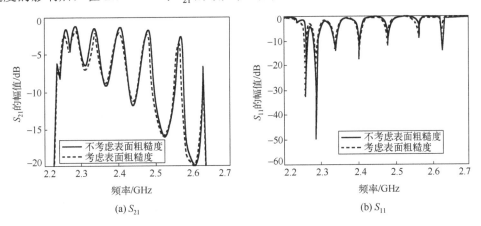

(a) S_{21}　　　　　　　　　　　　(b) S_{11}

图 5-12　HFSS 仿真得到的超构材料慢波结构的传输特性

5.1.4　冷测实验

在对超构材料慢波结构进行高频特性和传输特性研究后,设计和加工了相关零部件,如图 5-13(a)所示。为了便于装配,将空圆波导平均剖分为 7 段,分别加工,后期通过定位孔和定位销钉将其和双脊 CeSRR 单元结构固定在一起,各个部件由定位销钉进行定位,保证同心度。此处采用的窗片材料为氧化铝陶瓷。

在将各个部件固定好后,利用银焊料进行焊接,构成整个超构材料慢波结构,如图 5-13(b)所示。在此基础之上,搭建了实验平台,它包括 Agilent E8362B 矢量网络分析仪、超构材料慢波结构、标准同轴线和同轴输入输出结构,如图 5-13(c)所示。

首先,严格遵循 Agilent E8362B 矢量网络分析仪测量 S 参数的使用规范,对矢量网络分析仪进行了校准,以确保实验结果的可靠性。然后,用两条标准同轴线将超构材料慢波结构连接到矢量网络分析仪上,测量 S 参数。最后,从矢量网络分析仪中导出 S 参数的实验数据。需要注意的是,从矢量网络分析仪中直接导出的是 S 参数的实部和虚部信息,需要后处理,转化为幅值和相位信息后,才能与 CST 和 HFSS 仿真结果进行对比分析。

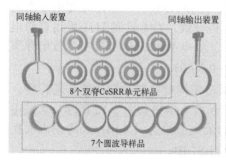

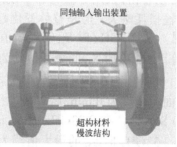

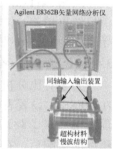

(a) 加工的零部件实物图　　　　(b) 超构材料慢波结构及输入输出装置　　　(c) 冷测实验平台

图 5-13　超构材料单元结构实物图和测试平台

扫码见彩图

图 5-14 显示了测试得到的 S 参数数据与 CST 仿真结果的对比。由表 5-2 可知，CST 仿真结果显示：在 2.3GHz 时，S_{21} 的幅值约为−0.89dB；测试结果显示：在 2.35GHz 时，S_{21} 的幅值约为−1.01dB。图 5-15 为 CST 仿真和实验测试的传输相移随频率的变化曲线，其中实线为 CST 仿真的结果，虚线为冷测实验的结果。

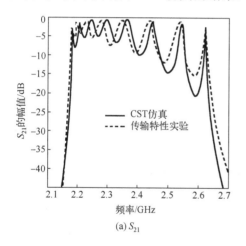

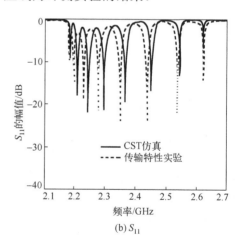

(a) S_{21}　　　　　　　　　　　　　　　　(b) S_{11}

图 5-14　CST 仿真结果与冷测实验结果的对比

表 5-2　分别由 CST 仿真和测试得到的不同频点处的 S_{21}

CST 仿真结果	频率/GHz	2.18	2.21	2.24	2.3	2.36	2.45	2.54	2.62
	S_{21}/dB	−4.14	−1.6	−1.04	−0.89	−0.94	−1.21	−2	−5.37
测试结果	频率/GHz	2.18	2.2	2.23	2.28	2.35	2.43	2.53	2.62
	S_{21}/dB	−3.34	−1.7	−1.28	−1.14	−1.01	−1.1	−1.33	−2.69

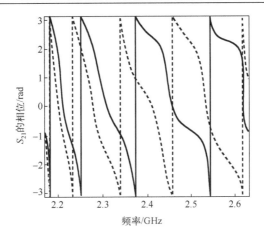

图 5-15　传输相移随频率的变化曲线

另外，通过变换传输相移的方法，也可以得到色散曲线，详见本书 4.4.2 节。图 5-16 为不同方法得到的色散曲线对比。不难发现，通过变换 CST 仿真的传输相移得到的色散曲线显示该超构材料慢波结构在 2.17～2.63GHz 内具有"左手"特性，通过变换冷测实验的传输相移得到的色散曲线显示该超构材料慢波结构在 2.18～2.62GHz 内具有"左手"特性。

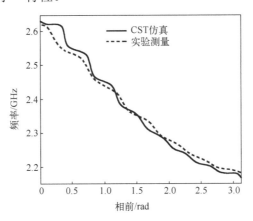

图 5-16　不同方法得到的色散曲线对比

同时，利用 HFSS 软件进行了同样的仿真分析。图 5-17 给出了测试得到的 S 参数数据与 HFSS 仿真结果的对比。由表 5-3 可知，HFSS 仿真结果显示在 2.33GHz 处，S_{21} 的幅值约为−1.81dB；冷测结果显示在 2.28GHz 处，S_{21} 的幅值约为−1.14dB。通过变换传输相移得到色散曲线，图 5-18 为 HFSS 仿真和实验测试的传输相移随频率的变化曲线，其中，实线表示 HFSS 仿真的结果，虚线表示冷测实验的结果。

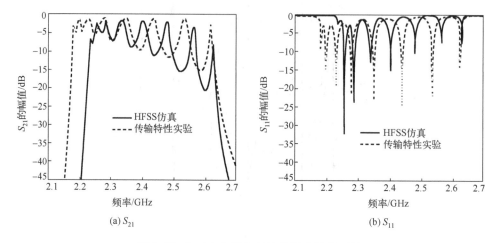

(a) S_{21}　　　　　　　　(b) S_{11}

图 5-17　HFSS 仿真与传输特性实验的对比

表 5-3　分别由 HFSS 仿真和测试得到的不同频点处的 S_{21}

HFSS 仿真结果	频率/GHz	2.24	2.26	2.29	2.33	2.4	2.48	2.56	2.63
	S_{21}/dB	−6.98	−2.53	−1.84	−1.81	−1.89	−2.35	−3.64	−8.44
测试结果	频率/GHz	2.18	2.2	2.23	2.28	2.35	2.43	2.53	2.62
	S_{21}/dB	−3.34	−1.7	−1.28	−1.14	−1.01	−1.1	−1.33	−2.69

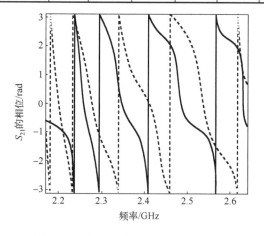

图 5-18　传输相移随频率的变化曲线

　　同样可以利用传输相移法得到色散曲线，如图 5-19 所示。从图中可以看出，通过变换 HFSS 仿真的传输相移得到的色散曲线表明：该超构材料慢波结构在 2.2～2.64GHz 内具有"左手"特性；通过变换实验的传输相移得到的色散曲线表明该超构材料慢波结构在 2.18～2.62GHz 内具有"左手"特性。

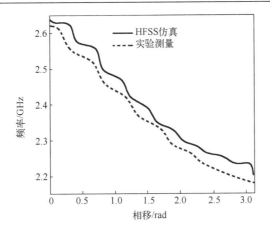

图 5-19　不同方法得到的色散曲线对比

5.2　电子光学系统

在真空电子器件中,需要利用高速运动的带电粒子束与电磁波进行注波互作用,同时由于空间电荷效应,需要聚焦系统聚束带电粒子束以保证其稳定传输,完成注波互作用后的带电粒子需要被有效回收,以提高能量利用效率。为此,真空电子器件有一个电子光学系统,通常由电子枪、磁聚焦系统和收集极组成,分别完成带电粒子的产生、聚束和回收。下面分别介绍反向切伦科夫辐射器件的电子光学系统。

5.2.1　栅控电子枪

对于工作在微波频段的反向切伦科夫辐射振荡器而言,圆形注通常可以满足器件的需求。为了有效控制圆形电子注的产生,采用了一种栅控电子枪,它由阴极、阴影栅、控制栅、聚焦极和阳极组成, 如图 5-20 所示。

采用基于热电子发射的钡钨阴极,其表面为弧面,以增大发射面积,在一定的表面温度条件下,阴极表面会溢出大量的自由电子。阴极和阳极之间具有一定的电位差,以形成加速电场,阴极表面溢出的自由电子在加速电场的作用下,由阴极表面向阳极运动,形成具有一定速度的电子注,通过阳极孔后进入超构材料慢波结构,并进行注波互作用。聚焦极和阴极同电位,用来聚焦运动的自由电子,克服电子注中存在的空间电荷力,使其保持一定的形状运动,避免电子注发散。阴影栅和阴极表面相邻,但不与阴极表面接触,其通过导线与阴极进行电连接,保持同电位,用来保护控制栅。控制栅和阴影栅形状相同,其电压比阴极电压略高,可以单独调节控制栅的电压,以在阴极和阳极电位差不变的情况下,调节电子枪的电流大小。阴影栅和控制栅都采用三级条状栅结构，由纯钼制成，如图 5-20 所示。此处需要说明的是，在真空电子器件中，为了安全起见，通常将阳极和管体相连并接地，即阳极为零电位，阴极为负电位。

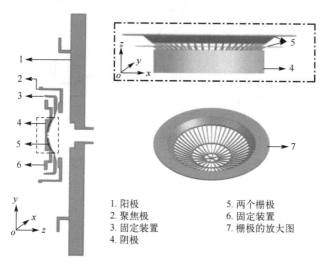

1. 阳极　　　　　　　　5. 两个栅极
2. 聚焦极　　　　　　　6. 固定装置
3. 固定装置　　　　　　7. 栅极的放大图
4. 阴极

图 5-20　栅控电子枪的示意图

　　利用 CST 中的 Particles Tracking 求解器对该电子枪进行仿真分析。在仿真设置中，阳极电位为零，阴极、阴影栅和聚焦极的电位在–24kV 至–26.5kV 之间变化，控制栅工作电压为 10～430V（此处为控制栅电位与阴极电位之差）。为了模拟电子枪中电子的产生和发射，分别建立了自由电子的热发射模型和空间电荷限制流发射模型。由于钡钨阴极的热电子产生能力在上述模拟条件下并未达到饱和，因此对于栅控电子枪而言，主要限制发射电流大小的因素为空间电荷所导致的虚阴极的位置和电位高低，这样采用空间电荷限制流发射模型可以较为准确地模拟该栅控电子枪的电子发射能力。

　　在栅控电子枪的仿真设置中，边界条件均设置为开放边界条件，并利用六面体网格进行网格划分。为了使仿真结果更加精确，对电子注通道区域进行了局部网格加密。考虑到热初速对电子枪发射电子的影响，在 CST 中设置发射温度和扩散角后，进行仿真。其结果显示，在阴极电位为–26kV，控制栅工作电压为 130V 时，电子枪产生的电子注的注电流为 2A，电子注的注腰半径大小约为 1.4mm，电子注的注腰位置与阴极表面之间的距离约为 16.6mm，如图 5-21（a）所示。图 5-21（b）表明当阴极电压为–26kV，控制栅工作电压为 130V 时，模拟得到的电子注注腰位置处的电子分布。从图中可以看出，在不考虑热初速的情况下，电子注半径较小，层流性较好；而考虑热初速后，电子注半径变大，层流性变差。

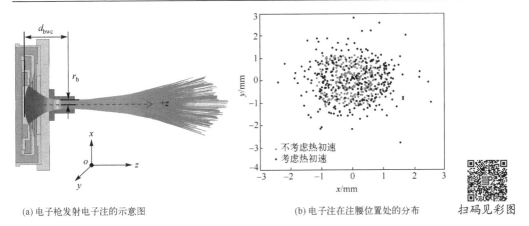

(a) 电子枪发射电子注的示意图 （b) 电子注在注腰位置处的分布 扫码见彩图

图 5-21 电子枪仿真结果

在对栅控电子枪进行设计后，加工了相关零部件，完成了栅控电子枪的装配。为了测试该栅控电子枪的性能，设计了一个电子枪短管，如图 5-22 所示。该电子枪短管由栅控电子枪、漂移管和收集极组成。收集极内导体为无氧铜，与铜外壳之间通过氧化铍陶瓷进行绝缘，确保绝缘的同时还有利于散热。电子枪、漂移管和收集极相接的位置采用氩弧焊进行焊接，焊接后进行约 80 个小时的排气，最终得到的真空度约为 2.5×10^{-6}Pa，能满足测试要求。

在电子枪短管测试中，阴极表面的工作温度约为 1100℃，控制栅工作电压为 10～430V，阴极、阴影栅和聚焦极电压为 –24～–26.5kV。表 5-4 为电子枪短管测试时的参数设置。实验结果表明：该栅控电子枪的注电流可调节范围为 1.2～6.8A，满足反向切伦科夫辐射振荡器对电子注的需求。

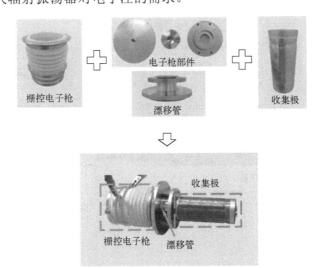

图 5-22 电子枪短管测试示意图

表 5-4　电子枪短管测试参数设置

项目	符号	测试值	单位	备注
阴极热丝电压	U_h	9.5~10.6	V	可调
阴极热丝电流	I_h	2.5~2.7	A	可调
阴极预热时间	t_{kyr}	5	min	可调
阴极电压	U_c	−24~−26.5	kV	可调
控制栅工作电压	U_{gp}	10~430	V	可调
电源工作比	D	≤1%		可调
注电流	I	1.2~6.8	A	

5.2.2　均匀磁聚焦系统

为了聚焦栅控电子枪产生的圆形电子注,需要设计合适的聚焦系统对电子注进行聚焦。研究发现,均匀磁场永磁聚焦系统可以产生均匀区较长的磁场分布,具有强的轴向磁感应强度和弱的横向磁感应强度,但也有体积大、漏磁严重等缺点[44]。考虑到该器件的轴向尺寸和测试环境,最终采用均匀磁场聚焦系统聚焦圆形注,磁钢采用当下磁性最强的磁体材料——钕铁硼 N48SH 制成。图 5-23 给出磁聚焦系统的仿真模型,它包括四个环形磁钢、两个极靴和两端的磁屏蔽结构。表 5-5 列出该磁聚焦系统的结构尺寸参数。

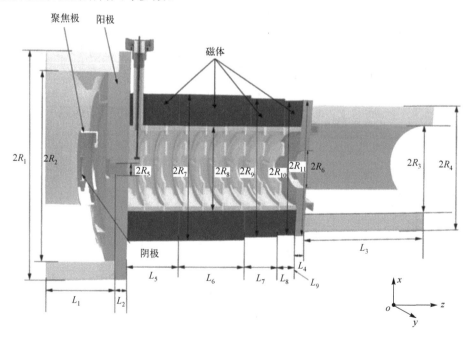

图 5-23　磁聚焦系统的示意图

表 5-5　磁聚焦系统的结构尺寸参数

参数	数值/mm	参数	数值/mm
R_1	60	L_1	42.5
R_2	49.5	L_2	7
R_3	23.8	L_3	79.1
R_4	35	L_4	5.9
R_5	3.33	L_5	32
R_6	10	L_6	41
R_7	39	L_7	21
R_8	22.5	L_8	11
R_9	37.5	L_9	0.5
R_{10}	36.5	R_{11}	37

　　利用 CST 的静磁场求解器，仿真该均匀磁场聚焦系统的磁场分布。钕铁硼 N48SH 材料实测的剩磁为 1.377T，回复磁导率为 1.046，内禀矫顽力为 1041kA/m，最大磁能积为 360.5kJ/m^3。在仿真设置中，边界条件均设置为开放边界条件，并利用六面体网格进行网格划分。仿真结果如图 5-24 所示。从图中可知，在均匀区轴向磁感应强度约为 1013G，横向磁感应强度最大仅有 1.5G。将仿真得到的磁场分布信息导入到栅控电子枪模型中进行联合仿真，仿真结果显示，电子注在均匀磁场聚焦系统下传输良好，未被超构材料慢波结构截获，如图 5-25 所示。

　　对磁聚焦系统部件进行加工，装配后得到一套磁聚焦系统，如图 5-26(a)和(b) 所示。搭建如图 5-26(c)所示的测试平台，它主要包括步进电机和高斯计。随后，完成对该均匀磁聚焦系统的测试。

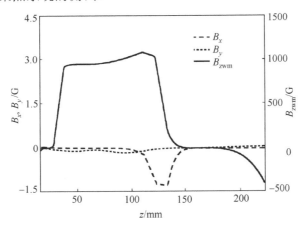

图 5-24　仿真得到的磁感应强度分布

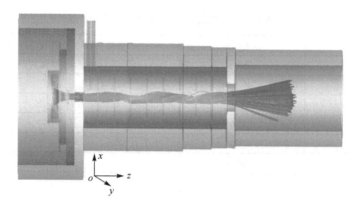

图 5-25　电子枪与磁聚焦系统联合仿真的电子注轨迹

(a) 四个磁钢

(b) 装配好的磁聚焦系统

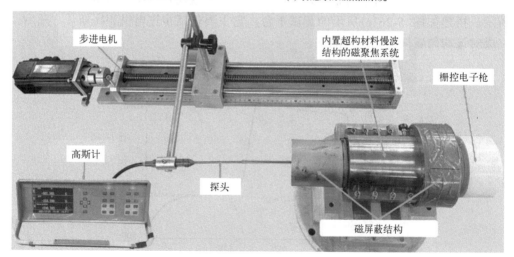

(c) 磁感应强度测试平台

图 5-26　加工的磁聚焦系统零部件和测试平台

在实验中，通过步进电机控制高斯计的探头进入超构材料慢波结构内部，每隔 0.5mm 测试一个轴向磁感应强度的值。其中，轴向 0 位置处代表阴极弧形发射面底端的位置。图 5-27 给出测试得到的超构材料慢波结构中心轴线上的轴向磁感应强度与 CST 仿真结果。由图可知，测试得到的超构材料慢波结构中心轴线上的轴向磁感应强度在均匀区约为 962G，略低于 CST 仿真的 1013G。

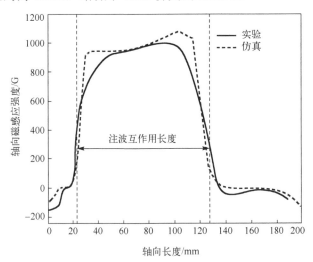

图 5-27　轴向磁感应强度仿真与实验的对比

5.3　反向切伦科夫辐射振荡器

注波互作用分析是利用电磁场仿真软件模拟电子枪产生的电子注在磁聚焦系统的聚束下，与超构材料慢波结构中的电磁波进行互作用，交换能量的物理过程。注波互作用分析有利于预测器件的工作状态和性能水平，对真空电子器件的设计和优化至关重要。在注波互作用分析之上，本节介绍器件的热测实验，测试器件在真实环境中的性能。

5.3.1　注波互作用分析

在设计好超构材料慢波结构、同轴输入输出装置以及电子光学系统后，为了预测反向切伦科夫辐射振荡器的性能，利用 CST 中的 Particle-in-cell(PIC)求解器开展注波互作用分析。在仿真设置中，将 x, y 和 z 方向除去波端口外均设置为理想电边界，并利用六面体网格进行网格划分。为了使注波互作用模拟更加符合实际工作情况，将 CST 仿真电子枪发射的电子注信息导入该注波互作用模型，之后将 CST 仿真得到的磁聚焦系统在空间中的磁场分布信息也导入该注波互作用模型，同时考虑了金属表面的粗糙度导致的欧姆损耗。

图 5-28 为反向切伦科夫辐射振荡器原理示意图。从图中可以发现，电子注沿+z 方向运动，在超构材料慢波结构中激励起电磁波，并与之进行互作用，使电磁波得到放大，最终从靠近电子枪一侧的同轴输出端口馈出。

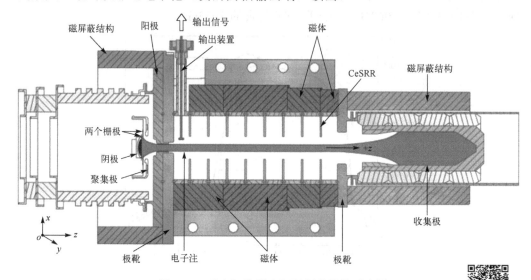

图 5-28　反向切伦科夫辐射振荡器的示意图

扫码见彩图

CST 仿真结果表明，当注电压为–26kV，注电流为 2A，慢波结构中心轴线上的磁感应强度约为 962G 时，在 2.213GHz 处的输出功率为 12.3kW，电子效率约为 23.7%，如图 5-29 所示。这个事实证实了该器件中确实产生了反向切伦科夫辐射。

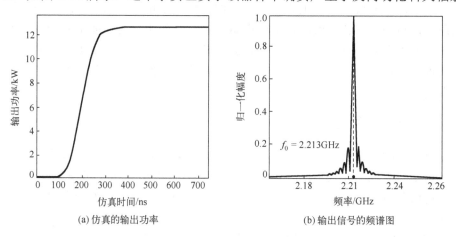

(a) 仿真的输出功率　　　　　(b) 输出信号的频谱图

图 5-29　注波互作用的仿真结果

5.3.2　热测实验

　　根据上述的注波互作用分析，设计了超构材料慢波结构、同轴输出装置、栅控电子枪、磁聚焦系统以及收集极，然后进行了制作、焊接、装配，最终研制出反向切伦科夫辐射振荡器样管，如图 5-30 所示。对样管进行排气，最后得到满足热测实验要求的真空度(约为 $1.7\sim2.5\times10^{-6}$Pa)。

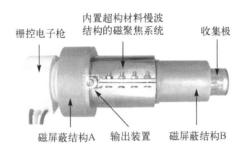

图 5-30　反向切伦科夫辐射振荡器整管

　　搭建了热测平台，如图 5-31(a)所示。开展了热测实验，所用设备和仪器主要包括高压电源、频谱仪、功率计、50dB 衰减器、20dB 衰减器以及定向耦合器。将反向切伦科夫辐射振荡器放置在固定台上并保持其稳定，将管体接地，将电子枪引线和高压电源连接，将钛泵与电源连接。同轴输出端口利用 TNC 转 N 型接头转接后，通过同轴线连接到定向耦合器，输出信号通过定向耦合器连接到频谱仪和功率计，如图 5-31(b)所示。

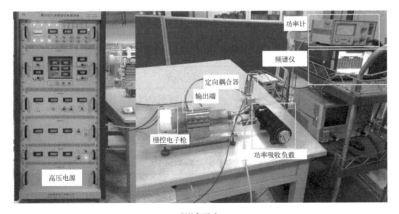

(a) 测试平台

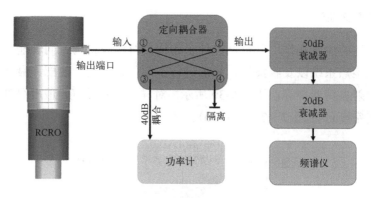

(b) 实验测试流程图

图 5-31　热测实验平台和实验流程图

此处简述热测实验流程。首先启动高压电源，检测各项仪表是否显示正常，设置电源工作比为千分之一，并将阴极热丝电压和电流调节到预定值，给阴极进行五分钟预热，表 5-6 为热测实验的参数设置。阴极预热完成后，调节电源高压输出为 24kV，之后按下"高压"按钮，如果电源系统和外接测试仪器连接稳定，且电源故障灯未亮起，则说明高压电源可以稳定输出 24kV 高压。随后按下"脉冲"按钮，给反向切伦科夫辐射振荡器施加高压。此时反向切伦科夫辐射振荡器开始工作，输出端口可检测到微波信号。在确保安全的情况下，记录此刻电源高压、热丝电压、热丝电流、控制栅工作电压、阴极脉冲电流、输出功率以及工作频率等参数。通过调整高压电源电压和控制栅工作电压，再次读数并记录，最终得到全部实验数据。表 5-7 列出当阴极电压为 –26kV 时，不同注电流情况下的测试结果。

表 5-6　测试参数设置

名称	符号	测试值	单位	备注
热丝电压	U_h	9.5～10.8	V	可调
热丝电流	I_h	2.68～2.9	A	可调
阴极预热时间	t_{kyr}	5	min	可调
阴极电压	U_c	–24～–26.5	kV	可调
控制栅工作电压	U_{gp}	10～430	V	可调
电源工作比	D	0.1%		可调

表 5-7　阴极电压为 –26kV 时的测试结果

阴极电流/A	输出功率/kW	电子效率/%	频率/GHz
1.8	6.38	13.626	2.22288
1.9	9.32	18.886	2.2155
2.0	10.16	19.538	2.22079
2.2	10.43	18.243	2.22079
2.4	10.73	17.196	2.22068
2.6	10.89	16.110	2.22055
2.8	11.6	15.934	2.22012
3.0	12.47	15.987	2.22000
3.1	12.67	15.720	2.21998

测试结果如图 5-32 所示。当注电压在 –24 至 –26.5kV 之间变化，且调节控制栅电压，保持注电流为 2A 不变时，输出功率的变化范围为 7.45～10.2kW。当注电压为 –26kV，注电流为 2A 时，在工作频率为 2.221GHz 处输出功率为 10.16kW，此时电子效率最高，约为 19.54%。反向切伦科夫辐射振荡器的 3dB 工作带宽约为 27MHz。

在 –26kV 的注电压下，反向切伦科夫辐射振荡器的工作频率为 2.221GHz，略低于由同步条件确定的 2.291GHz，如图 5-33 所示。根据同步条件，电磁波的相速度应该略小于电子注的运动速度，因此实际的工作频率要低于电子注线和色散曲线的交点所对应的频率。

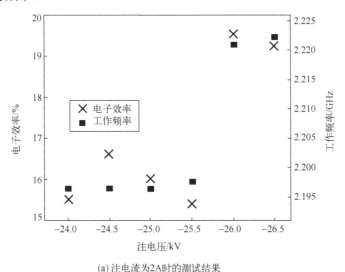

(a) 注电流为 2A 时的测试结果

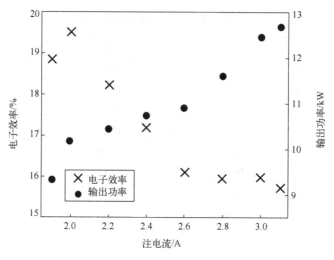

(b) 注电压为−26kV时的测试结果

图 5-32　热测实验结果

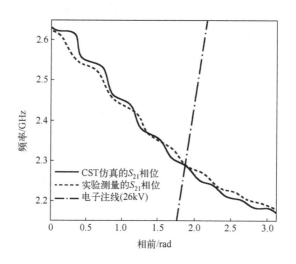

图 5-33　色散曲线和 26kV 电子注线

此外，通过计算说明热测实验中所用到的频谱仪可以准确检测到输入信号，并可以准确分析出信号的频率。首先，频谱仪的频率读数精度=±(频率读数×频率基准误差+0.1%×频率扫描宽度+5%×分辨率带宽+2Hz+0.5×水平分辨率)，以频率读数 2.20548GHz 为例，频率基准误差为±9×10⁻⁸，频率扫描宽度为 200MHz，分辨率带宽为 1.8MHz，水平分辨率为 200kHz，读数精度=±0.39MHz。这表明频谱仪可以读取精确的频率数据。同时，根据测试得到的功率数据，RCRO 的输出功率为 66.2～

71.53dBm，在输出信号通过 50dB 衰减器和 20dB 衰减器后，进入频谱仪的信号功率为 -3.8 dBm 到 1.53dBm，通过对比频谱仪的使用手册，说明输入信号可以被频谱仪准确检测。

反向切伦科夫辐射振荡器的慢波结构的横向尺寸仅为 $\sim 0.33\lambda$（λ 为自由空间中的波长），纵向尺寸仅为 $\sim 0.78\lambda$，而传统返波管的慢波结构的横向尺寸约为 $\lambda \sim 1.7\lambda$，纵向尺寸约为 $0.6\lambda \sim 1.6\lambda$[45-47]。传统返波管的电子效率通常小于 15%[45-47]，而反向切伦科夫辐射振荡器的电子效率为 19.54%。从上述实验结果不难看出，反向切伦科夫辐射振荡器具有典型的小型化和高效率优势，这些优势来自于超构材料和慢波结构的交叉融合。超构材料具有亚波长和强谐振的优势。亚波长可以减小超构材料慢波结构的横向尺寸，使其具有小型化的特征；强谐振可以提高超构材料慢波结构中的轴向电场强度，使注波互作用更加充分，器件的电子效率更高。当然，还可以通过相速跳变技术[48]和设计多级降压收集极[49]来提高反向切伦科夫辐射振荡器的电子效率和整管效率。

5.4　反向切伦科夫辐射放大器

反向切伦科夫辐射振荡器的热测实验有力地证实了超构材料中的反向切伦科夫辐射可以被应用于产生大功率微波信号。本节在反向切伦科夫辐射振荡器的理论分析和实验研究的基础上，利用现有的圆形双脊超构材料单元和电子光学系统，研究了一种具有高增益、高效率和小型化特点的反向切伦科夫辐射放大器[50,51]。

在反向切伦科夫辐射振荡器的基础上，构建了反向切伦科夫辐射放大器。反向切伦科夫辐射放大器是由第一段超构材料慢波结构、切断区域和第二段超构材料慢波结构三部分组成，整管模型如图 5-34 所示。其中，第一段超构材料慢波结构与第二段超构材料慢波结构均由 16 个全金属双脊 CeSRR 单元结构周期加载到空圆波导构成。同时，为了高效地耦合电磁波，采用同轴线电探针作为微波信号的输入输出装置。反向切伦科夫辐射放大器设计了 3 个波端口，信号从输入端口输入，输出端口 1 和输出端口 2 均为信号输出端口。第一段超构材料慢波结构的周期长度为 P_1，周期个数 $N_1 = 15$，靠近输出端口 1 的输出腔宽度为 D_{r1}，靠近输入端口的输入腔宽度为 D_{r2}；第二段超构材料慢波结构的周期长度为 P_2，周期个数 $N_2 = 15$，靠近输出端口 3 的输出腔宽度为 D_{r3}，靠近收集极一端的腔宽度为 D_{r4}。同轴线的内外半径分别为 r 和 R，同轴线探针的高度和宽度分别为 h 和 L_1，同轴线内外导体间的支撑介质为聚四氟乙烯。相关尺寸参数见表 5-8。

表 5-8　反向切伦科夫辐射放大器结构参数

参数	数值/mm
P_1	12
P_2	12
D_{r1}	8
D_{r2}	8
D_{r3}	8
D_{r4}	8
R	3.5
r	0.5
h	33
L_1	4.5

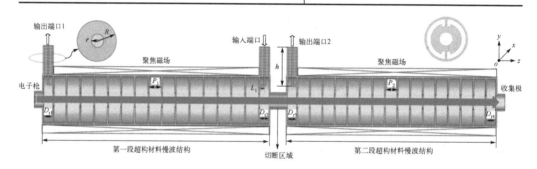

图 5-34　反向切伦科夫辐射放大器

　　电子注从电子枪产生后，依次经过第一段超构材料慢波结构、切断区域和第二段超构材料慢波结构。当输入信号自输入端口输入后，与电子注在第一段超构材料慢波结构中发生互作用，高频场与电子注进行注波互作用，初步实现了对电子注的速度调制和密度调制。调制后的电子注具有较好的群聚特性，经由切断区域进入第二段超构材料慢波结构，切断区域只允许电子注通过，高频场则被截止，这很好地抑制了自激振荡。具有较好的群聚特性的电子注进入第二段超构材料慢波结构时，会在超构材料慢波结构中产生反向切伦科夫辐射，重新激励起高频电磁场，电子注与高频场继续进行注波互作用，交出能量，放大高频电磁信号，电子注在第二段超构材料慢波结构中的工作原理与反向切伦科夫辐射振荡器类似[52-54]。

　　随后，对反向切伦科夫辐射放大器进行注波互作用模拟。在输入功率为 5.2W、轴向磁感应强度为 0.2T、电子注电压和电流分别为 –38kV 和 0.45A 的条件下，仿真结果表明，在 2.286GHz 频点处，输出端口 1 的输出功率为 244W；输出端口 2 的饱和输出功率为 2.89kW，饱和增益为 27.45dB，3dB 工作带宽约为 21MHz（2.277～

2.298GHz），如图 5-35 所示。总电子效率约为 18.33%。因此，反向切伦科夫辐射放大器同时实现大功率和小功率微波信号输出，且两者具有相同的工作频率，非常适合同时需要同频大功率和小功率微波信号的应用场景。

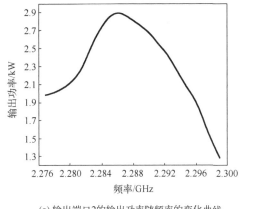

(a) 输出端口2的输出功率随频率的变化曲线

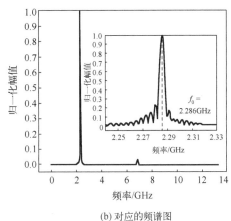

(b) 对应的频谱图

图 5-35 注波互作用的仿真结果

为了进一步提高反向切伦科夫辐射放大器的输出功率和增益，采用了相速跳变技术对第二段超构材料慢波结构的周期进行优化，最终 P_2 的优化结果为 10.9mm。然后，在输入功率为 7.8W、轴向磁感应强度为 0.2T、工作电压和电流分别为 –38kV 和 0.45A 的条件下，进行了注波互作用分析。由仿真结果可知，在 2.286GHz 频点处，输出端口 1 的输出功率为 337W；输出端口 2 的饱和输出功率为 5.64kW，饱和增益为 28.59dB，3dB 工作带宽约为 11MHz（2.282～2.293GHz），如图 5-36 所示；总电子效率为 34.95%。

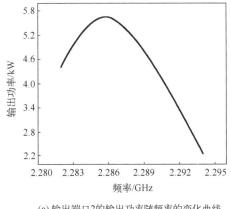

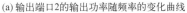

(a) 输出端口2的输出功率随频率的变化曲线

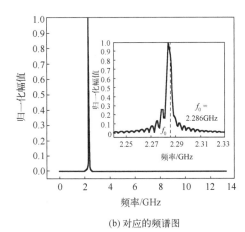

(b) 对应的频谱图

图 5-36 注波互作用的仿真结果

　　将反向切伦科夫辐射放大器和跳变周期反向切伦科夫辐射放大器的仿真结果进行对比分析，不难发现，经过相速跳变优化后的跳变周期反向切伦科夫辐射放大器的饱和增益相比反向切伦科夫辐射放大器有了一定程度的提升，电子效率有了大幅提升。

　　反向切伦科夫辐射放大器的慢波结构的半径仅为 20mm，约为传统 S 波段耦合腔行波管慢波结构半径的 2/3。其纵向长度为 410mm，与传统器件相当。因此，其体积相较传统的耦合腔行波管有了明显的减小[55]。其次，优化后的跳变周期反向切伦科夫辐射放大器的饱和增益为 28.59dB，电子效率达到了 34.95%，高于传统 S 波段耦合腔行波管（约为 14%～24%）和螺旋线行波管（约为 10%～20%）[55,56]。因此，该反向切伦科夫辐射放大器不仅与反向切伦科夫辐射振荡器一样，具备小型化及高效率的特征，同时还具有高增益的特点。

　　超构材料中的反向切伦科夫辐射不仅可以用于电磁波的产生，同样可以用于电磁波的放大，相比于传统的同类型器件，不仅在增益、电子效率等方面具有明显优势，同时还具有小型化特征[57,58]。反向切伦科夫辐射器件可以很好地应用于具有窄带微波信号产生和放大需求的场景。超构材料不仅可以应用在微波频段，也可以应用在毫米波和太赫兹频段甚至光波段，这是一个值得关注的研究方向。

参 考 文 献

[1] 王文祥. 真空电子器件[M]. 北京: 国防工业出版社, 2012: 423-427.

[2] Veselago V G. The electrodynamics of substances with simultaneously negative values of ε and µ[J]. Physics-Uspekhi, 1968, 10(4): 509-514.

[3] Duan Z Y, Guo C, Guo X, et al. Double negative-metamaterial based Terahertz radiation excited by a sheet beam bunch[J]. Physics of Plasmas, 2013, 20(9): 093301.

[4] Duan Z Y, Wu B I, Lu J, et al. Reversed Cherenkov radiation in unbounded anisotropic double-negative metamaterials[J]. Journal of Physics D: Applied Physics, 2009, 42(18): 185102.

[5] Chen H S, Chen M. Flipping photons backward: Reversed Cherenkov radiation[J]. Materials Today, 2011, 14(1-2): 34-41.

[6] Lyu Z F, Luo H Y, Wang X, et al. Compact reversed Cherenkov radiation oscillator with high efficiency[J]. Applied Physics Letters, 2022, 120(5): 053501.

[7] Duan Z Y, Gong Y B, Wang W X, et al. Accurate tape analysis of the attenuator-coated helical slow-wave structure[J]. IEEE Transactions on Electron Devices, 2006, 53(4): 903-909.

[8] Duan Z Y, Gong Y B, Lü M Y, et al. Optimization design of helix pitch for efficiency enhancement in the helix travelling wave tubes[J]. Chinese Physics Letters, 2008, 25(3): 934-937.

[9] Duan Z Y, Gong Y B, Wei Y Y, et al. Theoretical research on the performance of a practical helix travelling wave tube[J]. Chinese Physics B, 2008, 17(7): 2484-2490.

[10] Chernin D, Jr Antonsen T M, Levush B, et al. A three-dimensional multifrequency large signal model for helix traveling wave tubes[J]. IEEE Transactions on Electron Devices, 2001, 48(1): 3-11.

[11] Chong C K, Menninger W L. Latest advancements in high-power millimeter-wave helix TWTs[J]. IEEE Transactions on Plasma Science, 2010, 38(6): 1227-1238.

[12] Ji D X, Zhu L, Huang W C, et al. Development of a high efficiency coupled-cavity traveling wave tube[C]. IEEE International Vacuum Electronics Conference, Busan, 2019: 1-2.

[13] Pershing D E, Nguyen K T, Abe D K, et al. Demonstration of a wideband 10-kW Ka-band sheet beam TWT amplifier[J]. IEEE Transactions on Electron Devices, 2014, 61(6): 1637-1642.

[14] Kowalski E J, Shapiro M A, Temkin R J. An overmoded W-band coupled-cavity TWT[J]. IEEE Transactions on Electron Devices, 2015, 62(5): 1609-1616.

[15] Jr Gilmour A S. Klystrons, Traveling Wave Tubes, Magnetrons, Crossed-Field Amplifiers, and Gyrotrons[M]. Boston: Artech House, 2011.

[16] Mendel J T. Helix and coupled-cavity traveling-wave tubes[J]. Proceedings of the IEEE, 1973, 61(3): 280-298.

[17] Duan Z Y, Shapiro M A, Schamiloglu E, et al. Metamaterial-inspired vacuum electron devices and accelerators[J]. IEEE Transactions on Electron Devices, 2019, 66(1): 207-218.

[18] Shapiro M A, Trendafilov S, Urzhumov Y, et al. Active negative-index metamaterial powered by an electron beam[J]. Physical Review B, 2012, 86(8): 085132.

[19] Hummelt J S, Lu X Y, Xu H R, et al. Coherent Cherenkov-cyclotron radiation excited by an electron beam in a metamaterial waveguide[J]. Physical Review Letters, 2016, 117(23): 237701.

[20] Lu X Y, Stephens J C, Mastovsky I, et al. High power long pulse microwave generation from a metamaterial structure with reverse symmetry[J]. Physics of Plasmas, 2018, 25(2): 023102.

[21] Lu X Y, Shapiro M A, Mastovsky I, et al. Generation of high-power, reversed-Cherenkov wakefield radiation in a metamaterial structure[J]. Physical Review Letters, 2019, 122(1): 014801.

[22] Picard J, Mastovsky I, Shapiro M A, et al. Generation of 565 MW of X-band power using a metamaterial power extractor for structure-based wakefield acceleration[J]. Physical Review Accelerators and Beams, 2022, 25(5): 051301.

[23] Yurt S C, Fuks M I, Prasad S, et al. Design of a metamaterial slow wave structure for an O-type high power microwave generator[J]. Physics of Plasmas, 2016, 23(12): 123115.

[24] Prasad S, Yurt S C, Shipman K A, et al. A compact high-power microwave metamaterial slow-wave structure: From computational design to hot test validation[C]. Computing and Electromagnetics International Workshop, Barcelona, Spain, 2017: 61-62.

[25] de Alleluia A B, Abdelshafy A F, Ragulis P, et al. Experimental testing of a 3-D-printed metamaterial slow wave structure for high-power microwave generation[J]. IEEE Transactions on Plasma Science, 2020, 48(12): 4356-4364.

[26] Tang X F, Duan Z Y, Ma X W, et al. Dual band metamaterial Cherenkov oscillator with a waveguide coupler[J]. IEEE Transactions on Electron Devices, 2017, 64(5): 2376-2382.

[27] Tang X F, Li X Q, Wang Q F, et al. Miniature metamaterial backward wave oscillator with a coaxial coupler[J]. IEEE Transactions on Electron Devices, 2022, 69(3): 1389-1395.

[28] Wang Y S, Duan Z Y, Tang X F, et al. All-metal metamaterial slow-wave structure for high-power sources with high efficiency[J]. Applied Physics Letters, 2015, 107(15): 153502.

[29] Duan Z Y, Wang Y S, Huang X, et al. Miniaturized all-metal slow-wave structure[P]. US 9425020 B2. 2016.

[30] 段兆云, 王彦帅, 黄祥, 等. 一种小型全金属慢波器件[P]. ZL 201410280414.4. 2016.

[31] Wang Y S, Duan Z Y, Wang F, et al. S-band high-efficiency metamaterial microwave sources[J]. IEEE Transactions on Electron Devices, 2016, 63(9): 3747-3752.

[32] Ghione G, Naldi C U. Coplanar waveguides for MMIC applications: Effect of upper shielding, conductor backing, finite-extent ground planes, and line-to-line coupling[J]. IEEE Transactions on Microwave Theory and Techniques, 1987, 35(3): 260-267.

[33] Smith D R, Vier D C, Kroll N, et al. Direct calculation of permeability and permittivity for a left-handed metamaterial[J]. Applied Physics Letters, 2000, 77(14): 2246-2248.

[34] Szabó Z, Park G H, Hedge R, et al. A unique extraction of metamaterial parameters based on Kramers-Kronig relationship[J]. IEEE Transactions on Microwave Theory and Techniques, 2010, 58(10): 2646-2653.

[35] Marqués R, Martel J, Mesa F, et al. Left-handed-media simulation and transmission of EM waves in subwavelength split-ring-resonator-loaded metallic waveguides[J]. Physical Review Letters, 2002, 89(18): 183901.

[36] Esteban J, Camacho-Peñalosa C, Page J E, et al. Simulation of negative permittivity and negative permeability by means of evanescent waveguide modes—theory and experiment[J]. IEEE Transactions on Microwave Theory and Techniques, 2005, 53(4): 1506-1514.

[37] Rosa E B. The Self and Mutual Inductances of Linear Conductors[M]. Washington: U.S. Bulletin of the National Bureau of Standards, 1907: 301-344.

[38] Fujisawa K. General treatment of klystron resonant cavities[J]. IRE Transactions on Microwave Theory and Techniques, 1958, 6(4): 344-358.

[39] Dishal M. Design of dissipative band-pass filters producing desired exact amplitude-frequency characteristics[J]. Proceedings of the IRE, 1949, 37(9): 1050-1069.

[40] Curnow H J. A general equivalent circuit for coupled-cavity slow-wave structures[J]. IEEE Transactions on Microwave Theory and Techniques, 1965, 13(5): 671-675.

[41] Kirley M P, Booske J H. Terahertz conductivity of copper surfaces[J]. IEEE Transactions on Terahertz Science and Technology, 2015, 5(6): 1012-1020.

[42] Hammerstad E O, Jensen O. Accurate models for microstrip computer-aided design[C]. IEEE MTT-S International Microwave Symposium Digest, Washington, DC, USA, 1980: 407-409.

[43] Groiss S, Bardi I, Biro O, et al. Parameters of lossy cavity resonators calculated by the finite element method[J]. IEEE Transactions on Magnetics, 1996, 32(3): 894-897.

[44] 电子管设计手册编辑委员会. O 型返波管设计手册[M]. 北京: 国防工业出版社, 1985: 25-30.

[45] Johnson H R. Backward-wave oscillators[J]. Proceedings of the IRE, 1955, 43(6): 684-697.

[46] Sullivan J W. A wide-band voltage-tunable oscillator[J]. Proceedings of the IRE, 1954, 42(11): 1658-1665.

[47] Tien P K. Bifilar helix for backward-wave oscillators[J]. Proceedings of the IRE, 1954, 42(7): 1137-1143.

[48] Jung S S, Soukhov A V, Jia B F, et al. Positive phase-velocity tapering of broadband helix traveling-wave tubes for efficiency enhancement[J]. Applied Physics Letters, 2002, 80(16): 3000-3002.

[49] Latha A M, Ghosh S K. Design and development of a novel, compact, and light-weight multistage depressed collector for space TWTs[J]. IEEE Transactions on Electron Devices, 2016, 63(1): 481-485.

[50] Heffner H. Analysis of the backward-wave traveling-wave tube[J]. Proceedings of the IRE, 1954, 42(6): 930-937.

[51] 刘盛纲. 微波电子学导论[M]. 北京: 国防工业出版社, 1985: 226-235.

[52] Currie M R, Whinnery J R. The cascade backward-wave amplifier: A high-gain voltage-tuned filter for microwaves[J]. Proceedings of the IRE, 1955, 43(11): 1617-1631.

[53] Paoloni C, Carlo A D, Brunetti F, et al. Design and fabrication of a 1 THz backward wave amplifier[J]. Terahertz Science and Technology, 2011, 4(4): 149-163.

[54] Paoloni C, Carlo A D, Bouamrane F, et al. Design and realization aspects of 1-THz cascade backward wave amplifier based on double corrugated waveguide[J]. IEEE Transactions on Electron Devices, 2013, 60(3): 1236-1243.

[55] Li W J, Xu Z, Lin Y Z, et al. Cold-test experimental research of an S-band broadband high power CCTWT[J]. Chinese Physics C, 2008, 32(S1): 178-180.

[56] Abrams R H, Levush B, Mondelli A A, et al. Vacuum electronics for the 21st century[J]. IEEE Microwave Magazine, 2001, 2(3): 61-72.

[57] 王彦帅. 基于超材料的新型辐射源研究[D]. 成都: 电子科技大学, 2017.

[58] Wang C C, Li X Y, Lyu Z F, et al. Reversed Cherenkov radiation amplifier with compact structure and high efficiency[J]. Physics of Plasmas, 2023, 30(9): 093301.

第6章 相干增强渡越辐射及其器件

苏联物理学家 V. L. Ginzburg 和 I. M. Frank 从理论上预测了渡越辐射(Transition radiation)的存在[1]。渡越辐射是指带电粒子穿过两种不同介质之间的非连续界面时产生的一种电磁辐射。这种电磁辐射是由带电粒子轨迹周围物质的集体效应来重新改变带电粒子的电磁场。渡越辐射可以用于实现在 X 射线及更短波长下工作的新型辐射源[2-4]。因此,它被广泛应用于检测微观带电粒子的相对论能量及其磁矩[5,6]。然而,传统的渡越辐射利用高能带电粒子轰击目标,产生具有一定角度的空间分布的电磁辐射,其辐射密度将受到固体真空边界、有限质量的箔片和层状金属塑料靶等的限制[3]。带电粒子轰击目标后能量迅速降低,因而辐射强度也会急剧下降。从广义上讲,渡越辐射不仅仅局限于带电粒子通过两种不同介质的界面,也可以基于渡越时间效应[7],如由带电粒子通过谐振腔中的扰动来产生[8,9]。利用谐振腔中渡越间隙之间的驻波场对带电粒子的扰动所产生的能量交换,是渡越辐射在真空电子器件中的典型应用[10]。在这些真空电子器件中,带电粒子不轰击介质,而是与谐振腔中的电磁场相互作用,产生具有相干性的高功率微波输出[11]。此外,在探索更强的相干辐射(对于速调管而言,用于国际热核聚变实验堆(ITER)计划中的托卡马克装置)和更高的加速梯度(对于加速器而言,用于大科学装置如散裂中子源)的背景下,新兴的功能材料[12]和超构材料[13-15]正在用于研发新型的高功率微波辐射源。

渡越辐射效应是形成电子注受激辐射的重要物理机制之一。基于这种机制已经发明了速调管、扩展互作用振荡器和扩展互作用速调管等真空电子器件。美国的 R. H. Varian 和 S. F. Varian 兄弟于 1937 年研制出双腔速调管[16,17],被公认是速调管的发明人。日本大阪大学的 K. Fujisawa 在 1954 年①提出了扩展互作用振荡器的概念[18],随后美国斯坦福大学的 M. Chodorow 与 T. Wessel-Berg 提出了扩展互作用速调管[19,20]。他们将常规慢波结构的两端短路,从而构造出一种新型的扩展互作用谐振腔,提高了腔体的特性阻抗,并用其代替单间隙谐振腔来提高速调管的性能[20]。从理论上讲,具有 N 个渡越间隙的扩展互作用谐振腔的特性阻抗约为单间隙谐振腔的 N 倍。提高腔体的特性阻抗有利于提高速调管的增益带宽积和电子效率[21]。

速调管具有大功率、高效率、高增益和低相位噪声等优点,被广泛应用于雷达、通信、医学成像、工业加热和大科学装置[22-24]。其中,在受控热核聚变装置、同步

---

① K. Fujisawa 于 1964 年发表的期刊文章中,提到其本人于 1954 年首次提出可以用于扩展互作用振荡器的梯形结构(The laddertron)。原文献为日本专利,由于历史久远未能找到。

辐射光源、散裂中子源等大科学装置中，广泛采用速调管作为高能微波驱动源，不仅数量众多，而且大多数集中在微波频段的低端如 P、L、S、C 等波段[25,26]，这对于速调管的输出功率、电子效率、增益和小型化等方面提出了更高的要求。因此，探索高性能的微波辐射源以减小器件体积和降低运行成本[27-31]已成为当务之急。近年来，超构材料作为一种新型的人工合成亚波长结构，因其特殊的物理性质而备受微波和光学领域的研究人员的广泛关注[32-40]。将超构材料单元与速调管或扩展互作用器件[41,42]创造性地结合起来，不仅能够从物理机理上探索新的相干增强渡越辐射，而且有望实现速调管和扩展互作用器件的小型化和高效率等性能，具有重要的科学意义和工程价值。

6.1 超构材料扩展互作用振荡器中的渡越辐射

扩展互作用振荡器是一种基于渡越辐射机理的真空电子器件。为了实现器件的小型化和高效率，采用一种全金属超构材料单元——圆形双脊互补电开口谐振环（CeSRR），创造性地将其加载到扩展互作用谐振腔中。双脊 CeSRR 单元由于内部具有等效电容和电感而产生强烈的谐振，从而导致局域的电场增强[43]，这种增强的电场有利于电子注和电磁波的互作用。因此，在超构材料中激发的渡越辐射强度将大于在常规介质中激发的渡越辐射强度[44,45]。为了研究超构材料在扩展互作用器件中激发的相干增强渡越辐射，首先研究扩展互作用器件的重要组成部分——超构材料扩展互作用谐振腔。它截取超构材料慢波结构中的一段，并将其两端用金属壁封闭而成，是电子注与电磁波能量交换的场所，其电磁特性直接决定了扩展互作用器件渡越辐射的输出功率、电子效率和带宽等。

6.1.1 超构材料扩展互作用谐振腔的高频特性

以 S 波段为例，提出了一种基于全金属双脊 CeSRR 的双间隙扩展互作用谐振腔，如图 6-1 所示。其结构参数为：p=21mm，r_1=4mm，r_c=5mm，r_2=11mm，r_{ex}=14.5mm，r_{cw}=16.5mm，h=8.3mm，b=3mm，g=2mm，d=7mm，t=1mm。

仿真研究结果表明：由基于加载双脊 CeSRR 的扩展互作用谐振腔构成的扩展互作用结构可以在很短的长度内产生渡越辐射，将电子注的动能转换成微波能量。为了表明超构材料扩展互作用谐振腔的优点，对三间隙常规扩展互作用谐振腔与三间隙超构材料扩展互作用谐振腔进行对比研究，发现其本质区别为：①超构材料扩展互作用谐振腔的横向尺寸约为 $\lambda/4$，而常规扩展互作用谐振腔的横向尺寸约为 $\lambda/2$，这表明超构材料扩展互作用谐振腔具有明显的小型化特点；②双脊 CeSRR 具有强烈的电谐振特性，从而使得加载了双脊 CeSRR 阵列的圆波导可以工作在对应空波导 TM 模式的截止频率以下的某一频段；③由于双脊 CeSRR 单元的小型化和强谐振特性，使得超构材料扩展互作用谐振腔具有较高的电磁能量密度，从而具有较高的有效特性阻抗，这样构建的速调管产生的渡越辐射将具有高输出功率和电子效率[21]。

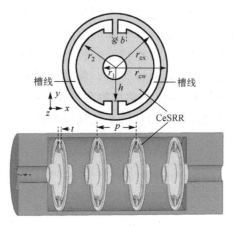

图 6-1　双脊 CeSRR 单元及其填充的扩展互作用谐振腔

进一步地，研究了加载双脊 CeSRR 的扩展互作用谐振腔的电磁特性，其耦合系数 M，特性阻抗 R/Q 和归一化电子负载电导 G_e/G_0[46]分别为：

$$M(\beta_e) = \frac{\int_{-\infty}^{+\infty} E_z(z) e^{j\beta_e z} dz}{\int_{-\infty}^{+\infty} E_z(z) dz} \tag{6-1}$$

$$R/Q = \frac{\left[\int_{-\infty}^{+\infty} E_z(z) dz\right]^2}{2\omega W} \tag{6-2}$$

$$G_e/G_0 = -\frac{1}{4}\beta_e \frac{\partial |M|^2}{\partial \beta_e} \tag{6-3}$$

其中，β_e 为电子注的传播系数，ω 为电磁波的角频率，E_z 是纵向电场，W 为谐振腔中储存的能量，M 为电子注通过渡越间隙所感受到的调制电压与实际加载在渡越间隙上的调制电压之比；R/Q 表示谐振腔渡越间隙电压 V 的平方与 $2\omega W$ 的比值；G_e/G_0 表示电子注与电磁波之间的能量交换程度。任意一个模式 G_e/G_0 的正负区间交替存在，在负区间表示电子注把能量交给渡越辐射，在正区间表示电子注获得扩展互作用谐振腔中电磁波的能量而被调制。同时，不同模式的正负区间相互重叠，反映了谐振腔中不同模式之间的竞争。对于超构材料扩展互作用振荡器而言，工作模式应满足条件 $G_e/G_0<0$，非工作模式应满足 $G_e/G_0>0$，从而抑制其他模式的自激振荡[47]。而对于后文 6.2 节中的超构材料扩展互作用速调管，输入腔和中间腔的工作模式和非工作模式应该满足条件 $G_e/G_0>0$，同时该正区间中工作模式的 G_e/G_0 极值需远大于非工作模式,即电子注最大程度吸收工作模式中的能量而被工作模式调制得最强烈,并避免电子注因交出能量而在渡越间隙中建立起更大的电场强度导致过群聚出现;对于输出腔工作模式应满足 $G_e/G_0<0$,非工作模式 $G_e/G_0>0$,并优化输出腔与输入腔的距离,使得电子注正好在输出腔的渡越间隙处形成最强烈的群聚,从而将电子注携带的工作模式电流分量中的大部分能量交给渡越辐射。

增加超构材料扩展互作用谐振腔的间隙个数,可以增大其有效特性阻抗 M^2R/Q,这有利于提高渡越辐射的带宽和电子效率,但是不可避免地会增加器件长度。采用增加间隙个数的方法来提高电子效率并不意味着可以任意增加间隙个数,其原因在于,扩展互作用中间腔较高的 R/Q 会使电子注受到较强烈的调制作用,导致在输出腔中电子失去的动能超过其初始动能,从而导致电子回流。严重时电子会从输出腔回流至输入腔甚至电子枪,从而对注波互作用以及电子注的产生和传输造成不良影响。因此,对于某一特定的超构材料构成的器件,存在一个最佳的渡越间隙个数,使得电子效率达到最大且电子回流最小。

6.1.2 超构材料扩展互作用振荡器的注波互作用

对于由单个扩展互作用谐振腔构成的扩展互作用振荡器,当带电粒子通过超构材料单元填充的扩展互作用谐振腔时,可视为电子注受到渡越间隙之间驻波场的扰动,在扩展互作用谐振腔中先受到速度调制,后受到密度调制,从而利用渡越辐射机理实现电子注和电磁场之间的能量交换。

以一个五间隙的波导耦合输出的超构材料扩展互作用振荡器为例,其优化后的仿真模型如图 6-2 所示[48,49]。优化后的结构参数如下:双脊 CeSRR 单元距两端反射面的距离 L_0 =21.5mm,优化后的周期长度 L=26.5mm,耦合口的尺寸分别为 W_{ca} = 54mm, W_{cb} =24.5mm,输出端口采用标准的 BJ32 矩形波导。

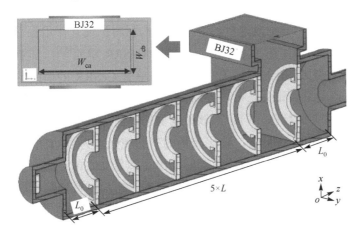

图 6-2 采用波导耦合输出的五间隙超构材料扩展互作用振荡器的仿真模型

采用 CST PIC 求解器[50]对超构材料扩展互作用振荡器的注波互作用进行仿真分析。研究结果表明，超构材料扩展互作用谐振腔可以在较短的互作用长度内产生渡越辐射，从而将电子注的动能转换成微波能量。当电子注电压为 130kV，注电流为 80A，聚焦磁场为 0.2T 时，得到渡越辐射的输出功率和输出信号的频谱，如图 6-3 所示。输出功率在 80ns 后达到稳态，在频率为 2.866GHz 处其值约为 4.9MW，其电子效率约为 46%，且频谱纯净。这表明超构材料在扩展互作用振荡器中所激发的渡越辐射具有相干性和增强性。该超构材料扩展互作用振荡器的腔体的横向直径仅为 37mm（~0.35λ），纵向长度约为 180mm（~1.71λ），其中 λ 为真空中的波长。而文献[51]中提出的 S 波段 MW 量级超构材料返波振荡器的纵向周期数为 15，纵向长度约为 4λ（510mm）。因此，超构材料扩展互作用振荡器具有显著的小型化特性。

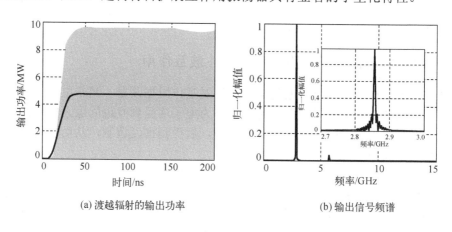

(a) 渡越辐射的输出功率　　　　　　　(b) 输出信号频谱

图 6-3　渡越辐射的输出功率和输出信号频谱

进一步地，研究了一种改进型的五间隙超构材料扩展互作用振荡器，如图 6-4 所示[52]。这里采用一种如图 6-4(a) 所示的单脊 CeSRR 单元[53]，其亚波长特性比图 6-1(a) 中所示的双脊 CeSRR 更显著，这是因为单脊 CeSRR 的槽线更长，而槽线长度与 CeSRR 的频率呈负相关。可以推断，这种基于单脊 CeSRR 的扩展互作用谐振腔的小型化特性将更加显著。同时，该振荡器的输出方式采用磁耦合。在电子注电压和注电流分别为 40kV 和 4A，聚焦磁场的磁感应强度为 0.3T 的条件下，该五间隙超构材料扩展互作用振荡器的渡越辐射输出功率为 50kW，电子效率为 31.2%，输出信号在 2.362GHz 附近无杂波信号，这表明该超构材料器件中激发的渡越辐射具有相干性，如图 6-5 所示。整个超构材料扩展互作用谐振腔的直径为 30mm（~0.24λ），纵向长度为 90mm（~0.71λ），与图 6-2 中所示的基于双脊 CeSRR 的扩展互作用振荡器相比，具有进一步的小型化特性。

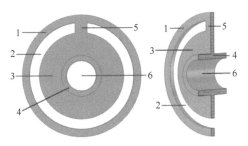

(a) 单脊CeSRR单元的平面和纵向截面图

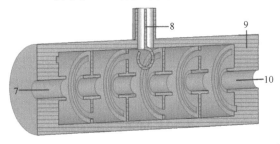

(b) 加载单脊CeSRR的超构材料扩展互作用振荡器的互作用结构

图 6-4　单脊 CeSRR 和加载单脊 CeSRR 的超构材料扩展互作用振荡器的仿真模型

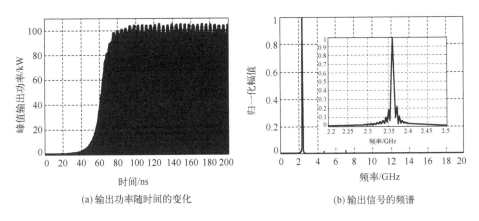

(a) 输出功率随时间的变化　　　　　　　　(b) 输出信号的频谱

图 6-5　渡越辐射的输出功率和输出信号频谱图

　　从上述研究结果可知，在微波辐射源产生输出功率的机理方面，超构材料扩展互作用振荡器是基于渡越辐射机理，而常规返波管的辐射机理是基于切伦科夫辐射。由于工作原理和互作用结构的差异，使得超构材料扩展互作用振荡器在结构尺寸和器件性能上具有潜在的优势，特别是扩展互作用振荡器作为驻波器件相对于行波器件的返波管，能够在更短的互作用长度范围内（仅为 0.57λ）对电子注进行速度调制和密度调制，在实现相干增强渡越辐射的同时实现器件的小型化。

6.2　超构材料扩展互作用速调管中的渡越辐射

6.1 节研究了超构材料激发的相干增强渡越辐射在实现器件高频结构的小型化和提高电子效率方面具有的明显优势。本节在此基础之上，优化设计超构材料扩展互作用谐振腔的输入输出装置，开展超构材料在扩展互作用速调管中激发的渡越辐射研究，并分析了渡越辐射的相干性和增强性[43,54-56]。研究表明扩展互作用速调管具有小型化特性。

6.2.1　超构材料扩展互作用谐振腔的电磁特性

在 6.1.1 节对超构材料扩展互作用谐振腔研究的基础上，针对超构材料扩展互作用速调管，分别提出了一个双间隙输入腔和三间隙输出腔，如图 6-6 所示。其输入输出装置为金属杆型的同轴耦合装置，这有利于腔体的装配和测试。其结构参数为 p_1 =20mm，s_1 =13mm，d=7mm，h_1 =11.5mm，h_2 =2mm，d_{r1} =4mm，r_{co} =2.7mm，r_{ci} =0.65mm，p_2 =19mm，s_2 =12.5mm，d_s =6.5mm，h_3 =11mm，h_4 =3mm，d_{r2} =4mm。通过 CST 本征求解器[50]仿真得到输入输出腔的基模谐振频率均为 2.45GHz，双间隙输入腔和三间隙输出腔的外部品质因子分别为 284 和 322。

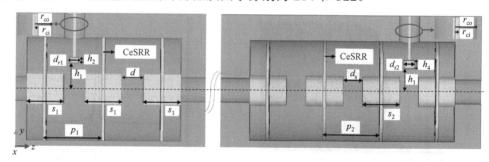

图 6-6　基于超构材料的双间隙输入腔和三间隙输出腔

基于 E_z 计算超构材料扩展互作用谐振腔的工作区间。图 6-7(a)给出超构材料三间隙扩展互作用谐振腔 π 模(基模)，π/2 模和 2π 模的 E_z 分布，其谐振频率分别为 2.45GHz、2.7GHz 和 4.1GHz。由于输入腔和中间腔需要工作在扩展互作用谐振腔的放大区间，根据图 6-7(b)中对应的 G_e/G_0 随渡越角 θ 的变化关系和 6.1.1 节中关于放大器工作模式需要满足的条件，可以看出 $\theta \in [3, 3.3]$rad。在一定范围内增大输入腔的间隙数目，虽然能够提高 M^2R/Q，但也会因缩小相邻模式的频率间隔而导致模式竞争，从而会影响输入腔甚至整管的稳定性。因此，综合考虑超构材料扩展互作用谐振腔的电磁特性和工作状态，优化设计输入腔为两间隙超构材料扩展互作用谐振腔，中间腔和输出腔均为三间隙超构材料扩展互作用谐振腔。

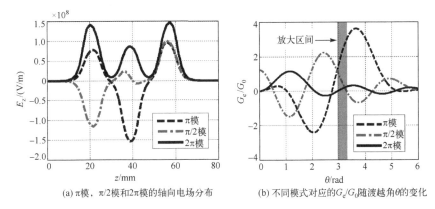

(a) π模，π/2模和2π模的轴向电场分布　　(b) 不同模式对应的G_e/G_0随渡越角θ的变化

图 6-7　超构材料扩展互作用谐振腔的 E_z 幅值和 G_e / G_0

6.2.2　超构材料扩展互作用谐振腔的实验研究

在对 S 波段超构材料扩展互作用谐振腔的研究基础上，针对图 6-6 中的双腔超构材料扩展互作用速调管开展了实验研究。通过图纸设计，零部件加工、清洗和装配，搭建测试平台，如图 6-8 所示。输入腔的内部漂移管长度为 13mm，输出腔中的内部漂移管长度为 12.5mm，腔体壁厚度为 4mm，输入输出腔的同轴耦合装置的圆柱形探头的高度分别为 2mm 和 3mm，其直径均为 3mm，通过法兰盘与标准的 SMA 同轴线连接。需要指出的是，在整个实验过程中加工了不同长度的耦合探针，以便调节扩展互作用谐振腔的谐振频率。进一步通过组装得到带有输入输出腔的双腔超构材料扩展互作用结构的装配实物图，如图 6-9 所示，其中输入腔与输出腔之间的漂移管长度均为 50mm，总长约为 200mm。

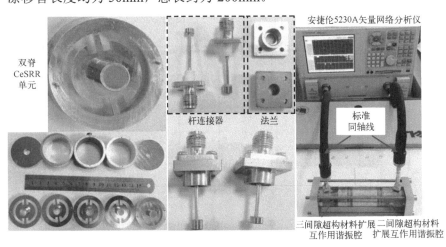

(a) 组成部件　　(b) 同轴耦合结构　　(c) 测试平台　　扫码见彩图

图 6-8　双腔超构材料扩展互作用速调管所需的零部件和测试平台

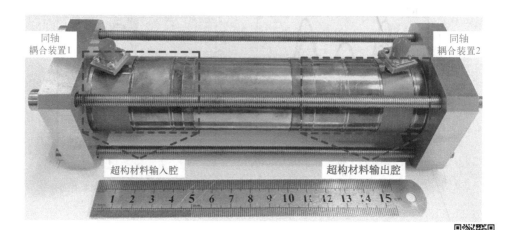

图 6-9　带有输入输出腔的双腔超构材料扩展互作用结构的实物照片

扫码见彩图

采用安捷伦 5230A 矢量网络分析仪，测试双腔超构材料扩展互作用结构的反射系数 S_{11} 和 S_{22}。二间隙超构材料扩展互作用谐振腔(输入腔)和三间隙超构材料扩展互作用谐振腔(输出腔)的测试和仿真对比结果，如图 6-10 所示。采用 3dB 带宽法，通过矢量网络分析仪直接测试输出腔和输入腔的外部品质因子 Q_e。$Q_e = f_0 / f_{3dB}$，其中 f_0 为谐振频率，f_{3dB} 为 3dB 带宽。实测 Q_e 值分别为 287 和 281。此外，在 CST 时域求解器[50]中，Q_e 采用后处理的群时延方法，$Q_e = \omega\tau/4$，其中 $\omega = 2\pi f_0$，τ 为群时延。Q_e 仿真值分别为 322 和 284，与实验测试结果基本吻合，如表 6-1 所示。另外，通过 CST 时域求解器得到的输入腔和输出腔的基模谐振频率分别为 2.452GHz 和 2.453GHz。通过比较分析，发现仿真和测试结果吻合良好。

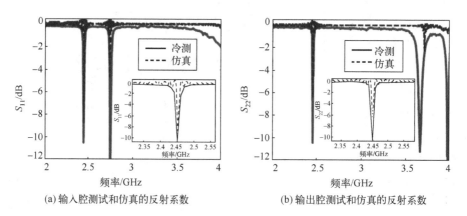

(a) 输入腔测试和仿真的反射系数　　　　　(b) 输出腔测试和仿真的反射系数

图 6-10　双腔超构材料扩展互作用结构的测试和仿真结果

表 6-1　S 波段双腔超构材料扩展互作用速调管的腔体仿真和测试结果

参数	输入腔		输出腔	
	仿真	测试	仿真	测试
f_r / GHz	2.452	2.45	2.453	2.45
Q_e	284	281	322	287

6.2.3　超构材料扩展互作用速调管的注波互作用

输入信号耦合到超构材料扩展互作用输入腔后，在腔体中形成特定模式的电磁场。电磁场在渡越间隙处基于渡越时间效应对电子注进行周期性的速度调制，随后电子注进入对微波截止的漂移管中，利用惯性效应形成密度调制。受调制的电子注在超构材料扩展互作用中间腔中感应出更强的电磁场，并在超构材料单元导致的局部增强电场的作用下，继续对电子注进行更强的速度调制和密度调制。电子注在渡越间隙处的加速和减速，使其在漂移管中逐渐形成群聚核，最终进入输出腔，在输出腔的渡越间隙处受到电磁场的调制。在输出腔，大部分电子处于减速区，少部分电子受电磁场加速，最终形成净能量交换，从而实现微波的放大。电子注将动能通过渡越辐射转换为射频能量并通过耦合装置耦合到外部电路，从而完成整个电磁波的输入、放大和输出。

在对超构材料扩展互作用谐振腔进行电磁特性和注波互作用模拟的基础之上，构建了如图 6-11 所示的三腔超构材料扩展互作用速调管[43]，其中输入腔为同轴耦合的双间隙超构材料扩展互作用谐振腔，中间腔为三间隙超构材料扩展互作用谐振腔，输出腔为基于波导耦合三间隙超构材料扩展互作用谐振腔，其输出端为标准的WR340 矩形波导；第一段漂移管和第二段漂移管的长度分别为 55mm 和 20mm；输出腔耦合口的大小为 W_a =50.5mm, W_b =16mm，耦合口距离中心线高度为 h_2 =19mm。其高频结构的腔体直径为 0.27λ，这表明器件具有小型化特性。

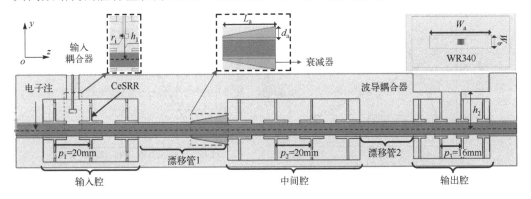

图 6-11　三腔超构材料扩展互作用速调管在 *yoz* 平面的剖视图

　　另外，考虑到中间腔的振荡和高频杂波信号产生的风险，在中间腔左侧加载一个锥形渐变衰减器，以保证超构材料扩展互作用速调管的稳定输出。

　　基于上述参数，采用 CST PIC 求解器进行渡越辐射的模拟。设置电子注电压和电流分别为 30kV 和 3A，轴向聚焦磁场为 1000G，超构材料扩展互作用速调管的输入端口信号的功率和频率分别为 1.2W 和 2.453GHz，电子注半径为 3mm，电子注通道半径为 4mm。仿真结果如图 6-12(a) 和 (b) 所示，渡越辐射的输出信号在 80ns 附近达到稳态，饱和输出功率为 56kW，对应的输出信号的中心频率为 2.453GHz。在频率为 2.453GHz 附近频谱纯净，这表明超构材料在扩展互作用速调管中激励起的渡越辐射具有相干性。同时，3dB 功率带宽为 24MHz，这表明了超构材料扩展互作用速调管具有窄带特性。通过调节输入信号的功率和频率的大小，可以调控超构材料扩展互作用速调管中渡越辐射的电子效率和增益，如图 6-12(c) 和 (d) 所示。当输入功率为 1.1W 时，电子效率达到最大为 62%，相应的饱和增益 47dB。而常规速调管的增益为 ~45dB，电子效率为 30%~45%，当采用提高电子效率的群聚-校正-收集法（Bunching-Alignment-Collecting，BAC），预测电子效率能达到 54%[57]。因此，超构材料扩展互作用速调管的电子效率和饱和增益均大于常规的同频段速调管，即渡越辐射表现出相干增强的特性。

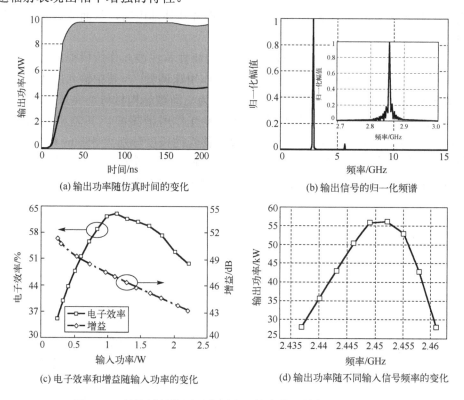

(a) 输出功率随仿真时间的变化　　　　　　　　(b) 输出信号的归一化频谱

(c) 电子效率和增益随输入功率的变化　　　　　(d) 输出功率随不同输入信号频率的变化

图 6-12　超构材料扩展互作用速调管中的渡越辐射仿真结果

对超构材料高频结构在饱和功率输出达到稳态时进行电场监测,其监测时间为190~195ns。从图 6-13 中可以看出,超构材料高频结构的最大电场幅值为12.99MV/m,位于输出腔的渡越间隙区域。双脊 CeSRR 槽线中的电场幅值高达11.24MV/m,位于双脊 CeSRR 单元凹槽的尖端处,均小于短脉冲功率输出时的真空击穿阈值 36MV/m[58]。然而,对于长脉冲或连续波输出,输出腔的最大电场位于击穿阈值 10～15MV/m[59]范围内。因此,模拟结果表明:在长脉冲或连续波输出下,超构材料扩展互作用速调管有发生击穿的风险。击穿风险存在于与输出腔耦合口相连的高频间隙,包括鼻锥和双脊 CeSRR 单元凹槽的尖端处。监测结果显示,电场最大值位于(0.5mm,4.5mm,273.7mm)处,即在输出腔中双脊 CeSRR 单元的鼻锥上。因此,对于继续研究超构材料在扩展互作用速调管中激发的相干增强渡越辐射,有必要对具有强谐振特性的双脊 CeSRR 单元增大槽线宽度、对凹槽尖端进行圆角化以及提高表面光洁度,同时增大输出腔的鼻锥厚度等。

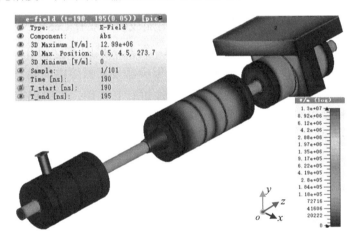

图 6-13　互作用结构的电场监测结果

6.3　超构材料速调管中的渡越辐射

第 5 章介绍了基于超构材料的反向切伦科夫振荡器,它具有小型化、高效率等优点。基于切伦科夫辐射机理的螺旋线返波管具有宽带的特性,而基于强谐振特性的超构材料具有窄带特性,这就决定了反向切伦科夫振荡器具有调谐带宽窄的特点。众所周知,作为一种高功率放大器,常规的速调管本质上是窄带器件。目前,基于谐振法构建的超构材料非常适合用于速调管,所以本节从理论和实验上研究超构材料速调管中的渡越辐射,为发展新型的真空电子器件奠定坚实的基础。

6.3.1　S 波段超构材料速调管中的渡越辐射的理论研究

为了探索基于超构材料渡越辐射的优势，提出了一种 MW 量级的紧凑型速调管[60]，每个谐振腔中都加载了两个双脊 CeSRR 单元。一种加载两个双脊 CeSRR 单元的单间隙谐振腔如图 6-14(a)所示，相关结构参数列于表 6-2 中。由于双脊 CeSRR 的亚波长特性，所构建的基于双脊 CeSRR 的谐振腔的直径比常规谐振腔更小。谐振腔的直径 $2r$ 为 36mm，比用于速调管的传统重入式谐振腔直径 48mm[61]小，仅为其 0.75 倍。超构材料谐振腔直径的减小体现了所提出的超构材料速调管的小型化潜力。更重要的是，它的基模主要由双脊 CeSRR 单元决定，电场集中在谐振腔的特定区域，这十分有利于电子注的调制[53]。

通过 CST 本征模求解器的仿真[50]，得到了谐振腔的纵向电场 E_z。图 6-14(b)显示了基模 TM_{010} 和高次模 TM_{011} 的 E_z 分布模拟结果。按照文献[46]中的方法，根据图 6-14(c)所示的两种模式的 E_z 幅值，计算出加载两个双脊 CeSRR 的谐振腔的 R/Q 值。基模的 R/Q 值在 2.852GHz 时为 115.7Ω，而高次模的 R/Q 值在 3.508GHz 时为 2.1Ω。高次模较低的 R/Q 值使得高能电子注很少激发谐振腔中的高次模，这表明在该谐振腔中基模比高次模更能有效地与电子注进行互作用，同时保证渡越辐射的相干性。输入腔和输出腔的外部品质因子 Q_e，中间腔的负载品质因子 Q_L，谐振腔的直径 $D=2r$，谐振腔的长度 l，谐振频率 f_r，耦合系数 M 和基模的 R/Q 都汇总在表 6-2 中。从表可以看出，D 约为自由空间波长的 0.34，因此基于加载双脊 CeSRR 谐振腔的速调管具有明显的小型化特性。

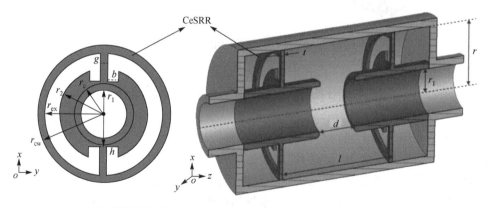

(a) 双脊CeSRR单元和加载双脊CeSRR单元谐振腔的示意图

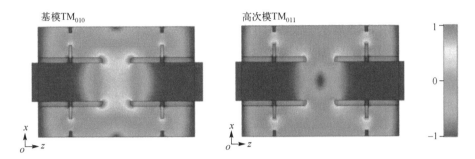

(b) 基模和高次模的E_z分布

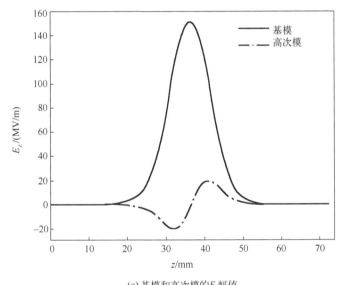

(c) 基模和高次模的E_z幅值

图 6-14　双脊 CeSRR 单元、加载双脊 CeSRR 的谐振腔及其电磁特性

扫码见彩图

表 6-2　双脊 CeSRR 单元、加载双脊 CeSRR 单元的谐振腔和常规重入式谐振腔的尺寸参数

r_1	r_c	r_2	h
6.3	8	12	9
r_{ex}	r_{cw}	r	g
16	18	18	1.86
b	l	d	t
3.07	31	9.4	1
d_r	r_{1r}	l_r	r_r
9.4	6.3	30	26.89

为了避免输出腔内出现射频击穿现象，我们对双脊 CeSRR 单元和漂移管鼻锥进行了优化设计。图 6-15 展示了改进后的双脊 CeSRR 单元、模拟的 E_z 分布和带有波导输出耦合器的输出腔的横向电场分布。

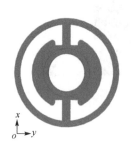
(a) 改进的双脊CeSRR单元

(b) 输出腔的 E_z 分布

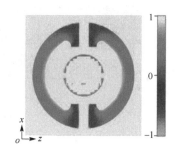
(c) 改进的双脊CeSRR单元中的横向电场分布

图 6-15　改进的双脊 CeSRR 单元和带有波导输出耦合器的输出腔的 E_z 分布

扫码见彩图

为了对比加载双脊 CeSRR 谐振腔的尺寸和电磁特性，构建了一种应用于常规速调管的重入式谐振腔[62,63]，如图 6-16 所示。重入式谐振腔基模的谐振频率 f_r，短路面之间的长度 l_r，渡越间隙的长度 d_r 以及电子注通道半径 r_{1r} 都与加载两个双脊 CeSRR 的谐振腔相同，分别如图 6-16、图 6-14(a) 和表 6-2 所示。根据 E_z 分布，得到重入式谐振腔的 R/Q 为 142.5Ω，其半径 r_r=26.89mm 约为加载两个双脊 CeSRR 的谐振腔半径 r 的 1.5 倍。加载两个双脊 CeSRR 的谐振腔的半径大幅减小的原因在于：相对于重入式谐振腔，加载两个双脊 CeSRR 的谐振腔的谐振频率主要取决于双脊 CeSRR 的亚波长特性。此外，计算得到的重入式谐振腔的 R/Q 比加载两个双脊 CeSRR 的谐振腔更大。这是因为最佳的 R/Q 与谐振腔的长度和直径的比值有关，而不是与直径等单个尺寸有关[64]。将两个双脊 CeSRR 加载入谐振腔限制了该比值，从而导致其 R/Q 小于重入式谐振腔。然而，基于超构材料的渡越辐射强度不仅与 R/Q 有关，还与电子注的导流系数(其定义式为 $P_{er} = I / U^{3/2}$，其中 I 和 U 分别是电子注的电流和电压)，加载两个双脊 CeSRR 的中间腔的数量和 f_r，各段漂移管的长度，以及加载有两个双脊 CeSRR 的输出腔的 Q_e 有关。

渡越辐射由超构材料构建的速调管来产生。本节提出的超构材料速调管由电子枪、加载两个双脊 CeSRR 的谐振腔(共五个，各个谐振腔由漂移管连接)、同轴输入耦合装置、波导输出耦合装置、磁聚焦系统和收集极组成，如图 6-17 所示。渡越辐射的物理机理为：当从电子枪中发射出的均匀圆形电子注通过输入腔的渡越间隙时，电子注通过与基模的 E_z 互作用发生速度调制。被调制的电子注通过漂移管形成密度调制，然后形成电子群聚。电子注通过中间腔的渡越间隙时，会形成更强的速度调制。强烈群聚的电子在输出腔内被减速，从而将大部分自由电子的动能转化为渡越辐射，导致渡越辐射信号被放大。

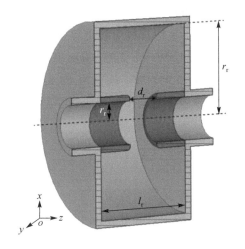

图 6-16　传统重入式谐振腔的仿真模型

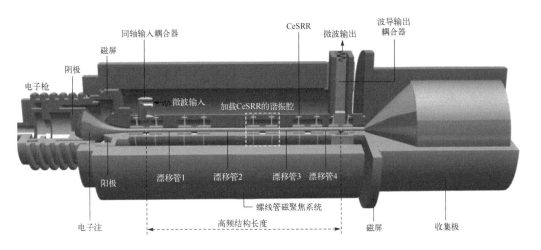

图 6-17　超构材料速调管的结构示意图

基于上述对谐振腔电磁特性的模拟，利用 CST 粒子工作室[50]，仿真了基于超构材料的速调管电子注和电磁波的互作用过程，分析了上面介绍的渡越辐射的放大机制。当忽略相对论效应时，电子注电压 U 由以下公式给出[24]：

$$U = 5.11 \times 10^5 \times \left(\frac{1}{\sqrt{1 - (\omega / \beta_e c_0)^2}} - 1 \right) \tag{6-4}$$

此处 $\omega = 2\pi f$，c_0 为真空中的光速。在 CST 中构建了如图 6-18 所示的超构材料高频结构仿真模型，其中电子注和电子注通道的半径分别为 4.1mm 和 6.3mm。设阳极的电位为参考零电位，在 –120kV/80A 电子注的条件下，对超构材料速调管的渡越辐射进行了 PIC 模拟，得到了超构材料中渡越辐射的结果，如图 6-19 所示。当输入信号的功率和频率分别为 24.5W 和 2.852GHz 时，超构材料中的渡越辐射在 2.852GHz 下的饱和输出功率为 5.94MW，增益为 53.85dB，电子效率为 61.9%，如图 6-19(a)所示。在图 6-19(b)中，对输出信号进行了后处理，使用了归一化方法，其公式为：

$$X_n = \frac{X}{X_{\max}} \tag{6-5}$$

其中，X_n 是归一化后的数据，X 是原始数据，$X_{\max}$ 是 X 的最大值。输出功率随频率的变化曲线见图 6-19(c)。从图中可知其 3dB 带宽超过 32MHz，能够满足未来加速器等应用需求[65]。这些研究结果表明，该渡越辐射是高度相干且具有强烈的电磁辐射。在其他参数不变的情况下，通过调整输入功率来改变增益和电子效率，如图 6-19(d)所示。从图中可以看出，随着输入功率的增加，电子效率增加，增益减小。

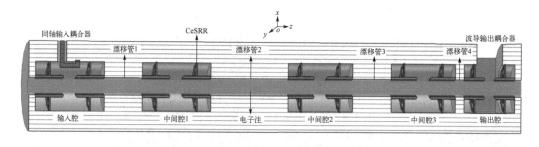

图 6-18　超构材料互作用结构的仿真模型

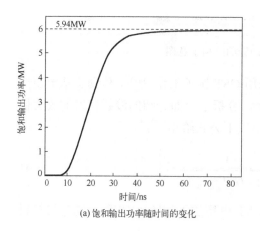

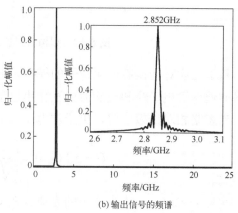

(a) 饱和输出功率随时间的变化　　　　　　(b) 输出信号的频谱

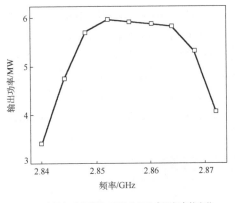

(c) 在输入功率为24.5W时输出功率随频率的变化

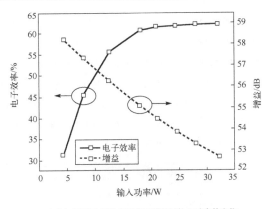

(d) 在2.852GHz下电子效率和增益随输入功率的变化

图 6-19　渡越辐射的仿真结果

对于 MW 量级的超构材料渡越辐射源，由于其具有小型化的特性，因此有必要分析输出功率达到稳定状态后整个互作用结构的电场分布，从而评估其射频击穿风险，特别是对于输出腔这种电场分布明显高于其他谐振腔的部分，如图 6-20 所示。通过设置 98～100ns 的监测时间，仿真发现最大电场为 54.8MV/m，位于输出腔鼻锥的位置(4.833mm, –4.000mm, 339.000mm)，如图 6-20 中的内置小图所示。由于没有相同条件下的击穿阈值可比较，这里选择S波段下真空环境的击穿阈值36MV/m[58]作为参考。通过对比发现，击穿阈值小于互作用结构中的最大电场，因此该器件可能存在击穿的风险。然而，正如 6.2 节所述，击穿阈值不仅与器件的工作频段有关，还与真空度、导体材料、表面粗糙度、脉冲宽度等因素有关[66]。在此渡越辐射实验中，所选用的固态功率放大器可以调整到 3～14μs 脉宽的脉冲工作状态。经过多次实验，发现当脉宽为～10μs 时，超构材料速调管没有发生射频击穿现象。

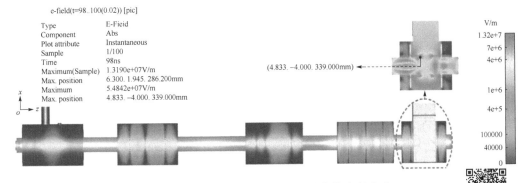

图 6-20　超构材料速调管互作用结构的电场分布

扫码见彩图

为了研究超构材料渡越辐射中自由电子的产生和传输，本实验设计了一种圆形注电子枪，通过产生自由电子来形成所需的圆形电子注，如图 6-21 所示。电子枪在渡越辐射实验中采用了钡钨阴极, 其工作温度为(1050±50)℃。使用 ANSYS 软件[67] 设计和优化了电子枪的热屏筒结构, 并模拟其温度分布, 其结果如图 6-21(a)所示。当灯丝的加热功率为 300W 时, 阴极温度达到 1022.9℃, 符合钡钨阴极的工作条件。用 CST 粒子追踪求解器[50] 模拟了电子枪中的粒子轨迹, 如图 6-21(b)所示。仿真结果表明: 当电子注电压为−120kV, 电子注电流约为 80A 时, 电子枪的导流系数约为 1.9μP。在 CST 仿真中, 加载两个双脊 CeSRR 的输入腔入口处的注腰半径为 4.1mm, 对应的电子注填充系数为 0.65。

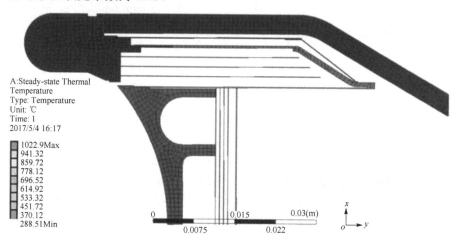

(a) 电子枪的热屏筒结构及ANSYS模拟的温度分布

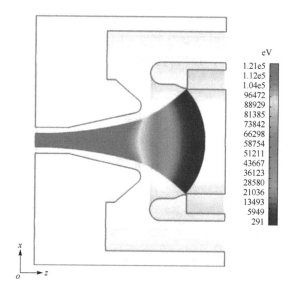

(b) 用CST粒子追踪求解器模拟的电子枪中自由电子的粒子轨迹

扫码见彩图

图 6-21　圆形电子枪的模拟结果

另外，为了保持电子注具有良好的传输特性，利用螺线管磁聚焦系统来聚焦电子注。聚焦理论初步预测聚焦线圈中心的纵向磁感应强度 B_z 不小于 0.1874T[24]，才能获得良好的电子注传输特性。在综合考虑电子枪、输出腔和收集极的过渡区域的磁场分布之后，利用 CST M-Static 求解器[50]仿真得到螺线管磁聚焦系统中心的磁感应强度，如图 6-22 所示。仿真结果表明，当 B_z 峰值为 0.24T 时，可以实现对电子注的有效聚焦，从而有利于注波互作用。

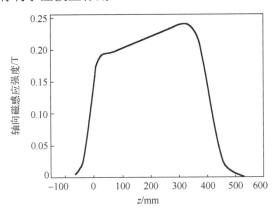

图 6-22　仿真得到的螺线管磁聚焦系统中心位置处的磁感应强度

6.3.2　S 波段超构材料速调管中的渡越辐射的实验研究

在上述理论研究的基础上，开展了超构材料中相干增强渡越辐射的实验研究工作，为此对电子枪、收集极、聚焦系统和基于超构材料的高频结构进行了加工、装配、冷测以及渡越辐射测试工作。为了通过实验表征加载两个双脊 CeSRR 的谐振腔的电磁特性，制作了如图 6-23(a)所示的零部件。其中，输出腔通过矩形耦合端口与平板波导连接，再通过输出窗与标准矩形波导连接。在平板波导的 H 面设计了水冷系统，用于冷却输出波导。将加载两个双脊 CeSRR 的输入腔、中间腔和输出腔组装起来，构成超构材料高频结构，如图 6-23(b)所示。

对于加载两个双脊 CeSRR 的输入腔，可以采用探针法，通过输入腔的同轴输入耦合装置在渡越间隙中激励起电磁场，由反射系数 S_{11} 与谐振频率 f_r 的关系，得到所需的群时延 τ[24]，其测量原理如图 6-24(a)所示。其中 τ 与电压反射系数 Γ 的关系为[68]：

$$\tau = -\frac{d\Phi(\Gamma)}{d\omega} \tag{6-6}$$

如果将输入腔视为单端口网络，有 $S_{11}=\Gamma$[69]，即构建起 S_{11} 与 τ 的数学关系式。再根据 6.2.2 节中的关系式 $Q_e=\omega\tau/4$，即可求出输入腔的 Q_e。从图 6-24(b)可以发现，测量的 f_r 和对应的 τ 略低于模拟结果，测量的 $Q_e=132$ 也低于模拟结果的 153。

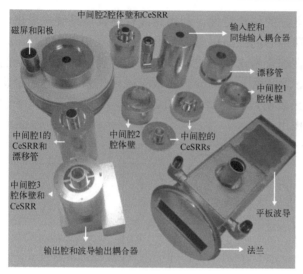

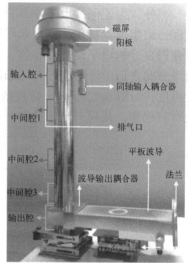

(a) 制作的零部件　　　　　　　　　　　　(b) 由高频结构组装的样管

图 6-23　零部件和样管

扫码见彩图

对于加载两个双脊 CeSRR 的中间腔 1 而言,由于不能像输入腔那样直接与外部电路耦合,因此需要同时采用源探针和接收探针测量谐振腔的 f_r 以及相应半功率点的频率 f_1 和 f_2 来求得 Q_L [24],其测量原理图如图 6-24(c)所示。当 Q_e 远小于固有品质因数 Q_0 时,根据关系式 $1/Q_L = 1/Q_0 + 1/Q_e$, Q_e 可近似成 Q_L,即 $Q_e \approx Q_L = f_r/(f_1 - f_2)$。此外,也可以采用相位法[70]精确测量 Q_e。将输入腔、中间腔 1、2 和 3 以及输出腔的测量结果与仿真结果一同总结在表 6-3 中。通过对比分析,发现测试结果与仿真结果吻合良好。

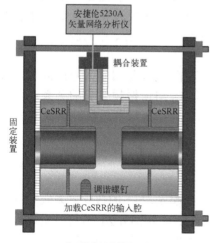

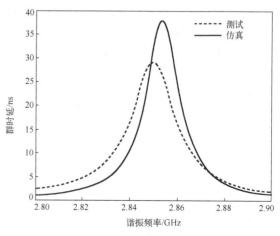

(a) 输入腔的测量装置示意图　　　　　　　(b) 输入腔的群时延与谐振频率的模拟和测试结果对比

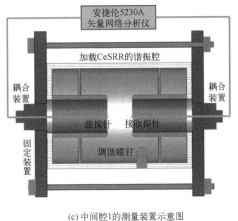

(c) 中间腔1的测量装置示意图

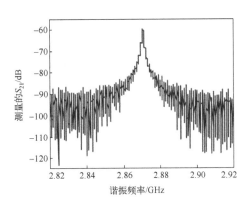

(d) 中间腔1测量的S_{21}参数

图 6-24　加载双脊 CeSRR 单元的输入腔和中间腔 1 的实验装置、设计模型和电磁特性

表 6-3　各腔体的仿真值与测试值的对比

f/Q		输入腔	中间腔 1	中间腔 2	中间腔 3	输出腔
仿真值	f/MHz	2856	2868	2962.3	3021.2	2856.8
	Q_L/Q_{ext}	153	3954	4073	4109	11.2
测试值	f/MHz	2851	2870	2962	3025	2853
	Q_L/Q_{ext}	132	3248	3368	3421	30

需要指出的是，以加载两个双脊 CeSRR 的中间腔 1 的测试为例，利用探针法测量 f_r 的原理为[24]：由安捷伦 5230A 矢量网络分析仪产生的扫频信号通过源探针在谐振腔渡越间隙上激励起电磁场，再通过接收探针和检波器，即可将谐振腔渡越间隙电场的幅值随频率的变化显示在示波器上，由幅值变化率最大点求出 f_r。由于检波器的检波率与幅值呈平方关系，因此图 6-24(d) 中显示的 S_{21} 表示由探针在渡越间隙中激励起的电磁场的功率随频率的变化曲线[24]。

此外，在加载两个双脊 CeSRR 的输入腔、中间腔 1 和中间腔 2 中都设置了调谐螺钉，用于调谐 f_r。为了提高加载两个双脊 CeSRR 的中间腔 3 和输出腔的功率容量，没有在这些腔体中加载调谐螺钉。加工时严格控制这些谐振腔的表面粗糙度，以减少谐振腔内部电磁波的损耗。因此，在制作超构材料高频结构时，双脊 CeSRR 和谐振腔壁的材料都采取纯度为 99.97% 的无氧铜，磁屏蔽材料采用纯铁。在实验中，将矢量网络分析仪和标准同轴线连接到同轴输入耦合装置上，由于输出功率通过加载的衰减器大幅衰减到 mW 级别，因此将波导输出耦合装置转换为同轴线输出，以便于测量。

　　在上述冷测的基础之上，分别加工、装配并测试了电子枪、螺线管磁聚焦系统和收集极。其中，电子枪样品被封装在一个玻璃容器中，以确保钡钨阴极在所需的温度下正常工作，从而获得足够的电子发射，如图 6-25(a) 所示。通过测试，得到了阴极温度随加热功率的变化曲线，如图 6-25(b) 所示。从测量结果来看，当灯丝电压和灯丝电流分别设定为 6.1V 和 25A 时，阴极温度可以达到 1030℃。同时，观测到电子注的注电压和注电流的波形，如图 6-25(c) 所示。从图中可以看出，电子注电压和电流分别满足标称值–120kV 和 80A 的设计要求。

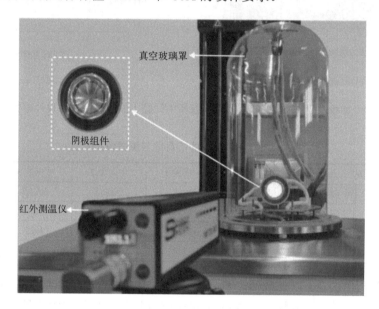

(a) 实验平台

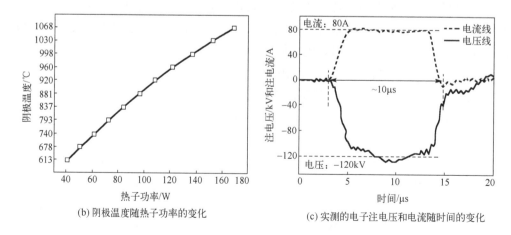

(b) 阴极温度随热子功率的变化　　　　　(c) 实测的电子注电压和电流随时间的变化

图 6-25　圆形电子枪的实验平台和测试结果

螺线管磁聚焦系统的高度为 458mm,其内直径和外直径分别为 118mm 和 406mm,如图 6-26(a)所示。用高斯计测得了纵向磁感应强度,如图 6-26(b)所示。通过调节线圈的电流,可以使高频结构区域的 B_z 在 0.18~0.24T 之间变化,用于改善电子注的聚焦特性。

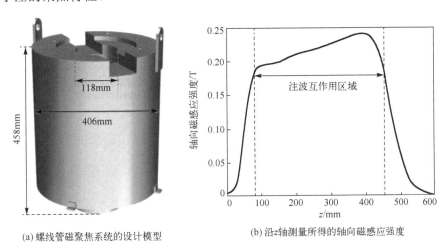

(a) 螺线管磁聚焦系统的设计模型   (b) 沿 z 轴测量所得的轴向磁感应强度

图 6-26 螺线管磁聚焦系统的仿真模型和测试结果

在上述加载双脊 CeSRR 谐振腔以及电子注产生和传输特性的实验基础之上,开展超构材料中的渡越辐射的实验研究。为此设计了测试方案并搭建了实验平台,如图 6-27 所示。主要测量数据包括输入功率、输出功率和输出频谱等。

实验平台包括电源系统、微波输入组件和微波输出组件。电源系统主要包括脉冲开关电源、脉冲变压器、线圈电源和灯丝电源。微波输入组件由信号发生器、隔离器、固态功率放大器、同轴定向耦合器和功率计组成,主要用于提供微波信号的输入,激发超构材料速调管产生渡越辐射。超构材料速调管所需的信号源包括信号发生器和固态功率放大器。在本实验中,信号发生器工作在脉冲模式下,输入信号与功率调制器的电压脉冲同步良好。馈入到超构材料速调管的输入功率通过同轴定向耦合器与功率计连接来测量。微波输出组件包括波导定向耦合器、衰减器、检测器、示波器、钛泵和高功率水负载。钛泵的作用是为了确保超构材料速调管在工作和存储过程中具有高真空度。与检测器相连的示波器测得输出信号的波形,经过快速傅里叶变换,得到信号的输出频谱。此外,为了保证实验的正常运行,还分别采用了水冷系统 1 和 2 对收集极和平板波导进行冷却。

在该渡越辐射实验中,输入链路的衰减为 6.66dB,衰减来自于一条 8m 长同轴线的损耗。由于固态功率放大器的输出功率可以在 30~110W 范围内变化,所以馈入到超构材料速调管的实际输入功率在 6.47~23.74W 范围内变化。输出链路的总衰减 87.95dB 来自于两个衰减量分别为 19.88dB 和 19.87dB 的衰减器，一个隔离度为 45.7dB 的波导输出耦合器，以及一条衰减量为 2.5dB 的 8m 长同轴线。对组装和焊接好的超构材料速调管进行漏气测试，得到真空度～1.0×10^{-7}Pa，满足实验要求。

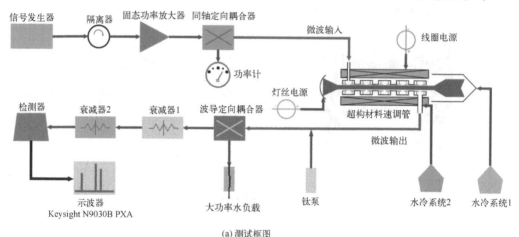

(a) 测试框图

(b) 实验平台

图 6-27　超构材料中渡越辐射实验的测试框图和实验平台

在渡越辐射实验中所采用的电子枪在-120kV 注电压下，产生了脉冲宽度为～10μs、重复频率为 5Hz、注电流为 80A 的圆形电子注。如前所述，由 20μs 脉宽的固态功率放大器提供的输入功率在 6.47W 到 23.74W 之间可调，作为输入信号馈入到超构材料速调管的输入腔。当群聚结构的纵向尺寸短于电磁波波长时[71]，电子注中的每一个自由电子相当于一个相干的源，辐射的电磁波频率相同，相位差恒定，振动方向一致，叠加后产生增强的电磁辐射。被测渡越辐射信号的幅值在一定程度上取决于输入信号的频率和功率。对于图 6-28(a)、(b) 和 (c) 所示的三个工作频率 2.852GHz、2.856GHz 和 2.858GHz，可以看出测量的输出信号频谱随输入信号的频率变化，且频谱纯净。这里测量的振幅同样采用了类似式 (6-5) 所示的归一化方法。在图 6-28(a) 中的 3.125GHz 和 4.688GHz 两处有微小的信号振幅，对应的功率分别只有 2.852GHz 处的 3.3×10^{-4} 和 4.7×10^{-4} 倍，这意味着这些高次模可以忽略不计。同时，从图 6-28(a) 和图 6-19(b) 可以看出，测量的频谱结果与模拟结果吻合良好。根据文献[3]中的理论，对于非相干渡越辐射而言，其频谱与频率无关，且近似平坦。因此，综上所述，这里观察到的是相干的渡越辐射。

此外，从实测的饱和输出功率与输入信号的频率的关系可以得到超构材料速调管的饱和增益和电子效率，分别如图 6-28(d) 和 (e) 所示。从图 6-28(d) 可以看出，在 2.852GHz 至 2.858GHz 频段内，实测的饱和输出功率大于 4.41MW，饱和增益超过 54.7dB，电子效率超过 45.9%。特别在 2.852GHz 处，实测的饱和输出功率的测量值为 5.51MW，增益为 55.6dB，电子效率为 57.4%，与其对应的模拟值 5.94MW、53.85dB 和 61.9% 接近。正如理论所预测的那样，相干渡越辐射比非相干渡越辐射的强度要高几个数量级，这是因为相干辐射强度与总电荷成二次方关系，而不是像非相干辐射那样呈线性关系[72]。同时，CeSRR 的强谐振特性使得在超构材料谐振腔的局域空间内轴向电场增强，从而进一步增强注波互作用。因此，理论合理地解释了实验结果，即这里观察到的是具有 MW 量级辐射强度的相干增强渡越辐射。

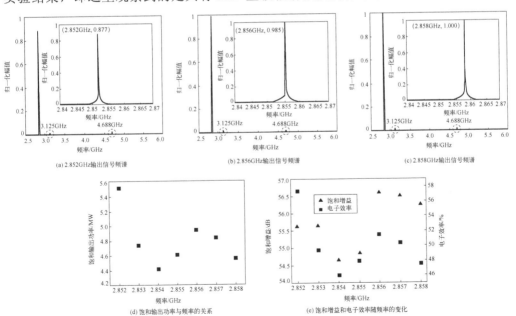

(a) 2.852GHz输出信号频谱　　　(b) 2.856GHz输出信号频谱　　　(c) 2.858GHz输出信号频谱

(d) 饱和输出功率与频率的关系　　　(e) 饱和增益和电子效率随频率的变化

图 6-28　三个典型输出信号频谱，饱和输出功率、饱和增益和电子效率随频率的变化

超构材料速调管在散裂中子源、ITER 的托卡马克装置、正负离子对撞机、癌症治疗、医疗器具消毒、食品保鲜、工业辐照、材料和器件改性以及海关集装箱检测等方面具有重要的应用前景[73]。因此，对超构材料速调管的渡越辐射机理的研究不仅具有重要的科学意义，而且具有广泛的应用价值。

6.4　P 波段超构材料速调管

在粒子加速器领域，速调管具有比固态放大器更高的效率和比感应输出管更稳定的运行状态以及更低的相位噪声，被广泛用作加速器的微波驱动源。为了满足正负电子对撞机、工业辐照和医疗中直线加速器的需求，迫切需要研发出多种类型的小型化大功率速调管。对于散裂中子源中的质子直线加速器以及加速器存储环等[26]，需要数量众多的 P 波段（0.23～1GHz）高功率速调管，将粒子加速到所需的高能量级[74,75]。例如，P 波段长脉冲速调管是驱动散裂中子源中质子直线加速器的核心器件，脉冲功率数百 kW 至数 MW，脉冲宽度几 ms 至数十 ms；P 波段连续波速调管用于加速器存储环，其输出功率数百 kW 至 MW 量级。但由于尺寸共渡效应，P 波段速调管的体积很大，重量很重[74]。以欧洲散裂中子源（ESS）为例，其核心部分由包括速调管、多注感应输出管等[25]在内的多种高功率微波器件驱动的质子直线加速器组成。其中，质子直线加速器的 medium-β 部分包括 36 个 P 波段 MW 量级的速调管[76]。每个速调管的尺寸约为 3.9m×1.5m×1m，重量约为 2.5 吨[74]，导致 medium-β 部分的长度为 76.7m[76]，速调管的总重量约为 90 吨。

目前，解决此问题的方法之一是研制多注速调管，这种方法可以减小互作用结构和速调管电源的体积和重量[77]。本节从实际工程的角度，对上述难题提出了另一种解决方案，即基于 6.3 节超构材料速调管中的渡越辐射机理，构建一种基于单脊 CeSRR 单元[53]的超构材料高频结构[78,79]，来发展 714MHz/MW 量级功率输出的超构材料速调管。由于 P 波段高功率速调管的体积较 S 波段庞大得多，因此将单脊 CeSRR 单元载入其中，可以实现比 S 波段更为显著的小型化特性，具有更重要的工程价值。研究结果将表明：P 波段超构材料速调管高频结构的半径和长度分别为常规高频结构[80]的 1/2 和 2/3。对标 ESS[76]medium-β 部分中的速调管的性能和尺寸，超构材料高频结构的长度可减少 560mm。由于速调管是竖直工作，其高频结构的底面积将减少 3/4，从而能够大幅度节省占地空间。此外，每个高频结构的重量将比传统高频结构减少 5/6。综上所述，P 波段超构材料速调管可以有效降低质子直线加速器制造成本、占地面积、运输困难，并节约运行成本[81,82]。

6.4.1　P 波段超构材料谐振腔电磁特性的仿真研究

基于单脊 CeSRR 单元构建一种超构材料单间隙谐振腔，其中单脊 CeSRR 单元的优势已经在文献[53]和 6.1 节中阐述，即可以实现谐振腔更加显著的小型化特性。考虑到超构材料速调管的输出功率为 MW 量级，因此去掉文献[53]中单脊 CeSRR 单元的凹槽结构，并对谐振腔内的漂移管鼻锥进行倒角处理，以降低潜在的击穿风险，这种改进的 CeSRR 单元被命名为单脊无凹槽 CeSRR 单元。图 6-29(a) 中所示的单脊无凹槽 CeSRR 单元的结构尺寸为：r_1=64.69mm，r_2=15.8mm，r_3=40.63mm，r_4=52.63mm，h=5.3mm。将两个单脊无凹槽 CeSRR 单元相对旋转 180°后加载在圆形谐振腔内，以保持电子注通道区域的基模 E_z 分布均匀，从而有利于电子注与电磁波的互作用，如图 6-29(b) 所示。此外，谐振腔中的参数设置为：t=10mm，l_1=41.2mm，l_2=125mm，l_3=208.8mm，l_4=15mm，l_5=30mm。

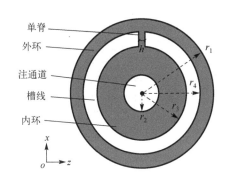

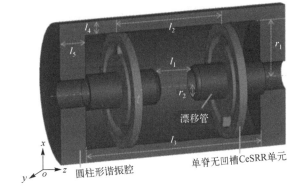

(a) 单脊无凹槽CeSRR单元的结构和尺寸　　　　　　(b) 两个单脊无凹槽CeSRR单元相互180°加载于谐振腔

图 6-29　单脊无凹槽 CeSRR 单元和加载两个单脊无凹槽 CeSRR 单元的超构材料谐振腔

随后，采用 CST 本征模求解器模拟出加载单脊无凹槽 CeSRR 单元谐振腔的基模为准 TM_{010} 模，对应 f_r 为 714MHz。根据式 (6-1) 和式 (6-2)，采用图 6-30(a) 所示的基模 E_z 幅值计算出 M^2R/Q 随渡越角 θ 的变化，如图 6-30(b) 所示。最终得到 R/Q 为 117Ω，M^2R/Q 对应于 θ 为 3.4rad 时为 92.6Ω，此时 M = 0.89。基于该超构材料谐振腔结构，分别构建出加载两个单脊无凹槽 CeSRR 单元的输入腔(图 6-31(a))、中间腔 1、中间腔 2 和加载单个单脊无凹槽 CeSRR 单元的输出腔(图 6-31(b))。每个超构材料谐振腔的电磁特性列于表 6-4 中。

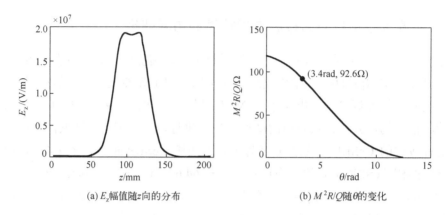

(a) E_z幅值随z向的分布　　　　　　　　(b) M^2R/Q随θ的变化

图 6-30　加载两个单脊无凹槽 CeSRR 单元的谐振腔的电磁特性

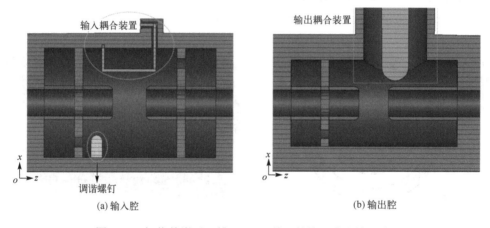

(a) 输入腔　　　　　　　　　　　　　　　(b) 输出腔

图 6-31　加载单脊无凹槽 CeSRR 单元的输入腔和输出腔

表 6-4　P 波段超构材料谐振腔的电磁特性仿真结果

参数	输入腔	中间腔 1	中间腔 2	输出腔
f_r	714	716	729	714
R/Q	115.2	117	116	104
M 极大值	0.8872	0.8874	0.8803	0.9035
Q_L 或 Q_e	244.8	3151	3025	26

6.4.2　P 波段超构材料谐振腔的实验研究

基于 P 波段超构材料谐振腔的电磁特性仿真结果，开展了 714MHz 超构材料输入腔的冷测实验，其零部件、实物装配和测试平台如图 6-32 所示。其中零部件由一个同轴输入组件、两个单脊无凹槽 CeSRR 单元、一段腔体中间段和两段腔体两侧段组成，所用材料为纯度为 99.97% 的无氧铜 TU1。谐振腔壁的厚度为 15mm，同轴内导体通过输入底座与标准 N 型接头相连。将超构材料输入腔装配好之后，利用探针法通过安捷伦 E8363B 矢量网络分析仪测试了超构材料输入腔的反射系数 S_{11}，进而计算出谐振频率 f_r 和群时延 τ，以及外部品质因子 Q_e，具体测试原理在 6.2.2 节有详细阐述。测试结果见表 6-5。通过对比分析，可以看出仿真结果与冷测结果基本一致，这证实了 P 波段超构材料谐振腔的小型化特性。

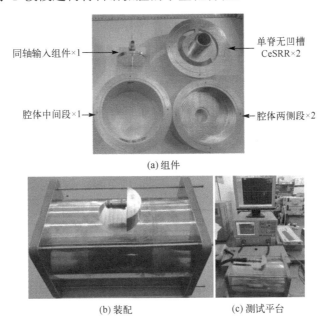

(a) 组件

(b) 装配　　　　　　　(c) 测试平台

图 6-32　P 波段超构材料输入腔的组件、装配和测试平台

表 6-5　714MHz 超构材料输入腔仿真和测试结果

	频率/MHz	外部品质因子 Q_ext
仿真	714	240.8
测试	714.24	262

6.4.3　P 波段超构材料速调管注波互作用的研究

在对加载单脊无凹槽 CeSRR 单元谐振腔的电磁特性仿真和实验研究的基础上，提出一种工作频率为 714MHz 的四腔超构材料速调管，如图 6-33 所示。它由电子枪、超构材料高频结构、磁聚焦系统和收集极构成。该超构材料高频结构的腔体直径和纵向长度分别约为 0.32λ 和 2.9λ。在注电压为 $-100\mathrm{kV}$，注电流为 40A，均匀轴向磁感应强度为 720G 时，对基于单脊无凹槽 CeSRR 单元的速调管进行注波互作用仿真。

图 6-34 表明输出功率在 714MHz 处达到 2.28MW，对应的电子效率为 57%，饱和增益为 46.6dB，1dB 带宽为 4.7MHz。其中，图 6-34(a) 所示的输出信号为 MW 量级，且在 714MHz 附近的频谱纯净。按照 6.3 节中 S 波段超构材料速调管的实现方法，同时考虑不同的工程应用需求，未来可以完成 P 波段超构材料速调管整管的研制工作。

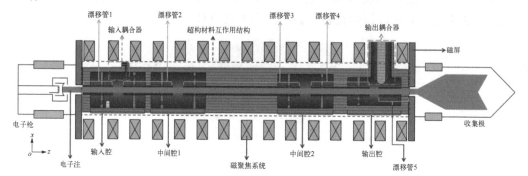

图 6-33　基于单脊无凹槽 CeSRR 单元的四腔超构材料速调管互作用结构的仿真模型

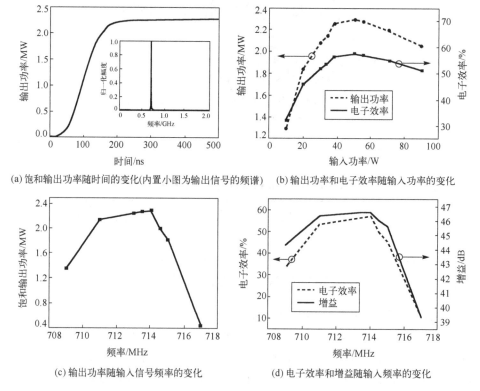

(a) 饱和输出功率随时间的变化(内置小图为输出信号的频谱)　(b) 输出功率和电子效率随输入功率的变化

(c) 输出功率随输入信号频率的变化　(d) 电子效率和增益随输入频率的变化

图 6-34　基于单脊无凹槽 CeSRR 单元的四腔超构材料速调管的 PIC 仿真结果

参 考 文 献

[1] Ginzburg V L, Frank I M. Radiation of a uniformly moving electron due to its transition from one medium into another[J]. Journal of Physics USSR, 1945, 9: 353-362.

[2] Alikhanian A I, Kankanian S A, Oganessian A G, et al. Detection of X-ray transition radiation of 31-GeV electrons[J]. Physical Review Letters, 1973, 30(3): 109-111.

[3] Liao G Q, Li Y T, Zhang Y H, et al. Demonstration of coherent terahertz transition radiation from relativistic laser-solid interactions[J]. Physical Review Letters, 2016, 116(20): 205003.

[4] Shibata Y, Ishi K, Takahashi T, et al. Observation of coherent transition radiation at millimeter and submillimeter wavelength[J]. Physical Review A, 1992, 45(12): 8340-8343.

[5] Dolgoshein B. Transition radiation detectors[J]. Nuclear Instruments and Methods in Physics Research Section A: Accelerators, Spectrometers, Detectors and Associated Equipment, 1993, 326: 434-469.

[6] Ivanov I P, Karlovets D V. Detecting transition radiation from a magnetic moment[J]. Physical Review Letters, 2013, 110(26): 264801.

[7] Marcum J. Interchange of energy between an electron beam and an oscillating electric field[J]. Journal of Applied Physics, 1946, 17(1): 4-11.

[8] Coleman P D, Lerttamrab M, Gao J. Generation of single-frequency coherent transition radiation by a prebunched electron beam traversing a vacuum beam tunnel in a periodic medium[J]. Physical Review E, 2002, 66(6): 066502.

[9] Gold S H, Nusinovich G S. Review of high-power microwave source research[J]. Review of Scientific Instruments, 1997, 68(11): 3945-3974.

[10] Parker R K, Abrams R H, Danly B G, et al. Vacuum electronics[J]. IEEE Transactions on Microwave Theory and Techniques, 2002, 50(3): 835-845.

[11] Zhang J D, Ge X J, Zhang J, et al. Research progresses on Cherenkov and transit-time high-power microwave sources at NUDT[J]. Matter and Radiation at Extremes, 2016, 1(3): 163-178.

[12] Teo K B K, Minoux E, Hudanski L, et al. Carbon nanotubes as cold cathodes[J]. Nature, 2005, 437(7061):968.

[13] Hummelt J S, Lu X, Xu H, et al. Coherent Cherenkov-cyclotron radiation excited by an electron beam in a metamaterial waveguide[J]. Physical Review Letters, 2016, 117(23): 237701.

[14] Saenz E, Guven K, Ozbay E, et al. Enhanced directed emission from metamaterial based radiation source[J]. Applied Physics Letters, 2008, 92(20), 204103.

[15] Lu X Y, Shapiro M A, Mastovsky I, et al. Generation of high-power, reversed-Cherenkov wakefield radiation in a metamaterial structure[J]. Physical Review Letters, 2019, 122(1): 014801.

[16] Varian R H. Electrical translating system and method[P]. US2242275,1937.

[17] Varian R H, Varian S F. A high frequency oscillator and amplifier[J]. Journal of Applied Physics, 1939, 10(5):321-327.

[18] Fujisawa K. The Laddertron-A new millimeter wave power oscillator[J]. IEEE Transactions on Electron Devices, 1964, 11(8): 381-391.

[19] Wessel-Berg T. A general theory of klystrons with arbitrary, extended interaction fields[R]. Stanford Microwave Laboratory, CA, 1957.

[20] Chodorow M, Wessel-Berg T. A high-efficiency klystron with distributed interaction[J]. IRE Transaction Electron Devices, 1960, 8(1): 44-55.

[21] Preist D H, Leidigh W J. Experiments with high-power CW klystrons using extended interaction catchers[J]. IEEE Transactions on Electron Devices, 1963, 10(3): 201-211.

[22] 电子管设计手册编辑委员会. 大功率速调管设计手册[M]. 北京: 国防工业出版社, 1979: 2-4.

[23] 谢家麟, 赵永翔. 速调管群聚理论[M]. 北京: 科学出版社, 1966: 7-8.

[24] 丁耀根. 大功率速调管的设计制造和应用[M]. 北京: 国防工业出版社, 2010: 6-15.

[25] 丁耀根, 张志强. 散裂中子源的高频系统和高功率微波器件[J]. 真空电子技术, 2017, 331(6): 12-15.

[26] 丁耀根. 大功率速调管的技术现状和最新进展[J]. 真空电子技术, 2020,334(01): 1-25.

[27] Normile D. Accelerator boom hones China's engineering expertise[J]. Science, 2018, 359(6375): 507-508.

[28] Zhu X L, Chen M, Weng S M, et al. Extremely brilliant GeV γ-rays from a two-stage laser-plasma accelerator[J]. Science Advances, 2020, 6(22): eaaz7240.

[29] Sapra N V, Yang K Y, Vercruysse D, et al. On-chip integrated laser-driven particle accelerator[J]. Science, 2020, 367(6473): 79-83.

[30] Wang W T, Feng K, Ke L T, et al. Free-electron lasing at 27 nanometres based on a laser wakefield accelerator[J]. Nature, 2021, 595(7868): 516-520.

[31] Nanni E A. Cascaded particle accelerators reach new energy[J]. Nature Photonics, 2021, 15(6): 405-410.

[32] Shelby R A, Smith D R, Schultz S. Experimental verification of a negative index of refraction[J]. Science, 2001, 292(5514): 77-79.

[33] Seddon N, Bearpark T. Observation of the inverse Doppler effect[J]. Science, 2003, 302(5650): 1537-1540.

[34] Smith D R, Padilla W J, Vier D C, et al. Composite medium with simultaneously negative permeability and permittivity[J]. Physical Review Letters, 2000, 84(18): 4184-4187.

[35] Lin X, Easo S, Shen Y C, et al. Controlling Cherenkov angles with resonance transition radiation[J]. Nature Physics, 2018, 14(8): 816-821.

[36] Duan Z Y, Tang X F, Wang Z L, et al. Observation of the reversed Cherenkov radiation[J]. Nature Communications, 2017, 8(1): 1-7.

[37] Adamo G, Ou J Y, So J K, et al. Electron-beam-driven collective-mode metamaterial light source[J]. Physical Review Letters, 2012, 109(21): 217401.

[38] Duan Z Y, Shapiro M A, Schamiloglu E, et al. Metamaterial-inspired vacuum electron devices and accelerators[J]. IEEE Transactions on Electron Devices, 2019, 66(1): 207-218.

[39] Yao J, Liu Z W, Liu Y M, et al. Optical negative refraction in bulk metamaterials of nanowires[J]. Science, 2008, 321(5891): 930.

[40] Wang X, Tang X F, Li S F, et al. Recent advances in metamaterial klystrons[J]. EPJ Applied Metamaterials, 2021, 8: 9.

[41] Guha R, Wang X, Varshney A K, et al. Review of Metamaterial-assisted Vacuum Electron Devices[M]. Boca Raton: CRC Press, 2021.

[42] Wang X, Tang X F, Li S F, et al. Recent advances in metamaterial klystrons[J]. EPJ Applied Metamaterials, 2021, 8(9): 1-8.

[43] Wang X, Li S F, Zhang X M, et al. Novel S-band metamaterial extended interaction klystron[J]. IEEE Electron Device Letters, 2020, 41(10): 1580-1583.

[44] Alekhina T Y, Tyukhtin A V, Grigoreva A A. Cherenkov-transition radiation in a waveguide partly filled with a resonance dispersion medium[J]. Physical Review Special Topics-Accelators and Beams, 2015, 18(9): 091302.

[45] Galyamin S N, Tyukhtin A V, Kanareykin A, et al. Reversed Cherenkov-transition radiation by a charge crossing a left-handed medium boundary[J]. Physical Review Letters, 2009, 103(19): 194802.

[46] Caryotakis G. High power klystrons: theory and practice at the Stanford linear accelerator center. Part I. Theory and design[R]. Stanford Linear Accelerator Center, Menlo Park, 2004.

[47] Li S F, Duan Z Y, Huang H, et al. Oversized coaxial relativistic extended interaction oscillator with gigawatt-level output at Ka band[J]. Physics of Plasmas, 2019, 26(4):043107.

[48] Wang X, Zhang X M, Luo H Y, et al. Compact and high-efficiency metamaterial extended interaction oscillator[C]. 21th International Vacuum Electronics Conference, Virtual, 2020: 307-308.

[49] Duan Z Y, Wang X, Luo H Y, et al. Metamaterial-based vacuum electronic devices with miniaturization[C]. 2020 URSI Regional Conference on Radio Science, Varanasi, India, 2020: 1-2.

[50] CST Studio Suite. Dassault Systems[Z]. Vélizy-Villacoublay, France, 2016.

[51] Wang Y S, Duan Z Y, Tang X F, et al. All-metal metamaterial slow-wave structure for high-power sources with high efficiency[J]. Applied Physics Letters, 2015, 107(15):153502.

[52] 王新, 段兆云, 杨光, 等. 一种 S 波段小型化超构材料扩展互作用振荡器[P]. CN109256309B. 2021.

[53] Wang X, Duan Z Y, Zhan X R, et al. Characterization of metamaterial slow-wave structure loaded with complementary electric split-ring resonators[J]. IEEE Transactions on Microwave Theory and Techniques, 2019, 67(6): 2238-2246.

[54] 段兆云, 王新, 詹翕睿, 等. 左手材料扩展互作用速调管[P]. CN110233091B. 2021.

[55] Guha R, Wang X, Tang X F, et al. Metamaterial assisted microwave tubes: a review[J]. Journal of Electromagnetic Waves and Applications, 2022, 36(9): 1189-1211.

[56] Duan Z Y, Wang X, Zhan X R, et al. Left-handed material extended interaction klystron[P]. US 10418219 B2. 2019.

[57] Luo J R, Feng J J, Gong Y B. A review of microwave vacuum devices in China: Theory and device development including high-power klystrons, spaceborne TWTs, and Gyro-TWTs[J]. IEEE Microwave Magazine, 2021, 22(4): 18-33.

[58] Vlieks A E, Allen M A, Callin R S, et al. Breakdown phenomena in high-power klystrons[J]. IEEE Transactions on Electrical Insulation, 1989, 24(6): 1023-1028.

[59] 丁耀根. 大功率速调管的理论与计算模拟[M]. 北京: 国防工业出版社, 2008: 5-6.

[60] Wang X, Zhang X M, Zou J J, et al. Experimental demonstration of compact S-band MW-level metamaterial-inspired klystron[J]. IEEE Electron Device Letters, 2023, 44(1):152-155.

[61] Zhang Z Q, Luo J R, Zhang Z C. Analysis and suppression of high-order mode oscillation in an S-band klystron[J]. IEEE Transactions on Plasma Science, 2015, 43(2): 515-519.

[62] Dang F C, Ju J C, Yang F X, et al. Design and preliminary experiment of a disk-beam relativistic klystron amplifier for Ku-band long-pulse high power microwave radiation[J]. Physics of Plasmas, 2020, 27(11): 113101.

[63] Ju J C, Zhang J, Shu T, et al. An improved X-band triaxial klystron amplifier for gigawatt long-pulse high-power microwave generation[J]. IEEE Electron Device Letters, 2017, 38(2): 270-272.

[64] Ginzton E L, Nalos E J. Shunt impedance of klystron cavities[J]. IRE Transactions on Microwave Theory and Techniques, 1955, 3(5): 4-7.

[65] Communications & Power Industries. VKS-8262 S-band pulsed klystrons[EB/OL]. 2020. www.cpii.com/docs/datasheets/152/VKS-8262%20Klystron%20datasheet2.pdf.

[66] Hassanein A, Insepov Z, Norem J, et al. Effects of surface damage on rf cavity operation[J]. Physical Review Special Topics-Accelerators and Beams, 2006, 9(6): 062001.

[67] ANSYS, ANSYS Inc., Pennsylvania, United States, 2017.

[68] 张丁, 曹静, 缪亦珍, 等. 群时延时间法求解速调管输出腔的外观品质因数 Q(ext)[J]. 真空科学与技术学报, 2007, 27(5): 391-394.

[69] 陈邦媛. 射频通信电路[M]. 北京: 科学出版社, 2002: 182-183.

[70] 周清一. 微波测量[M]. 北京: 国防工业出版社, 1964.

[71] Leemans W P, Geddes C G R, Faure J, et al. Observation of terahertz emission from a laser-plasma accelerated electron bunch crossing a plasma-vacuum boundary[J]. Physical Review Letters, 2003, 91(7): 074802.

[72] Schroeder C B, Esarey E, Tilborg J, et al. Theory of coherent transition radiation generated at a plasma-vacuum interface[J]. Physical Review E, 2004, 69(1): 016501.

[73] 丁耀根, 刘濮鲲, 张兆传, 等. 大功率速调管的技术现状和研究进展[J]. 真空电子技术, 2010, 289(6): 1-8.

[74] Aymar G, Eisen E, Stockwell B, et al. Development and production of a 704 MHz, 1.5 MW peak power klystron[C]. IEEE International Vacuum Electronics Conference, London, UK, 2017: 1-2.

[75] Beunas A, Marchesin R, Rampnoux E, et al. 2.8 MWp 352 MHz long pulse klystron for proton linac[C]. IEEE International Vacuum Electronics Conference, Monterey, CA, USA, 2012: 323-324.

[76] Garoby R, Danared H, Alonso I, et al. The European Spallation Source design[J]. Physica Scripta, 2018, 93(1): 014001.

[77] Ding Y G, Zhang Z Q, Shen B, et al. The design and calculation of P-band 1.2 MW multi-beam klystron[C]. IEEE International Vacuum Electronics Conference, London, UK, 2017: 1-2.

[78] Zhang X M, Wang S Z, Zou J J, et al. Metamaterial-inspired interaction structure for MW-level klystron at 714 MHz[J]. IEEE Transactions on Electron Devices, 2022, 69(11): 6336-6341.

[79] 段兆云, 张宣铭, 王新, 等. 一种基于单脊 CeSRR 单元的小型化大功率速调管 [P]. CN113838727A. 2021.

[80] Chung B H, Hong J S, Jeon J H, et al. A CW k-klystron of 700 MHz and 1 MW for PEFP[J]. Journal of the Korean Physical Society, 2008, 52(3): 761-765.

[81] Zhang X M, Wang S Z, Zou J J, et al. Miniaturized P-band MW-level klystron with CeSRRs for CSNS linac application[J]. IEEE Transactions on Electron Devices, 2023, 70(9): 4878-4884.

[82] 王新. 超材料扩展互作用器件的研究[D]. 成都: 电子科技大学, 2021.